細胞生物学

沼田 治 編著 Osamu Numata

千葉智樹・中野賢太郎・中田和人 著
Tomoki Chiba, Kentaro Nakano & Kazuto Nakada

化学同人

◆はじめに◆

　21世紀は生物学の時代といわれており，最近の生命科学の発展は目を見張るものがあります．その中でも細胞生物学は生物学の基礎であり，細胞生物学の知識や細胞生物学の実験技術は発生学，遺伝学，生理学などを研究するうえで必要不可欠なものになっています．

　2006年に京都大学の山中伸弥教授がiPS細胞の樹立に成功してから，細胞生物学への社会的関心が高まりました．また，一般向けの教養書でも細胞生物学を扱ったものが書店の棚を飾っています．一方，大学の細胞生物学の専門教育では外国の分厚い教科書の翻訳書が広く利用されています．しかしこれは，通年（2セメスター，30時間程度）の授業では到底カバーできない分量です．そこで，細胞生物学に必要不可欠な部分を選りすぐった教科書を作りたいと考え，中野賢太郎，中田和人，千葉智樹，そして沼田治の4人の共著者は議論を繰り返しました．分子生物学や生化学と重複する部分は他書に譲り，その結果，細胞生物学のエッセンスだけを扱った本書ができあがりました．

　本書は，全体を大きく5部に分けました．「細胞の膜系オルガネラ」，「細胞骨格と細胞運動」，「細胞内輸送」，「シグナル伝達系」，そして「細胞分裂と細胞周期」です．他書に類を見ない大胆な章立てを行いました．網羅的に取りあげて「広く浅く」になることは避け，あえて対象を「細胞の動的な部分」に絞り込み，深い内容にすることで，細胞の構造と細胞のダイナミックな機能の理解を深めることができるように企画しました．不十分なところはあるかもしれませんが，適切な取捨選択を行った結果，当初の目的を達成できたのではないかと考えています．

　執筆者のうち沼田を除く3人は，筑波大学の生命環境科学研究科生物科学専攻で研究と教育に邁進している若手研究者です．研究に割くべき貴重な時間とエネルギーを本書の執筆にかけてくださったことを心から感謝したいと思います．本書の執筆は遅々としてなかなか進みませんでしたが，執筆者らを励まし，辛抱強く対応してくださった化学同人の大林史彦氏に深謝の意を表したいと思います．

　本書が細胞生物学を勉強する学生諸君のお役にたつことを心から願っております．

2012年3月

沼田　治

目　　次

I　細胞の膜系オルガネラ

第1章　細胞膜の構造と機能 ……………………………… 1

1-1　細胞膜の構造　2
1-2　細胞膜の機能　10
章末問題　14
コラム　発達した膜構造　9
コラム　植物細胞を支える液胞とは　12

第2章　核の構造と染色体 ……………………………… 15

2-1　生命のセントラルドグマ　15
2-2　核様体の構造　18
2-3　細胞核　18
2-4　遺伝子発現のダイナミクス　26
章末問題　29
コラム　生命の糸巻き　21
コラム　染色体上の位置で遺伝子の発現パターンは変化する　28

第3章　ミトコンドリアと葉緑体 ……………………………… 31

3-1　ミトコンドリアと葉緑体の構造　31
3-2　ミトコンドリアと葉緑体の機能　35
3-3　ミトコンドリアと葉緑体のゲノム　41
3-4　オルガネラゲノムの移動　43
章末問題　44
コラム　ミトコンドリアに mtDNA は必須なのか？　32
コラム　ミトコンドリアの動的特性の生物学的意義　38

II 細胞骨格と細胞運動

第4章　細胞骨格タンパク質：アクチン繊維と微小管 …… 45

4-1　アクチン繊維　45
4-2　微小管　51
章末問題　58
コラム　細胞骨格の起源　53
コラム　バラエティあふれる細胞骨格：セプチン septin　57

第5章　モータータンパク質 …… 59

5-1　ミオシン　59
5-2　キネシン　66
5-3　ダイニン　71
章末問題　73

第6章　細胞運動 …… 75

6-1　アクチン細胞骨格を基盤とした細胞運動　75
6-2　繊毛運動とベン毛運動　82
6-3　細胞内の物質輸送　86
コラム　寄生細菌の巧妙な細胞運動　82
コラム　細菌のベン毛　86
章末問題　88

III 細胞内輸送

第7章　リボソームとタンパク質の品質管理 …… 89

7-1　リボソームの構造と働き　89
7-2　タンパク質の品質管理　95
コラム　代謝のダイナミズム　104
章末問題　106

第8章　タンパク質の選別と小胞輸送 ……………………………… *107*

- 8-1　細胞内タンパク質輸送　107
- 8-2　小胞輸送　114
- 8-3　小胞の輸送と分泌の時空間的な制御機構　119
- コラム　ペルオキシソーム　114
- コラム　ロスマンの実験　117
- 章末問題　121

第9章　エキソサイトーシスとエンドサイトーシス ……………… *123*

- 9-1　エキソサイトーシス経路　123
- 9-2　エンドサイトーシス経路　131
- 9-3　その他のメンブレントラフィックについて　136
- コラム　ゴルジ体の層板に境界はあるか？　126
- コラム　病原菌の身のかわし方　134
- 章末問題　137

Ⅳ　シグナル伝達系

第10章　細胞のシグナル伝達 ……………………………………… *139*

- 10-1　細胞間シグナル伝達　139
- 10-2　細胞内シグナル伝達　142
- 10-3　イオンチャネル連結型受容体　145
- 10-4　Gタンパク質連結型受容体　146
- 10-5　酵素連結型受容体　151
- 章末問題　153

V　細胞分裂と細胞周期

第11章　細胞分裂 …………………………………… *155*

11-1　動物細胞の有糸分裂　155
11-2　細胞質分裂の仕組み　166
コラム　植物細胞の分裂の仕組み　169
章末問題　170

第12章　細胞周期 …………………………………… *171*

12-1　真核生物の細胞周期制御　171
12-2　減数分裂　179
12-3　細胞周期チェックポイント　181
コラム　原生生物のチェックポイント　181
章末問題　184

第13章　動物のからだと細胞 ………………………… *185*

13-1　動物のからだの構成　185
13-2　多細胞生物における細胞間のつながり　187
13-3　中間径繊維　192
13-4　筋肉の構造とすべり運動　195
13-5　神経伝達　198
コラム　細胞分裂と中間径繊維　194
章末問題　200

索　引　201

第1章 細胞膜の構造と機能

【この章の概要】

細胞は，生命活動に必要な細胞小器官，代謝装置，遺伝情報を内包し，その内部空間は原形質で満たされている．細胞を外部環境と隔てている囲いは，厚さが約5 nmの原形質膜に糖鎖やタンパク質などが付随したものである．おそらく，原形質膜は生命の誕生と同時に現れたと思われる．実際に，進化系統の分岐が十数億年前と推定される原核生物（prokaryotic cell）と真核生物（eukaryotic cell）は，どちらも原形質膜に覆われている．

ただし，両者の細胞構造は大きく異なっている．真核細胞の内部には，単膜や二重膜に覆われた細胞小器官が発達している．原形質膜とこれらの膜を合わせて，細胞にある膜構造を細胞膜と総称する．真核細胞の細胞膜のうち，原形質膜の占める割合は5％程度にすぎない．つまり細胞膜の大部分は細胞小器官に由来する膜である．真核細胞の生命活動の基盤は細胞小器官に大きく依存している．

代表的な細胞小器官であるミトコンドリア（mitochondria）や葉緑体（chloroplast）は，その内膜を隔てたプロトンの濃度勾配に基づき，生命活動に必須なエネルギーを取り出している（図1-1）．また細胞機能に必要な

> **この章の Key Word**
> 脂質二重層
> 膜骨格
> 膜タンパク質
> 浸透圧の調節
> 膜電位

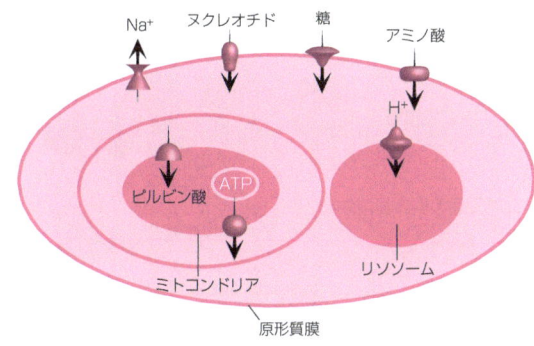

図1-1：細胞の構造
細胞は選択的に物質を出し入れし，その濃度を調節することで代謝を行う．

タンパク質の多くは小胞体膜(endoplasmic reticulum)の上でリボソーム(ribosome)により合成されて，その内腔に入る．そして，脂質膜で包まれた小胞によって，細胞外やリソソームやエンドソームなど，機能すべき場所に運搬される．このように，細胞膜は生命活動を支える場である．

本章では，細胞膜およびそれに付随する細胞構造の特徴と機能を述べ，そこで働くさまざまな生体分子について解説する．

1-1 細胞膜の構造

◆細胞膜は脂質二重膜構造からなる

細胞膜は両親媒性を示すリン脂質(phospholipid)が二重層を形成したものである(図1-2)．すなわち，疎水性の炭化水素鎖を互いに向けあい，親水性の極性基を外側に配置したフィルム状の構造である．この脂質二重層が安定なのは，細胞膜の周囲に存在する水分子が疎水性の炭化水素鎖を退け，その結果，炭化水素鎖どうしが集合するためである．さらに，水分子が極性基と接することでも脂質二重層構造は安定化する．

このように，リン脂質の二重層が細胞や細胞小器官(organelle)の周囲を覆っており，帯電したイオン，アミノ酸やブドウ糖，およびそれよりもサイズが大きい分子はほとんど通過できない．さらに，水などの低分子が自由に通過することも制限される．

この脂質二重層には，多様な種類の膜タンパク質が接触・貫入しており，細胞膜で囲まれた内部とその外部との間の物質のやり取りを仲介している(図1-1)．その結果，原形質(protoplasm)や細胞小器官の成分組成，pH，浸透圧などが調節され，細胞が生命活動を行うための基盤が整えられる．

細胞膜は，一連の化学反応にかかわる酵素を組織化している場でもある．たとえば，原形質中に酵素とその基質が浮遊した状態では，それぞれの分子が衝突する確率は低く，反応は非効率的である．物質の拡散速度が原形質中と細胞膜上で大差ないと仮定すると，直径10 μmの細胞の中に均一に存在

■ **原形質**

「生命を構成する本質的な物質」を指す用語で，19世紀に作られた．当時は原形質に生命の源があると考えられていた．それに対して，細胞壁や脂肪滴など，生きていない物質を後形質と呼んで区別した．現在では，原形質は細胞膜に包まれた中身を指し，ほぼ同義語として細胞質(cytoplasm)がよく用いられる．

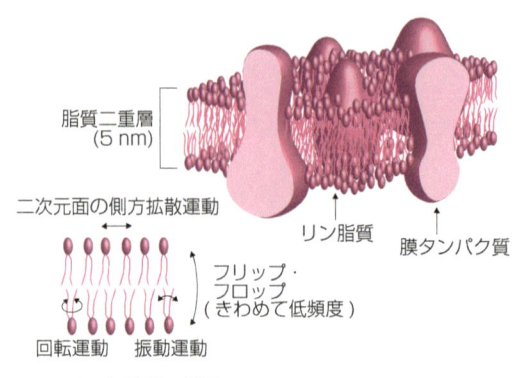

図1-2：細胞膜の構造

している作用分子が直径1 nmの大きさの標的分子に到達する時間は，膜上のほうが700倍以上も速い．

細胞は，原形質膜(plasma membrane)を介して外環境の変化や細胞間の情報を受信し，それらに適切に対応しなければならない．そのため，原形質膜には外部信号を受理して情報処理を行い，細胞内に信号を伝達するための分子装置が存在する．さらに原形質膜上には，多細胞生物の器官や組織の基礎となる分子基盤もある．

◆リン脂質は滑面小胞体で合成される

細胞膜は脂質とタンパク質から構成されている．細胞膜を構成する脂質は，主にリン脂質，コレステロール(cholesterol)，スフィンゴ糖脂質(sphingoglycolipid)などである(図1-3)．また含有量は少ないが，PI(ホスファチジルイノシトール；phosphatidyl inositol)とそのリン酸化物，およびそれらの代謝産物は細胞内のシグナル伝達に重要な機能を担う(第10章参照)．

リン脂質の代表的な分子種には，PE(ホスファチジルエタノールアミン；phosphatidyl ethanolamine)，PC(ホスファチジルコリン；phosphatidyl choline)，PS(ホスファチジルセリン；phosphatidyl serine)，SM(スフィンゴミエリン；sphingomyelin)がある．セリンの誘導体であるSM以外は，グリセロリン脂質である．

リン脂質は滑面小胞体で合成されて，小胞輸送(8-2節参照)を介して原形質膜などに運ばれる．PCの合成を例に挙げると，滑面小胞体の細胞質側に面した脂質層で，グリセロール3-リン酸に脂肪酸アシルCoAからアシル基が順次転移され，LPA(リゾホスファチジン酸；lysophosphatidic acid．一つのアシル基の転移を受けたもの)およびPA(ホスファチジン酸；phosphatidic acid．二つのアシル基の転移を受けたもの)が合成される．そして，PAのリン酸基が外された後，その3位の部分にコリンリン酸が付加されることでPCが合成される．PI, PS, PEなども同様の経路で合成される．脂質は細胞質に溶解しにくいため，合成された脂質は小胞輸送経路を介して原形質膜，リソソーム(lysosome)やエンドソーム(endosome)などの膜に配送される．一方，ミトコンドリア(mitochondria)，色素体，ペルオキシソームなどへの供給は脂質輸送タンパク質に依存する．

◆リン脂質の構造は細胞膜の形状に影響する

リン脂質は，極性基から長い足(＝炭化水素鎖)が2本突き出したコンパスのような形をしている(図1-2，1-3)．脂質膜中では，2本の足は熱運動により振動・回転している．物理化学的には，脂質の頭部面積(極性基間の電気的斥力)と足の形状(脂肪酸の分子長や不飽和度)は，脂質膜全体の性質に影響を及ぼす．

■ 原形質膜
原形質と細胞の外を隔てる脂質二重膜．形質膜ともいう．また，原形質膜を指して細胞膜ということもある．

■ 脂質とタンパク質の割合
細胞膜におけるタンパク質の占める割合は細胞種や細胞小器官ごとに異なる．タンパク質の割合が多いミトコンドリアの内膜では，重量比で70％以上にも達する．

■ グリセロリン脂質
グリセリンの1位と2位の炭素原子に結合したヒドロキシ基に脂肪酸(炭化水素鎖が14～24程度のもの)がエステル結合し，3位の炭素原子にリン酸基を介して極性基が共有結合したもの．極性基の違いから，PSのみが負電荷を帯びている．

■ 滑面小胞体
細胞膜の大部分を占める膜である小胞体は，リボソームが付着した粗面小胞体と，そうでない滑面小胞体に分類される．前者は，分泌性タンパク質の合成の場である．後者は，脂質やステロイドホルモンの合成，シグナル伝達に重要な細胞内Ca^{2+}の貯蔵などに働く．

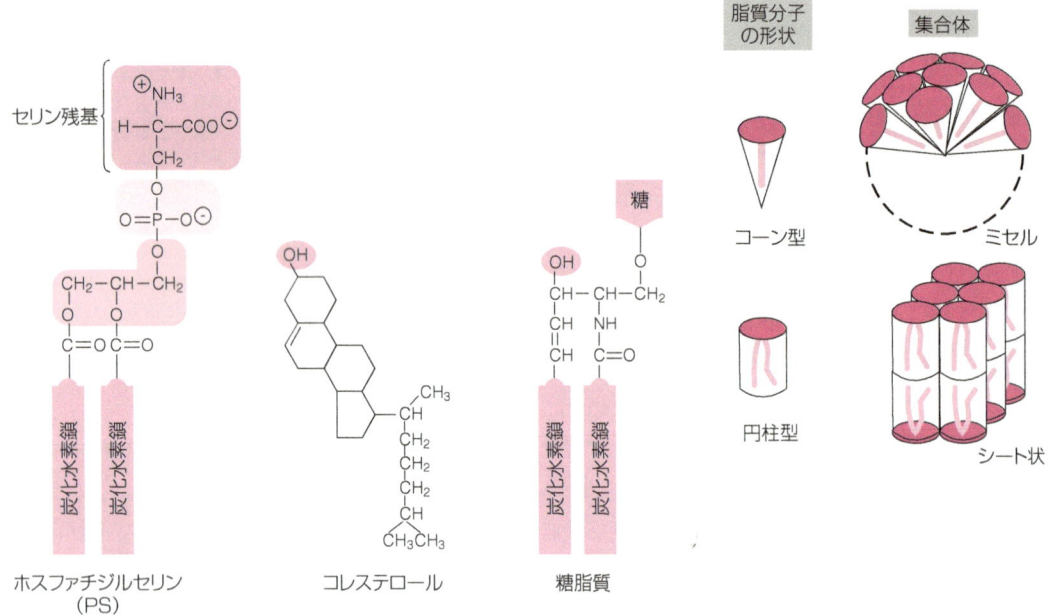

図 1-3：脂質の分子構造と性質

　たとえば，足の広がりに対して頭部面積の割合が小さい脂質が集合した場合，親水性部分が疎水性部分よりも小さくなるので，脂質膜は湾曲した形状をとりやすい．反対に，頭部面積が大きくコンパクトな足をもつ脂質が集合した場合は，脂質膜は反対側に向いて湾曲しやすい．さらに，足が1本のみの脂質ではこの傾向が進み，脂質二重層を作れずに，極性基が球の表面に配置して炭化水素鎖を内包したミセル（micelle）構造をとる（図1-3）．

　このような脂質が集合化した膜の性状は，細胞の生理機能と大きく関連する．たとえば，先に述べたLPAやPAは単なるリン脂質合成の前駆物質ではなく，それ自体が原形質膜の性状に影響を与える．膜が細胞内に貫入することで原形質膜表面の受容体などが取り込まれるエンドサイトーシスでは，細胞質側に出芽した小胞の球面と小胞が原形質膜とつながった部分では膜の湾曲は逆転している．このとき，小胞の付け根の部分ではエンドフィリンIが積極的にLPAにアシル基を転移してPAに変換する．1本足のLPAでは頭部面積に対する足の割合は小さいのだが，2本足のPAが形成されると，頭部面積に対する足の割合は増加するので，膜の曲率は反転しやすくなる（図1-4）．

　また，脂質二重層の外側と内側における脂質の非対称分布も膜の形状の変化と関係がある．これについては，分裂中のくびれているほ乳動物の細胞でPEの分布を調べた興味深い研究がある．普段はPEは原形質膜の内側に配置しているのだが，分裂溝の部分でのみ細胞の外側に多く露出する．他のリ

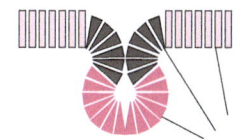
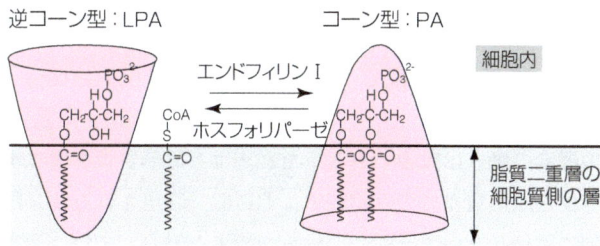

図1-4：リン脂質の構造変化と膜の形状変化

ン脂質に較べて頭部が小さいPEが，大きく細胞質側にくびれ込んだ細胞膜の外側に配置することで膜の湾曲化に貢献している事例と考えられている．

◆細胞膜は流動性をもつ

　細胞膜中に含まれるリン脂質は膜上を側方拡散するため，細胞膜は流動性をもつ．これは，細胞の大きさに対して，かなり大きな移動度である．さらに，リン脂質とともに，脂質二重層に浮かんだ膜タンパク質も移動しうる．このような細胞膜構造に動的性質を加えた概念は流動モザイクモデル（fluid mosaic model）と呼ばれ，広く受け入れられている（図1-2）．ただし細胞膜は，ある温度よりも低くなると，生理的な流動性の高い液晶状態から流動性の低いゲル状態へと相転移する性質をもつ．一般に，リン脂質を構成する炭化水素鎖の不飽和結合（C=Cのシス結合）の割合が増えるほど膜の流動性は上がる．不飽和結合は炭化水素鎖の柔軟性を低下させるので，細胞膜中の脂質の充填度が下がり，脂質間の分子間力が減少するためである．低温状態に適応するために，細胞膜中の脂質の不飽和度を増すことで膜の流動性を保つ生物種も少なくない．たとえば，37℃で培養していた大腸菌 *Escherichia coli* を17℃の環境に移すと，数10分程度で不飽和型のリン脂質の割合が増加する．

　膜の流動性には，コレステロールの含有量も大きく影響する．コレステロールはヒドロキシ基が一つのみの小さな頭部を細胞膜上に突き出して，その特徴的な環状構造は脂質二重膜中にもぐり込み，リン脂質の間隙を埋める．その結果，生理的な条件下でも細胞膜の流動性を低下させてしまう．コレステロールとともにある種のスフィンゴ脂質が濃縮したマイクロドメインであるラフト（raft）が局所的に形成されることが知られており，この部分は細胞膜を介するシグナル伝達因子の中継点となって多くの生命現象の制御にかかわると考えられている．

■ **側方拡散**

気体や液体を構成する分子が熱運動するように，脂質膜内でもリン脂質分子の運動が起こる．ただし，その移動は脂質膜上の平面的な空間に限られる．この側方拡散は，ある条件では，リン脂質1分子は2秒間に1μm程度の距離を広がりうる．

■ **ラフト**

raftとは「筏」の意味．ここでは，脂質層に浮かんだ筏というイメージ．コレステロールやスフィンゴ脂質が高密度に集合した脂質膜上の領域である．その形状や大きさについては流動的であり一定ではない．

◆**フリップ・フロップ**

　リン脂質が二重層の片側から反対側の面へと入れ替わる現象を**フリップ・フロップ**（flip flop）と呼ぶ．フリップは脂質が細胞膜外層から内層に，フロップは内層から外層に反転する現象を指す．フリップ・フロップは自立的にはほとんど起こらない（図1-2）．そのため細胞膜には，ATPのエネルギーを利用してフリップあるいはフロップを促進する酵素や，脂質二重層の表と裏の面にあるリン脂質をかき混ぜる**スクランブラーゼ**（scramblase）が存在する．

　これらの酵素の働きは重要である．たとえば，原形質膜を構成する脂質の合成は小胞体の原形質側でのみ起こる．そこで，新生されたリン脂質が片方の層に過剰に蓄積しないように，これらの酵素が働く．また，通常の細胞の原形質膜にはPEやPSなどのリン脂質は外側に面した層にはあまり存在しない．このような細胞膜の各面での脂質の分布の非対称性も，これらの酵素の働きによって生じる．この非対称的な分布は，細胞膜の形状の制御や，細胞膜とタンパク質の結合性の決定に重要な役割を果たす．さらに，**アポトーシス**（apotosis）では，自殺する細胞は自らの表面にPSを露出する．これが近隣の細胞へのシグナルとなり，近隣の細胞に飲み込まれて組織から排除される．この「Eat me!」シグナルの発令にも，おそらくは上述した脂質の配置の仕方が働いていると推察されているが，その全貌は明らかになっていない．

◆**膜タンパク質の種類と機能**

　細胞膜に付随して機能するタンパク質の構造や働きは多様である．まず，構造的に分類すると，①膜貫通タンパク質，②共有結合した脂質鎖を介して膜と結合する脂質修飾タンパク質，③脂質との結合ドメインをもつ膜結合型タンパク質，④他の膜結合タンパク質を介して膜近傍に局在化するタンパク質，などがあげられる．以下に，膜に直接的に局在化するタンパク質（①〜③）について解説する．

　①には，「細胞の感覚器の役割をする受容体」，「細胞接着にかかわるタンパク質」，「物質輸送にかかわるチャネルや輸送体」などが挙げられる．これらのタンパク質の多くは，非極性側鎖をもつアミノ酸残基が20個程度かそれ以上連なって形成されるαヘリックス構造をもつ．このαヘリックス構造が膜貫通ドメインとなり，脂質二重層の疎水性部分に接して細胞膜に留まる（図1-5）．1回だけ膜を貫通するタンパク質もあれば，何回も膜を横断するものもある．

　細胞膜上にあるトランスポーターやチャネルタンパク質（次項で解説する）などは，分子内あるいは分子間の膜貫通ドメインどうしが水素結合を行い，膜にイオンなどを通過させるための小孔を形成する．タンパク質の一次構造中の非極性アミノ酸残基の頻度を解析（ハイドロパシープロットという）する

📖 **アポトーシス**

動物の発生過程や恒常性の維持に欠かせない自律的な細胞死．DNAの断片化や核の異常凝集などを伴う．特有のシグナル伝達経路を介して，カスパーゼ（タンパク質分解酵素の一種）の活性化により誘導される．

📖 **一次構造**

タンパク質を構成するポリペプチド鎖におけるアミノ酸残基の配列のこと．さらに，ポリペプチド鎖はαヘリックスやβシートなどの二次構造をとり，それらが相互作用してタンパク質は三次構造（立体構造）をとる．複数のタンパク質が会合して四次構造をとるものもある．

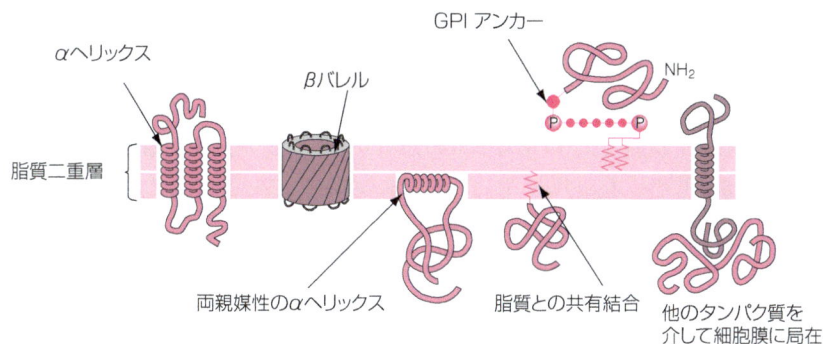

図1-5：膜タンパク質と膜貫通領域

ことにより，これらの小孔の存在を予見できる．なお，膜貫通ドメインをもつタンパク質は粗面小胞体で合成されて小胞体内腔に入り込み，小胞輸送経路を通じて機能すべき場所へと送られる．

一方，アミノ酸配列のβシートが閉じた樽型に配置した構造（βバレル構造）をとるタンパク質にも膜貫通型のものがある（図1-5）．細菌の外膜上に小孔を築き物質通過を担う**ポーリン**（porin）はその代表的なものである．また，ミトコンドリアや色素体の外膜上に存在して物質の通過に関与しているタンパク質にもポーリンと構造が似たものが認められる．

②には細胞内シグナル伝達にかかわるタンパク質がある．たとえば，原形質膜上の受容体と共役する三量体Gタンパク質のαサブユニットは**ミリスチル化**（myristylation；10-3節参照）を，細胞内シグナル伝達の分子スイッチである低分子量GTPアーゼは**イソプレニル化**（isoprenylation；10-4節参照）を受けて，細胞膜に局在する．これらのタンパク質は細胞質で合成された後，それらの脂質修飾を受けて膜の細胞質側で機能する．

一方，糖脂質の一種である**グリコシルホスファチジルイノシトール**（glycosylphosphatidyl inositol；GPI）を介して細胞膜に結合するタンパク質の振る舞いは異なる．すなわち，これらのタンパク質は合成された後に小胞体内腔でGPIが付加され，細胞表層へと運ばれる．その結果，これらのタンパク質は細胞外に配置されて機能する．このGPIをアンカーとしてタンパク質が細胞膜に結合することの生理的意義については，まだ十分に理解されてない．しかし，いくつかの知見からは，GPIがしかるべき膜ドメインにタンパク質を輸送するシグナルとして機能すること，あるいはGPIはタンパク質が脂質ラフトに濃縮するための局在化情報であることが示唆されている．興味深いことに，眠り病を引き起こす寄生性原虫トリパノソーマは，その細胞表面を変異性表面糖タンパク質（VSG）で覆い隠しており，自らの酵素でこのGPIアンカー部分を切り離し，別の型のVSGを露出させる．このようにして，怪人二十面相さながら，宿主の免疫系からの攻撃をかわしてしまう．

■ **粗面小胞体**
リボソームを付着した小胞体で，細胞外へ分泌されるタンパク質，あるいはリソソーム内で働くタンパク質が合成される場である．詳細は，第8章を参照．

■ **Gタンパク質**
GTPと結合し，それを加水分解するタンパク質で，構造変換することで細胞内シグナル伝達の制御に働く．その構造と機能から，三量体Gタンパク質と低分子量GTPアーゼに大別される．細胞表層の受容体の活性化に伴い，三量体Gタンパク質はαサブユニットとβγ複合体に分離し，それぞれが下流のシグナル伝達経路を制御する．

■ **低分子量GTPアーゼ**
おおよそ200残基の保存されたアミノ酸配列をもつGタンパク質で，Ras，Rho，Rab，Arf，Ranなどのサブファミリーに分類される．Rasは細胞増殖，Rhoは細胞骨格，RabとArfは細胞内輸送，Ranは核内輸送などを制御する．

③のタンパク質は，イノシトールリン脂質と特異的に結合するプレクストリンホモロジードメインなどの特徴的な膜結合性ドメインをもつ．このようなタンパク質の中には，他の複数のタンパク質を集合化する機能（スキャフォルディング機能という）をもつものがあり，シグナル伝達や細胞の極性化などに寄与している．

◆**細胞膜を支える骨格構造**

赤血球（erythrocyte，あるいは red blood cell）は調達が比較的に容易で，細胞を構成する膜の大部分が原形質膜なので，均質なまとまった材料を得ることができる．そのため，細胞膜や膜タンパク質の研究によく用いられてきた．たとえば，赤血球膜を水面に広げて形成される脂質の総面積が，実験に用いた赤血球の表面積の総和の2倍に相当するという事実から，脂質が二重層であることが提唱された．

赤血球は内側がくぼんだ扁平な円盤型をしているが，この形状を支えているのは細胞質側から原形質膜を裏打ちしている膜骨格である（図1-6）．膜骨格タンパク質の主成分はスペクトリン（spectrin）である．スペクトリンは，βシートを主とした100残基ほどのアミノ酸からなるドメインが繰り返したもの（スペクトリンリピート）が連なった棒状の形をしている．さらにスペクトリンが相互に連結して形成される網目状構造の交点には，短いアクチン繊維やバンド4.1（band 4.1）などから構成される接続複合体が配置される．バンド4.1はグリコホリン（glycophorin）と結合し，さらにアンキリン（ankyrin）とバンド3（band 3）の複合体がスペクトリン膜骨格を赤血球膜に繋留している．このような膜骨格構造のおかげで，赤血球は細い毛細血管を通過する

■ **グリコホリン**
赤血球膜に大量にある膜貫通タンパク質であり，赤血球表面の糖鎖の大部分を結合している．

■ **バンド3**
陰イオン輸送体であり，赤血球による二酸化炭素 CO_2（正確には水に溶けているので HCO_3^-）の吸収能を高める．

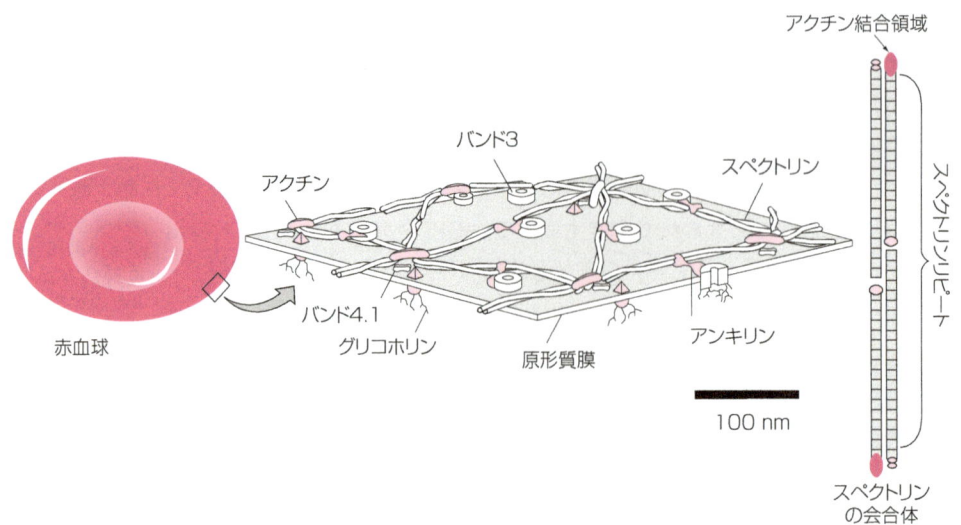

図1-6：赤血球と膜骨格

際に生じる圧力にも耐えられる．

　赤血球以外の細胞でも，原形質膜の裏打ち構造として，スペクトリン様の膜骨格構造やアクチン細胞骨格や中間径繊維などが認められ，細胞の形態形成や強度の保持に重要な役割を果たしている．先に細胞膜の流動モザイクモデルについて紹介したが，脂質膜に浮かんだ膜タンパク質の運動は，膜骨格の構造によって制限を受けるらしい．この膜骨格による膜タンパク質の動態制御については，エンドサイトーシス（第9章参照）や細胞内情報伝達（第10章参照）との関連性が期待されるが，その生理的な意義の実証については今後の課題である．

　一方，酵母や真菌，植物の細胞などでは，原形質膜の外側には多糖を主骨格とした細胞壁が密着している．そのため，これらの細胞では動物細胞のような膜骨格構造はさほど発達していないことが多い．

コラム1　発達した膜構造

　原核生物よりも真核生物の細胞のほうが大きく，複雑な構造をしている．この違いは，次のように説明することができるかもしれない．

　大きさの異なる二つの球形の袋があるとしよう．大きい袋のほうが，体積に対する表面積の割合は小さい．袋の直径が2倍なら，大きい袋は小さい袋に比べて，体積に対する表面積の割合は半分になる．

　　大きい袋：表面積＝$4\pi r^2$，体積＝$4/3\pi r^3$
　　　　　　よって，その比は$3r^{-1}$
　　小さい袋：表面積＝$4\pi(1/2r)^2$，
　　　　　　体積＝$4/3\pi(1/2r)^3$
　　　　　　よって，その比は$6r^{-1}$

　さて，細胞は外から栄養源を取り込み，それを代謝して生命活動に必要なエネルギーを獲得する．そして不要になった代謝産物を放出する．細胞の形が同じなら，サイズが大きいほど内容物に対する表面積の割合は減少するので，その分だけ細胞膜を介した物質のやり取りの効率を上げなくてはならないだろう．しかし，そのような効率化には限度がある．

　大型化した細胞が次に取るべき手だては，体積に対する表面積の割合を増やすべく，細胞の形状を変えることだろう．たとえば小腸上皮の細胞は，微絨毛と呼ばれる突起をたくさん突き出すことで，その表面積を広げている．また，細胞内に膜で包まれた空間を設ける方法もあるだろう．

　生命進化の初期の過程で，このような細胞の大型化と構造の複雑化の共進化が生じたかどうか，それを示唆する直接的な証拠はない．しかし，真核生物と原核生物の細胞を見比べると，このような考え方も決して無理ではないだろう．なお，原形質膜を含め，細胞を構成する膜は小胞体で合成され，メンブレントラフィックを介して細胞全体に供給される．

1-2 細胞膜の機能
◆細胞膜と物質の透過性

　細胞の外側と内側では，水中に溶けている物質の種類や濃度は大きく異なる．これが，細胞が生命活動に必須な代謝反応を効率よく行うことができる理由である．

　酸素，二酸化炭素，電荷をもたない水などの低分子は，濃度勾配に従って高濃度側から低濃度側へと，原形質膜を通じて単純拡散できる．しかし，グルコース，ショ糖，イオンなどは，原形質膜をほとんど通過できない．これらを細胞の内と外でやり取りして，細胞内に固有の内部環境を作り出すのが，原形質膜上に配置された膜タンパク質である．

　膜タンパク質を機能で分けると，特定の物質の濃度の高低差に従って細胞膜の通過を促す受動輸送（passive transport）を担うタンパク質分子と，ATPの加水分解などに伴うエネルギーを利用することで濃度勾配に逆らって選択的に物質を能動輸送（active transport）するタンパク質がある（図1-7）．広義には，細胞内に高分子を取り込むエンドサイトーシスやファゴサイトーシス，および細胞外へ酵素などを分泌するエキソサイトーシスなども能動輸送といえるだろう（第9章参照）．

　このようなタンパク質の働きについて，小腸の上皮細胞によるグルコースの能動的取り込みと血中への放出を例に挙げる（図1-8）．小腸内腔で単糖化されたグルコースは，上皮細胞の頂端部に配置されたナトリウム駆動型シンポーター（Na^+/glucose symporter）により細胞内へと能動輸送される．この際に，グルコースとともに細胞内には Na^+ が取り込まれる．細胞は Na^+ を細胞外に汲み出すのに，Na^+-K^+ ATPアーゼを使っている．そのため，グルコースの取り込みには，間接的にエネルギーが消費される．

　細胞内に高濃度に蓄積したグルコースは，細胞基底部の原形質膜に配置されたグルコース運搬タンパク質により，その濃度勾配に従って細胞外液へと受動輸送される．そして，血流に取り込まれて全身に送られる．体内の多く

■ Na^+-K^+ ATPアーゼ
イオンポンプの一種．ATP 1分子を加水分解して，3分子の Na^+ を細胞外に放出し，2分子の K^+ を取り込む．これを対方向性の輸送という．

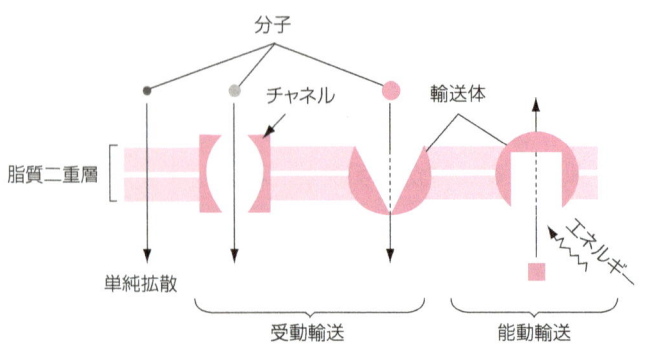

図1-7：細胞膜を隔てた物質輸送

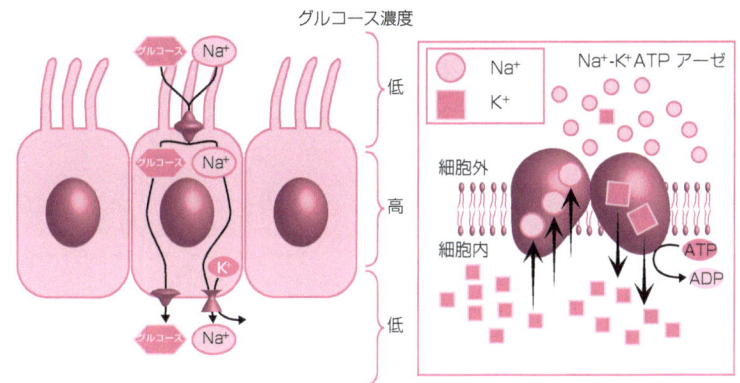

図1-8：細胞への物質の取り込み

の細胞では，糖濃度の高い細胞外液から，受動輸送によりその細胞内にグルコースを取り入れて生命活動に必要なエネルギー源とする．

◆浸透圧調節

　細胞内部には，タンパク質や核酸など電荷をもつ巨大分子があり，これらには多くの無機イオンが結合している．さらに，細胞内に濃縮された糖やアミノ酸，ヌクレオチドなども無機イオンとイオン対を作る．その結果，細胞内部のイオン濃度は外部よりも高くなる．したがって細胞外とイオン濃度を釣り合わせるように，水分子は細胞内部へ流入し，細胞内の水の割合は外部よりも高くなる．

　この状態を放置すると，細胞は水の流入する力である浸透圧（osmotic pressure）に耐えられずに，破裂してしまうかもしれない．植物細胞では，浸透圧に対して細胞壁の膨圧が釣り合いを取ることで細胞体を維持し，そのバランスを細胞の成長に利用する．一方，細胞壁をもたない動物細胞などでは，生体内に多いNa^+やCl^-などの無機イオンを能動輸送により外部へと排出し，浸透圧を釣り合わせる必要がある．これを細胞の浸透圧調節（osmotic homeostasis）という．そのために細胞は，合成したATPのかなりを消費して，先に述べたNa^+-K^+ ATPアーゼなどのイオンポンプ（ion pump）を駆動させる．Na^+-K^+ ATPアーゼ1分子は，1秒間に100分子ものATPを分解して細胞外にNa^+を放出する（図1-8）．

■ 収縮胞
淡水に生活するアメーバなどの多くの原生動物は，進化の過程で収縮胞（contractile vacuole）という特殊な細胞小器官を獲得しており，これにより細胞内に浸透してきた水分子を細胞外へと巧みに排出する．細胞機能における生命進化の深淵さが感じられて，実に興味深い．

◆膜電位

　動物細胞の細胞外と細胞内とでは，イオンの分布が大きく異なり，おおよそ次のような値である．

　　細胞内：$[Na^+]=10$ mM，$[K^+]=140$ mM，$[Ca^{2+}]=10^{-4}$ mM，$[Cl^-]=10$ mM

細胞外：[Na$^+$]＝145 mM，[K$^+$]＝5 mM，[Ca^{2+}]＝1 mM，[Cl$^-$]＝110 mM

この濃度差を作り出しているのは，先にも述べたイオンポンプによるイオンの出し入れと，**イオンチャネル**（ion channel）を介したイオンの受動的拡散である．

イオンチャネルとは，特定の種類のイオンだけを選択的に通過させる小孔をもつ膜タンパク質である．その開閉は，リガンドとなる化学物質の作用，膜電位の変化，機械刺激などにより制御される．

先に述べたように，細胞内のNa$^+$濃度はNa$^+$-K$^+$ ATPアーゼの働きで低く保たれている（図1-8）．一方，細胞内のさまざまな分子の負電荷を相殺するために，細胞内のK$^+$濃度は増加する．この状態では細胞内外に電位差は生じない．ところが，原形質膜上にあるK$^+$漏洩チャネルにより，細胞内で高濃度になったK$^+$は細胞外に流出する．K$^+$が流出した分だけ細胞内は負に帯電するため，K$^+$は電気的な力で次第に細胞内に引き止められる．そしてK$^+$の濃度勾配による流出とK$^+$を引き寄せる電気的な力が釣り合ったところで，見かけ上のK$^+$の移動は止まる．同様に，Cl$^-$も負に帯電した細胞内から細胞外へと電気的に引き寄せられるが，その濃度勾配により逆方向にも受動拡散し，その釣り合いが保たれる．このようなやりとりの結果，細胞膜を隔てた電位差が生じる（図1-9）．これを**平衡電位**（equilibrium potential）あるいは**静止膜電位**（resting potential）という．

静止膜電位は，細胞の種類ごとに異なるが，－200〜－20 mV程度である．

コラム2　植物細胞を支える液胞とは

植物細胞の液胞（vacuole）は，動物細胞のリソソームに相同な細胞小器官であり細胞内の老廃物の代謝などを担う．しかし，液胞にはさらに重要な機能がある．

①成熟した植物細胞の液胞は，細胞の容積の大部分を占める．そうすることで植物は，原形質の体積は少なくても，非常に大きな細胞体を維持することができる（液胞の空間充填機能という）．
②細胞壁で囲まれた植物細胞は液胞を発達させることで大きな膨圧を生み出す．これらを支えとして，植物は急速に成長し，その体勢を維持することができる．
③植物の液胞には，さまざまな物質を蓄える役割がある．美しい花の色は，液胞に蓄えられた色素によるものである．
④種子の貯蔵タンパク質は，小胞体で合成されて最終的に液胞に貯蓄される．われわれがダイズからタンパクを摂取できるのも，液胞の恩恵である．

なお，貯蔵能をもつ液胞と分解能をもつ液胞は，その出自が異なるのか，あるいは植物の発生段階や組織で液胞の機能転換があるのかは，議論の分かれるところである．

この電位差は、厚さが 5 nm ときわめて薄い原形質にしてみると、ものすごく高い電場がかかっている状態である(電車の送電線をゴム手袋で触るくらいに！)。この膜電位は、ほんの少量のイオンの流れで鋭敏に変化する。たとえば、直径 10 μm の球状の細胞があると仮定しよう。この細胞の膜電位を 100 mV 変化させるには、細胞内の K^+ のわずか 2～3万分の 1 程度が細胞外へと流出するだけで十分である。

このように、少量のイオンの膜の透過により十分に大きな膜電位が生じることは、生理的にたいへん重要な意義をもつ。先の数値を見ると、Ca^{2+} については圧倒的に細胞内の濃度は低い。これは、ATP の加水分解を伴った Ca^{2+} イオンポンプの働きで、Ca^{2+} が能動的に細胞外へと運び出されるためである。この状態を保つことで、細胞はさまざまな刺激に応答することができる。つまり、ある種の刺激により細胞外液から細胞内へと Ca^{2+} が流入する。この機構によって、さまざまなシグナル伝達因子の活性が制御されている。

動物の行動に不可欠な、シナプスでの神経伝達物質の放出でも、この機構が重要な引き金となる(第 13 章参照)。同様の仕組みは、藻類や原生生物などの単細胞生物の細胞運動制御でも認められ、もしかしたらバクテリアのもつイオンチャネルなどとも同一の起源をもつかもしれない。たとえば繊毛虫ゾウリムシは、その細胞表面に並んだ繊毛を動かして水中を遊泳する。そして天敵の攻撃を受けたとき、あるいは何かに衝突したときには、瞬時に繊毛の運動パターンを変えて遊泳方向を逆転する(図 1-9)。この現象には、細胞の膜電位の変化が引き金となる。膜電位の変化が起こらないゾウリムシの突然変異体では、シャーレの壁面に当たっても逆転運動が見られず、天敵であるゾウハナミズケムシ(繊毛虫の一種)の攻撃から逃れられずに捕食されてしまう。またゾウリムシを薬剤で処理して膜電位が活性化した状態を継続させると、ダンスするように運動方向を小刻みに変える様子が見られる。

膜電位の計算

細胞膜の両側には、異なる電荷のイオンが向かい合って並んでいる。細胞膜 1 cm^2 あたり 1 μC の電荷($6×10^{12}$ 個の 1 価のイオン)が反対側に運ばれると、約 1 V の膜電位が生じる。つまり、6000 個の K^+ が 1 $μm^2$ の膜を通過すると 100 mV の膜電位が生じる。直径 10 μm の球状の細胞の場合は、その表面積は 300 $μm^2$ であるため、$1.8×10^6$ 個の K^+ の移動で十分である。もともと細胞内には、$4.2×10^{10}$〔細胞の体積 500 $μm^3$ × K^+ の濃度(140 mM = $1.4×10^{-16}$ mmol/$μm^3$) × アボガドロ数($6×10^{23}$)〕個の K^+ が存在していたのだから、それらの比を求めればよい。

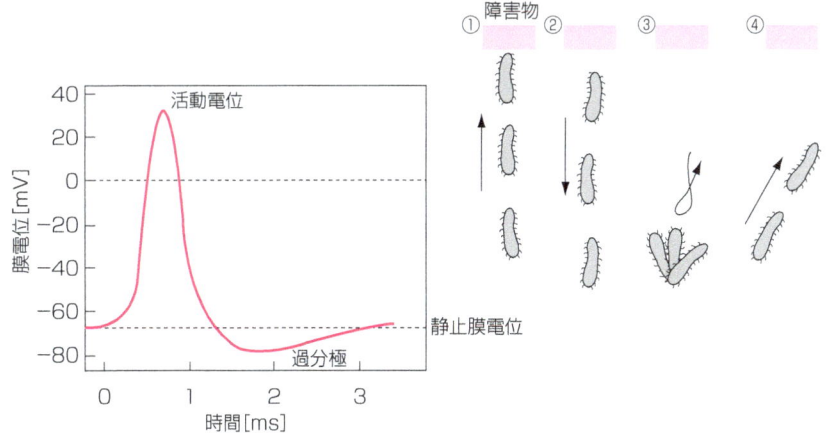

図 1-9：膜電位とゾウリムシの細胞応答

◆章末問題◆

1. 膜貫通タンパク質の細胞外ドメインに対する抗体に蛍光色素を架橋し，細胞の培養液に加えた．最初は細胞膜表面の全体が蛍光を放っていたが，時間経過とともに細胞の片側に蛍光色素が集積するのが観察された．その理由を説明せよ．
2. アミノ基と反応して共有結合を作る試薬（FMMP；フォルミルメチオニンスルホンメチルリン酸）を赤血球と反応させた後，リン脂質を抽出して調べたところ，FMMP が結合した PE はわずかであった．一方，細胞膜に穴を開けてゴースト化した赤血球に FMMP を処理するとほとんど全ての PE が FMMP により標識されていた．その理由を説明せよ．
3. 矢毒に用いられる植物ステロイドのウワバインは，Na^+-K^+ ATP アーゼの機能を阻害する．赤血球の入った等張溶液にウワバインを添加したところ，溶血した．その理由を説明せよ．
4. 細胞の静止膜電位が生じる仕組みを説明せよ．

◆参考文献◆

B. Alberts ほか著,『細胞の分子生物学 第5版』, ニュートンプレス(2010).

B. Alberts ほか著,『Essential 細胞生物学 原書第3版』, 南江堂(2011).

永山国昭 著,『生命と物質―生物物理学入門』, 東京大学出版会(1999).

グレイグ・H・ヘラーほか著,『アメリカ版 大学生物学の教科書 第1巻 細胞生物学』, 講談社(2010).

大西俊一 著,『生体膜の動的構造 第2版』, 東京大学出版会(1993).

J. B. フィアネンほか著,『生体膜と細胞活動』, 培風館(1987).

D. Bray 著,『Cell Movements: From Molecule to Motility 2nd ed.』, Garland Science (2001).

第2章

核の構造と染色体

【この章の概要】

生物は，細胞内でのDNAの存在様式の違いにより，原核生物と真核生物に大別できる．原核生物では，ゲノムDNAは環状で超らせん構造をとっている．そして，その構造を安定化するタンパク質と結合し，核様体として細胞質に存在する．一方，真核細胞のゲノムDNAは複数の断片に分かれて存在していることが多く，その構造は線状であり，末端には特徴的なテロメア配列が見られる．真核生物のゲノムDNAは細胞核（nucleus，たんに核ともいう．生体膜で囲われた構造）に包み込まれている．

細胞核の存在は，生物進化において大きな役割を果たした．それは核があることで，真核生物は原核生物よりも多量のゲノムを維持し，複雑な遺伝子の発現を制御できるからである．しかし，真核生物は細胞核という限られた空間に大量のDNAを収納し，さらに核内と細胞質の間を物質輸送する方法を開発しなくてはならなかった．

本章では，遺伝子の存在様式と発現様式，そして真核細胞を特徴づける細胞核の構造と機能について解説する．

> **この章の Key Word**
> セントラルドグマ
> 染色体
> ヌクレオソーム
> 核膜
> 核膜孔

2-1 生命のセントラルドグマ

生命は自己のゲノム（genome）を増幅し，それを子孫へと伝搬することでその存在を確固たるものにし，ゲノムの遺伝情報を発現することでアイデンティティーを発揮する．

細胞にはゲノムの本体であるデオキシリボ核酸（deoxyribonucleic acid；DNA）が存在する．DNAは，五炭糖であるデオキシリボースの1位の炭素に塩基が，5位の炭素にリン酸基が共有結合した物質（ヌクレオチドという）が，ホスホジエステル結合により鎖状に配列した高分子である（図2-1）．塩基には，アデニン（adenine；A），グアニン（guanine；G），シトシン（cytosine；C），チミン（thymine；T）の4種類がある．

DNAは生理条件下では逆平行の二重らせん構造をとる．2本の鎖をつな

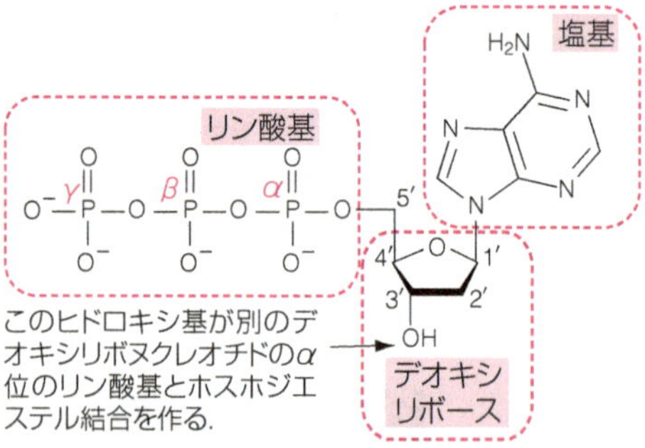

図2-1：ヌクレオチドの化学構造

■ 水素結合の強さ
G≡Cは三つの水素結合をもつため，二つの水素結合をもつA=Tよりも，その結びつきは強い．

ぎ合わせているのは，塩基による水素結合である．すなわち，A=T，およびG≡Cの間で対を作る．この塩基対を形成する性質により，二重らせんのDNAの片側の鎖の塩基の順序が，もう一方の鎖の塩基の並び方を規定する．この互いの鎖の関係を相補的という（図2-2）．

　DNAの機能的特徴は，①複製能をもつこと，②細胞の世代を通して自身を維持すること（遺伝すること），③細胞の恒常性に合致し，遺伝情報を発現することである．これらの特徴は原核細胞と真核細胞に共通であり，基本原理であるセントラルドグマ（central dogma）によって実現されている．すなわち，①二重らせん構造をとったDNAは，細胞分裂時に2本に遊離し，そ

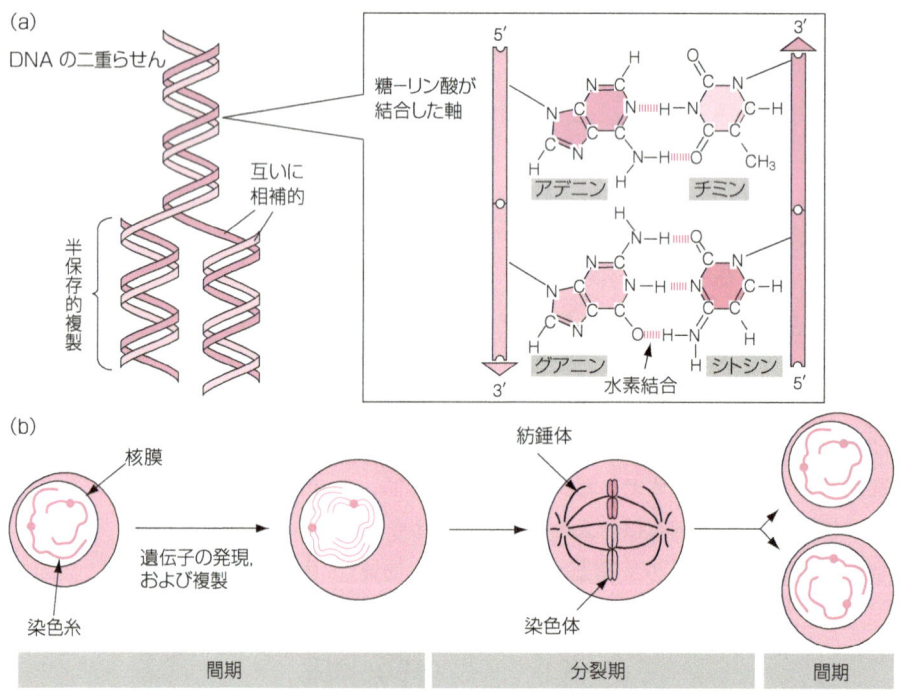

図2-2：細胞増殖に伴うDNAの複製と分配
(a)DNAの半保存的複製，(b)細胞分裂に伴うDNAの複製の様子．

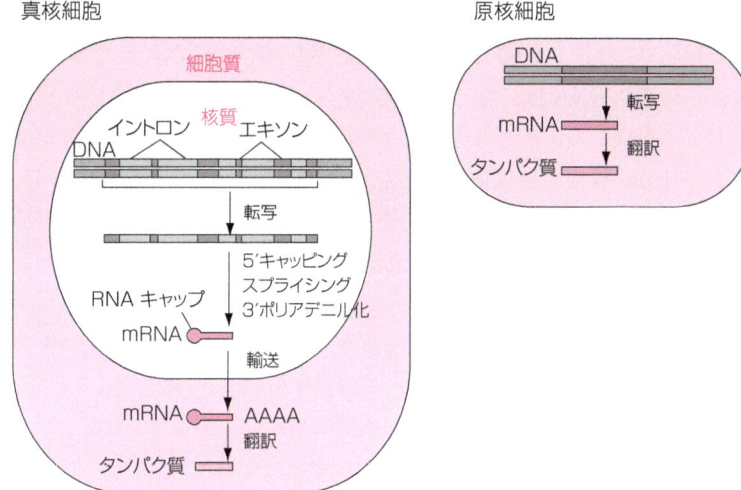

図2-3：遺伝子の発現様式

れぞれを鋳型とした半保存的複製を行う．②複製が完了したDNAは母細胞から娘細胞へと分配される．③また，遺伝情報が発現する際には，遺伝子の**読み取り枠**（open reading frame；ORF）と呼ばれる特定のDNA領域がRNAに写し取られる．この過程を**遺伝子の転写**（gene transcription）といい，DNA鎖の情報を反映したメッセンジャーRNA（mRNA）が合成される（図2-3）．なお真核細胞では，遺伝子内のアミノ酸配列を指定している塩基配列（エキソン；exon）に介在配列（イントロン；intron）が断続的に入り込んでいる場合が多く，転写されたmRNA前駆体からは**スプライシング**（splicing）によりイントロン配列が切り出される．さらに核内で，5′末端にキャッピング，および3′末端にポリアデニル化などの分子修飾を受けて成熟した後，mRNAは核膜孔を通過して核外へと運び出される．最終的に，mRNAの3塩基ずつの並びである**コドン**（codon）がアミノ酸を指定することにより，**リボソーム**（ribosome）においてmRNAはタンパク質へと翻訳される（第7章参照）．

なお，RNAのスプライシング反応を触媒するのはスプライソソームと呼ばれるRNA-タンパク質複合体である．スプライソソームは低分子量のRNA分子を活性中心にもつ．第7章で解説するタンパク質の翻訳におけるリボソームも，その活性はリボソーマルRNA（rRNA）の機能に依存している．このようにRNAは，細胞内で遺伝情報を中継するだけではなく，重要な触媒機能も担っている．そのため，初期の生命はDNAではなくRNAを軸に進化し，その後に前述のセントラルドグマに置き換わったという考えが広く受け入れられている．これを**RNAワールド仮説**（RNA world hypothesis）という．しかし，RNAは反応性が高いために不安定であるし，天然でリボースの合成反応が進行できたのかなど，この説には懐疑的な見解も少なくない．

📖 **RNAを構成する塩基**
RNA鎖ではチミン（T）の代わりにウラシル（uracil；U）が利用されているため，DNA鎖のAと対を作るのはUである．

📖 **mRNAの核外への運搬**
mRNAの核外への運搬には，後述する核膜孔複合体の核バスケット構造が，成熟化したmRNAを見分けて相互作用することが大切である．

📖 **リボソーム**
rRNAとリボソームタンパク質からなる超高分子複合体で，mRNAの情報に従ってタンパク質の合成（翻訳）に働く．真核生物の場合，細胞質で合成されたリボソームタンパク質は核内に移行し，核小体で転写されたrRNAと会合する．そのように組み立てられたリボソームは，細胞質へと運び出されて機能する．

2-2　核様体の構造

　原核細胞は，おおよそ60万～1000万塩基対の環状のDNAをもっている．通常，この環状DNAは，特定の領域にタンパク質が結合してループ構造を形成し，さらにこのループ構造が超コイル構造となり，これらが折りたたまれて長さ1 μm程度の核様体（nucleoid）を形成している．原核細胞のDNA複製の際には，この環状DNAの特定の一つの領域から両方向へ半保存的なDNA合成反応が進行する．そして遺伝子発現については，真核生物とは異なりDNAは核内に収納されていないため，mRNAの転写と並行してタンパク質の合成が進む．その結果，DNAから伸びるmRNAにいくつものリボソームが数珠玉状に並んだポリソーム構造を形成する（図2-4）．

　興味深いことに，原核細胞と似た核様体構造が，藻類のミトコンドリアにも観察される．藻類のミトコンドリアの核様体にも環状DNAが内包されており，ミトコンドリアの共生説を支持する所見になっている．

2-3　細胞核

◆核の構造

　一般に，真核細胞は5 μmくらいの大きさの細胞核を一つもつ．ただし，細胞核の大きさや形は細胞種によって異なる．変わったところでは，複数の細胞が融合して巨大化する破骨細胞や骨格筋細胞は，遺伝的に同一な複数個の核をもっている．また，細胞質分裂をせずに核分裂を繰り返して多核化した真性粘菌は最も巨大な真核細胞だといえる．大きな細胞体を維持するにはそのサイズに見合った遺伝情報の発現が要求されるため，細胞あたりの核の個数が増えるのだと考えられる．さらにテトラヒメナやゾウリムシなどの繊毛虫類のように，一つの細胞内に機能分化した二つ以上の核（大核と小核）をもつ，ある意味，発達したともいえる単細胞生物も存在する．

　細胞核は外膜と内膜という二重の生体膜によって囲われている（図2-5）．核膜の外膜と内膜の間隙はおよそ10～20 nmである．内膜の核内側には核

■ 塩基対

塩基対とはDNAの長さを表す単位であり，bp（base pair）という記号が用いられる．

■ ミトコンドリアの共生説

真核生物の祖先型細胞に取り込まれたαプロテオバクテリアが，共生した結果，ミトコンドリアになったという細胞進化の考え方．先にも同様の学説が発表されたことはあったが，アメリカの進化論者マーグリスの主張により，一般に受け入れられるようになった．

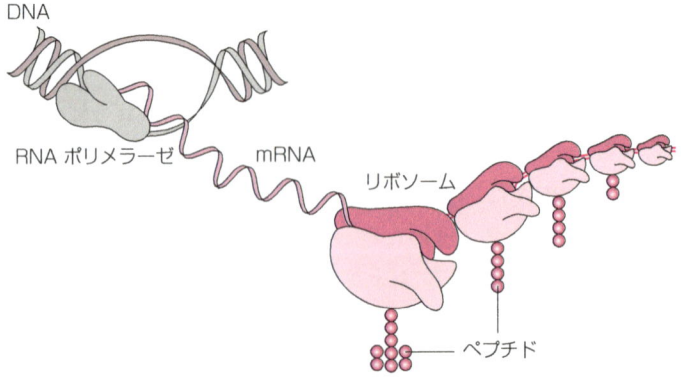

図2-4：ポリソームの構造

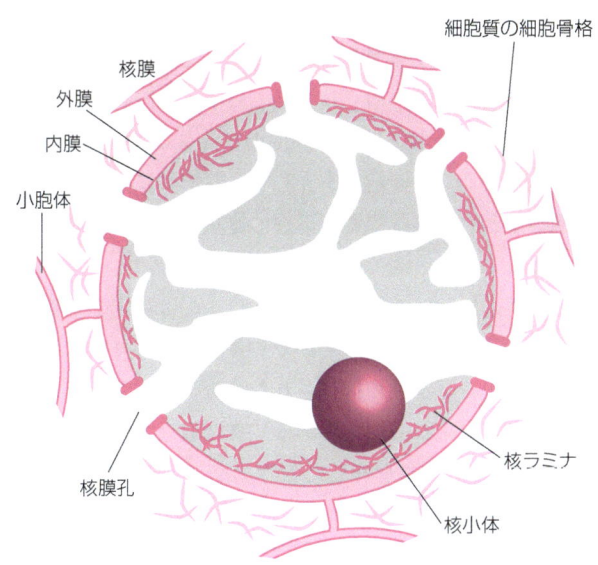

図 2-5：細胞核の構造

ラミナ（nuclear lamina）という層構造が裏打ちされている．核ラミナは核膜を安定化するだけでなく，DNAの高次構造物であるクロマチンを結合させる足場としても機能する．

核膜の外膜と内膜は，真核細胞の進化の初期段階において，小胞体がDNAを取り囲むように発達したものだと推定される．実際に現存する真核細胞でも，核の外膜は小胞体と連続している．核膜があるため，真核細胞ではDNAの複製と転写は核内で行われる．一方，翻訳は，小胞体上のリボソームが行うため細胞質で起こる．

核内には核小体（nucleolus）と呼ばれる構造があり，光学顕微鏡でも観察できるため古くから知られていた．細胞の種類ごとに核小体の数や大きさは異なり，増殖が活発ながん細胞などでは特に大型化している．核小体は，rRNAの合成などが盛んに行われている領域である．リボソームは，核小体でrRNAとタンパク質がある程度まで会合した後に，後述する核膜孔を通過して運び出されて機能型へと成熟化する．

◆核内に見られる骨格構造：ラミン

中間径繊維の仲間には，ラミン（lamin）と総称される複数の分子がある．これらは細胞核の形態を維持し，その機械的な強度を高める働きを担う．たとえば哺乳動物の細胞では，ラミンBは普遍的に見られるのに対し，ラミンAやそのスプライシングバリアントであるラミンCは成長段階や組織特異的に発現する．

ラミンのαヘリカルドメインのカルボキシ末端側には，核に局在化する

■ 中間径繊維

細胞骨格タンパク質の一種で，主に動物に見られる．第13章参照．

> **スプライシングバリアント**
>
> 真核細胞では遺伝子がイントロンに分断されているので，RNA がスプライシングされる際に，イントロンのスプライシング位置がずれたり，あるいは異なるエキソンが組み合わさる場合がある．このような仕組みによって，一つの遺伝子から異なる種類のタンパク質を作ることができるため，遺伝子情報の多様性を増すのに一役買っている．

> **αヘリカルドメイン**
>
> 中間径繊維では，細胞骨格としての会合に重要な領域．タンパク質のαヘリックス構造の一つで，別のαヘリックス構造と絡み合うようにして会合する性質をもつ．タンパク質の棒状の複合体の形成に重要なドメインである．

ための核移行配列がある．また，脂質の付加やアミノ酸配列の一部切断などの翻訳後修飾を受けて，成熟型として核内で機能する．ラミンは核の内膜を裏打ちするように核内に張りめぐらされており，核内膜の膜タンパク質とともに核ラミナ構造を形成している．核内のラミンは，核内膜の SUN タンパク質と外膜のネスプリンとの結合を介して，原形質に張り巡らされた微小管やアクチン繊維などの他の細胞骨格構造に連結している．この連結は細胞の機械的強度を高める．

このような核構造における役割の他に，ラミンは特定の染色体領域と結合することで，遺伝子発現の制御にも働くことがわかってきた．特に，後述するように，遺伝子の転写活性の抑制されたヘテロクロマチンが核膜に接して存在することはよく見られる現象である．また最近では，細胞増殖の制御に重要な MAP-キナーゼ経路を介した転写因子 c-Fos の活性制御による遺伝子発現や，TGF-β や Wnt/β-カテニンなどの重要なシグナル伝達因子とラミンのかかわりも研究されている．

ラミン A をコードする遺伝子座の突然変異が原因で発症するヒトの遺伝病がいくつか知られている．たとえば，エメリー・ドレフス型筋ジストロフィーは筋細胞の核の機械的強度の欠落で発症すると考えられている．また，ラミンが正常に機能しなくなることで，活性酸素，放射線，化学物質などによる DNA の損傷に的確に対処できなくなり，早老症が発症することも指摘されている．これらは，ラミン A による核膜構造の維持の破綻だけではなく，遺伝子発現制御などの機能の異常も原因である可能性が疑われている．

◆核膜孔の構造と機能

遺伝子発現に際しては，核内で転写とスプライシングが行われ，この結果生成する mRNA は細胞質に搬出されてからタンパク質に翻訳される．

核内には DNA の他に，DNA の高次構造を形成するタンパク質である**ヒストン**(histone)，DNA 複製に寄与する DNA ポリメラーゼ，転写に寄与する RNA ポリメラーゼ，遺伝子発現調節タンパク質，RNA プロセシングに寄与するタンパク質など，多くのタンパク質が含まれている．これらのタンパク質は細胞質で作られ，核内へと搬入される．

これらの物質のやり取りは直径約 10 nm の**核膜孔**(nuclear pore)を通して行われる(図 2-6)．核膜孔では外膜と内膜は打返して融合しており，そこに 150 を超えるタンパク質からなる複合体が八角形に配置されている．複合体の細胞質側と核質側にはリング状構造が見られ(これらを細胞質リングと核質リングという)，細胞質リングからは複数の細胞質繊維が突き出している．一方，核質リングには核バスケットが付属している．これらの構造は，核と細胞質間の物質輸送に重要な役割を果たしている．イオンや 1 万ダルトン以下の低分子は自由に核膜孔を通り抜けることができる．また分子量 3 万ダル

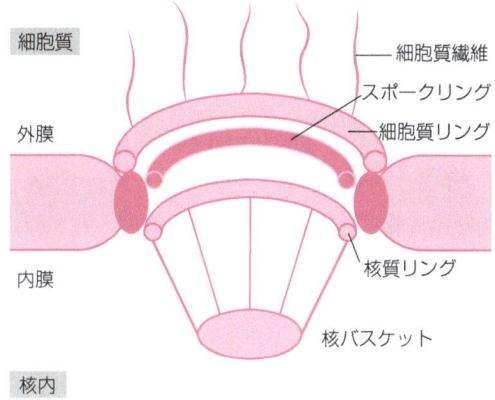

図2-6：核膜孔

トン程度までの分子も，拡散速度は遅くなるが通過可能である．これ以上のサイズの分子は，核移行シグナルをもつものが特別な輸送機構を利用するときだけ核膜を通過できる．核膜孔を介したこの物質輸送については，第8章で解説する．

◆核DNAの存在形態

先に述べたように，原核細胞のDNAは環状構造であるが，真核細胞のDNAは複数に分断された線状の染色体構造をとる．なぜこのような違いがあるのか，その理由は定かではないが，おそらくは細胞あたりのゲノムDNAのサイズが格段に異なることが関係しているのかもしれない．たとえば，原核細胞である大腸菌のゲノムDNAは約4,700,000 bp（= 4.7 Mb）であ

 コラム1　　　　　　　　生命の糸巻き

ヒトの23組(46本)の染色体は，父親と母親から半分ずつ受け継いだものである．それらのうち，22組(44本)は常染色体と呼ばれており，それぞれの組は相同な染色体である．あとの1組(2本)は性染色体であり，男性であればXYの，女性であればXXの組合せである．

ヒトの染色体は，1本あたり約50〜250 MbのDNAを含んでおり，それぞれを伸長させると1.7〜8.5 cmに相当する．ヒトの細胞の場合，これらのDNA鎖は直径5 μmほどの核内に保管されている．直径2 nmのDNAを百万倍に拡大して2 mmの太さと想定すると，染色体1本あたりのDNAの長さは平均22 kmにも達する．このように長い46本を直径が5 mの球の中で管理することを思い浮かべてほしい．DNAをからませて切断することなく複製反応や転写反応を行い，細胞分裂時には寸分の違いもなく分配することは，きわめて難しい作業であることがわかるだろう．それが達成できるのは，ヒストンをはじめとした多様なDNA結合タンパク質の機能のおかげである．

るのに対し，われわれヒトの染色体の総 DNA は約 6000 Mb と大きい．これが，ヒトのゲノムが 46 本の染色体に分断した状態で収納されている理由かもしれない．

　ゲノムサイズが大きいと，なぜ環状では不都合なのだろうか．大腸菌の細胞長は約 2 μm であり，分裂時には，複製された環状 DNA は知恵の輪を外すようにして細胞の両極へと分離していく．一方，ヒトの細胞長は 20 μm 程度である．ヒトの細胞の分裂時には，大腸菌に比べて 1000 倍以上もの長さの DNA を，10 倍程度の間隔の中で分離しなくてはならないのだから，くっついた環状 DNA を解くようにして分配するのは効率が悪い．万が一，DNA が切断されたら大変なことになってしまう．

　このため，真核生物のゲノム DNA は別の様式，すなわち線状で存在しているのだろう．また結果的ではあるが，ゲノム DNA が染色体構造をとるようになったことで，真核生物は配偶子形成時に相同染色体の対合による組換えを行い，同一種の集団内における遺伝子の多様性を増すことができた．

◆ヒストンとヌクレオソーム

　ゲノム DNA はヒストン複合体（コアヒストンともいう）に巻き付いている（図 2-7）．ヒストン複合体は，塩基性タンパク質である 4 種類のヒストンサブユニット（H2A, H2B, H3, H4）が 2 個ずつでできた八量体である．一つのヒストン複合体は約 160 bp の DNA 分子を巻き付けることができ，結果的には直径 10 nm ほどの**ヌクレオソーム**（nucleosome）と呼ばれる数珠玉（＝

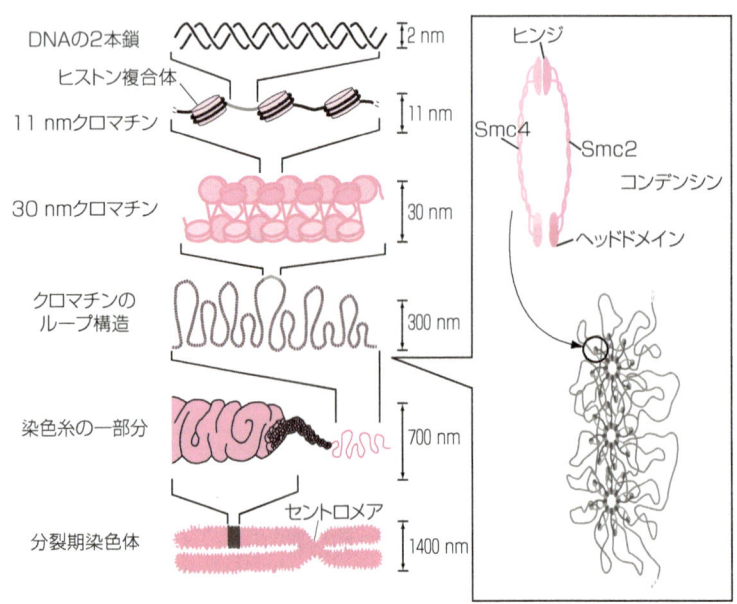

図 2-7：DNA のクロマチン化と染色体構造の構築

ヒストン複合体と結合したDNA）が連なった繊維が形成される．この繊維を 11 nm **クロマチン繊維**（chromatin fiber）という．正電荷に富むヒストン複合体が負に帯電した巨大なDNA分子の電荷を中和することで，DNAを狭い空間に押し込めることが可能になる．さらに，ヌクレオソーム構造がらせん状に立体配置をとることで，高次の 30 nm クロマチン繊維構造が形成されると考えられている．しかし，最近の研究からは 30 nm クロマチン繊維構造の存在に否定的な見解も出されている．あまりに整然とヌクレオソームがパッケージングされるよりは，フレキシブルな配置が可能なほうが，空間充填効率が高いためである．

> **■■ クロマチン繊維**
> タンパク質と複合体を形成したDNA鎖の規則的な構造からなる繊維構造．精子頭部の細胞核内では，ヒストンの代わりにプロタミンがDNAに結合している．つまり，サケの白子など，精巣の主要タンパク質はプロタミンである．

◆染色糸と染色体

クロマチン繊維は，**コンデンシン**（condensin）や**トポイソメラーゼⅡ**（topoisomerase Ⅱ）などのスカフォールドタンパク質と会合して，**染色糸**（chromonema）を形成する（図2-7）．コンデンシンは二つのコイル状のタンパク質（Smc2とSmc4）と，それらに付随する三つのサブユニットからなるリング状の複合体で，その輪の中に捉えたDNAをATP依存的に強く巻き付けることでクロマチンを凝集化する．一方，トポイソメラーゼⅡはDNAの2本鎖を切断することで，らせんのねじれを調節する酵素である．つまり染色糸を微視的に見ると，スカフォールドタンパク質の骨格に沿って作り出されるクロマチンのループ構造が無数に並んでいる．

先に述べたように，クロマチンに含まれるDNAは非常に長い分子であり，これを細胞内の数十μm程度の限定された空間で，しかも損傷させずに二つの娘細胞に分離するのは並大抵のことではない．細胞は，染色糸を高度に凝集させた**染色体**（chromosome）を分裂期特異的に形成することでこの問題に対処する．染色体の形成には，サイクリン依存性キナーゼ1（CDK1）によるH1のリン酸化が伴う．H1はリンカーヒストンとも呼ばれており，ヌクレオソーム間のDNAを収納することで，より密集化した構造の形成を可能としている．さらに，DNAトポイソメラーゼⅡとコンデンシンが作用することで，凝集化が進む．このようにして形成された染色体構造があるため，クロマチンは紡錘体微小管の牽引により発生する張力に耐えることができる（第11，12章参照）．

> **■■ スカフォールドタンパク質**
> 細胞周期を再構成する実験の有名な例として，アフリカツメガエルの卵抽出液にATPを添加したものがある．この試験管内に精子から取り出した核を加えると，分裂期特異的にDNAの凝集が見られる．これを指標に，コンデンシンの働きが特定された．

◆セントロメアと動原体

DNA配列上の**セントロメア**（centromere）領域は，細胞分裂時にゲノムが正確に分配されるために必要な塩基配列である．細胞分裂期には，染色体は，**腕部**（arm）と100種類程度のタンパク質が集合した**動原体**（kinetocore）とに識別できる（図2-8）．動原体とは，複製されて対を形成している姉妹染色体のセントロメアに背中合わせに二つの相同な構造が配置されたものである．

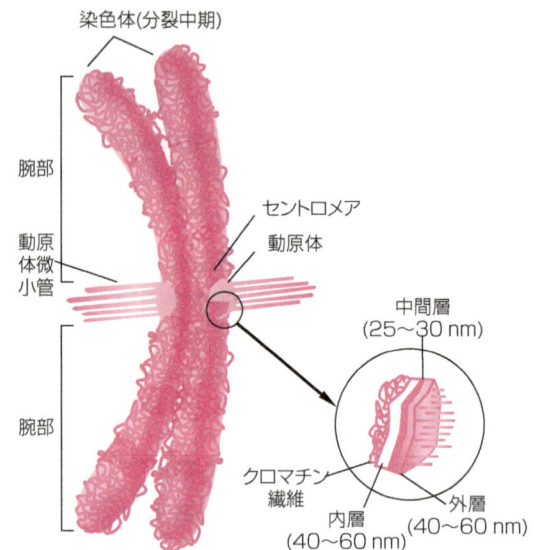

図2-8：セントロメア領域と動原体

■ セントロメア領域

セントロメア領域のクロマチンにはヒストンH3に似たタンパク質であるCENP-Aが取り込まれていて，他の領域の染色体とは構造が異なるようだ．また，セントロメアは細胞周期を通じて転写活性が抑制されている（つまり，ヘテロクロマチン化している）．

■ 出芽酵母

パンや酒などの発酵に利用される酵母の近縁種が，生命科学の研究に重宝されている．その生活環に1倍体と2倍体で生育する時期があり，その切り替えを自在に実験操作できるため，遺伝子破壊株の表現型の特定が容易だからである．さらにゲノムサイズがヒトの1／250と小さく，重複遺伝子が少ないため，真核細胞の機能を知るための最もシンプルなモデル生物である．

■ ホモログ

相同性が高い配列をもつ複数の遺伝子（あるいはタンパク質）のことで，関連した細胞内機能にかかわる場合が多い．厳密には，種分化に伴い共通の遺伝子が別々の生物に伝搬されたものをオーソログ，同一種内で遺伝子重複により形成されたものをパラログという．

　最終的には，それぞれの動原体に結合した微小管が反対方向に姉妹染色体を引き離すことで，ゲノムDNAは娘細胞に均等に分配される．

　当初，セントロメア領域のDNAの塩基配列と動原体構成タンパク質の同定は，出芽酵母 Saccharomyces cerevisiae を対象とした研究を中心に発展した．出芽酵母の16本の染色体のセントロメアは共通のDNA配列を含み，長さは約120 bpである．このDNA配列を切り出して環状DNA（プラスミド；plasmid）に組み込むことで，出芽酵母の核内において，染色体と同様の仕組みでプラスミドを娘核へ分配できる．このような系を利用した遺伝学的解析，そしてセントロメアのDNA配列に結合するタンパク質の単離・生成が盛んに行われた結果，多数の動原体の構成因子が同定された．

　一方，酵母でも分裂酵母（Schizosaccharomyces pombe, $n=3$）のセントロメアは 40,000〜120,000 bp と大きい．ヒト（$2n = 46$）のセントロメアは，数Mbとさらに長大である．これらの生物のセントロメアには短いDNA配列の繰り返し構造が見られる．ただし，それらの塩基配列は生物間で共通性はない．有糸分裂は真核生物全般に見られる現象であるにもかかわらず，セントロメア領域を構成するDNAの塩基配列やその長さが生物種により異なることは非常に興味深い．出芽酵母と高等動物の動原体構成タンパク質のアミノ酸配列はあまり保存されていないため，出芽酵母の動原体構成因子のホモログを，ヒトなどの脊椎動物ではなかなか見つけることはできなかった．しかし，高等動物の動原体の構造が判明するにつれ，動原体には生物全体における共通性が認められるようになった．

　電子顕微鏡を用いると，動原体は多層構造をとっていることがわかる（図

2-8).一般的には三層構造が多く,その最内層はCENP-Aが取り込まれたセントロメア部分と接しており,最外層には微小管が付着するKMNネットワーク(KNL1-Mis12複合体-Ndc80複合体の略称)と呼ばれるタンパク質の複合体が存在する.そしてそれらの間には,複数のタンパク質複合体群から構成される中間層がある.中間層に含まれるタンパク質複合体は,単にセントロメアとKMNネットワークをつなぎ止めているだけではなく,セントロメア特異的なヘテロクロマチン構造の形成にも必要である.KMNネットワークを構成するタンパク質複合体は,分裂期特異的に動原体に局在して微小管と結合する.それらは,微小管と結合していない状態では動原体からコロナのように生え出した繊維状の構造として観察される.ヒト染色体の動原体には30本程度の微小管が結合するが,出芽酵母ではわずか1本のみである.なお例外ではあるが,モデル生物の一つである線虫 *Caenorhabditis elegans* では,染色体領域全体に動原体構造が形成されて微小管と結合する.

◆ DNAの末端構造:テロメア

線状に分けられたそれぞれのDNAの両末端には,テロメア(telomere)という特別な繰り返し塩基配列が見られる(図2-9).テロメアは細胞分裂の回数券ともいわれており,細胞寿命と深い関係があることが指摘されている.

DNAの複製反応はプライマーと呼ばれる短いRNAが合成された後,5′から3′方向にDNA鎖が合成されていく.この反応は線状のゲノムDNAの複数箇所で並行して進行し,最終的にプライマー部分は複製されたDNA鎖で置き換えられる.ところが,DNAの末端部分に相当するプライマーの箇所は置き換えることができない.その結果,DNA複製が起こるたびに,

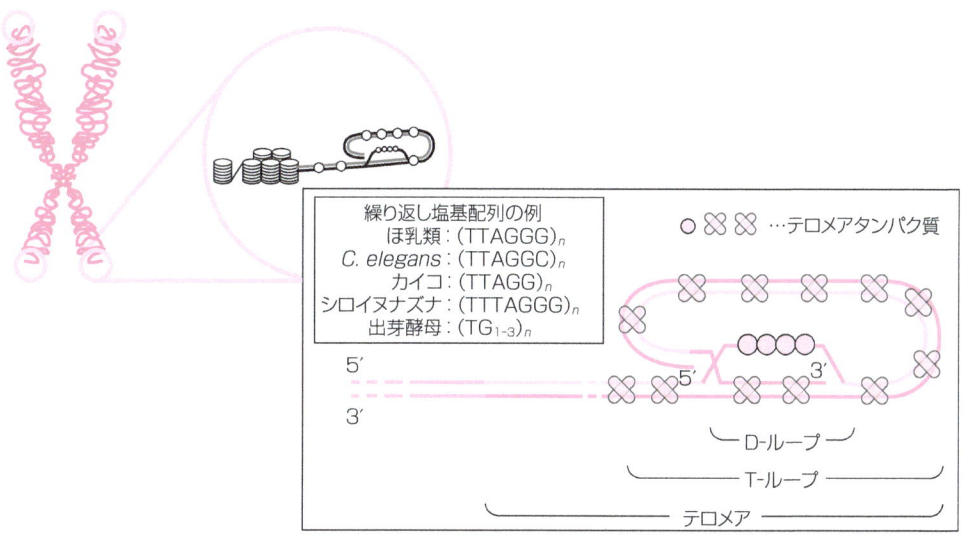

図2-9:テロメア

DNAの末端は短くなってしまう．

　このような事態を避けるために，テロメラーゼ（telomerase）という特別なDNA合成酵素がゲノムDNA末端にテロメア配列を付加していく．通常の細胞ではテロメラーゼの活性はほとんど見られないが，がん細胞には高い活性が認められるものがある．テロメアの本質的な機能は，線状のDNA配列の保持にある．DNAの末端配列がむき出しの場合，他のDNA配列に入り込んで異常な組み替えを起こしやすい．また，末端部分は物理的損傷により切断された部分と区別しにくいため，必要もないのにDNA修復酵素が作用する危険性が伴う．そのために，テロメア配列を認識して結合するタンパク質は，テロメア特異的にDNA末端にT-ループ構造を作ってDNA末端部を隠してしまう．この構造の形成には，テロメア配列の末端から突出した3′側のDNAの1本鎖が上流部分の2本鎖と会合して特別なD-ループ構造をとらせるタンパク質の働きが大切である．

　最後に，分裂酵母のテロメアを用いた興味深い実験について紹介する．この生物のテロメラーゼ遺伝子を破壊すると，ほとんどの細胞は正常なゲノムを維持できずに死んでしまう．ところが，ゆっくりと増殖してくる細胞が単離された．これらの細胞の染色体を調べると，核内にある3本の染色体が，すべて自己環状化していることが判明した．この実験から，テロメア構造なしでは線状のDNAを維持するのは難しいことがわかる．また間接的ではあるが，巨大な環状DNAは，細胞増殖には効率が悪いことが窺える．

2-4　遺伝子発現のダイナミクス

　前節で紹介した事柄は，あくまでわれわれがDNAの機能について知りたいことの外枠にすぎない．DNAは保管されることを目的とした分子ではなく，細胞ごとに，状況に応じて必要な遺伝情報をDNAから取り出さなくてはならない．つまり，秩序正しく折りたたまれた構造は見かけの事象に過ぎない．むしろ，その構造が局所的に，かつ動的に変化し，複数の遺伝子が見事に調和して発現することが大切なのである．

　生命科学に課されたテーマとして，われわれヒトが胎内で胚発生を遂げて誕生し，そして外部環境と密接にかかわりながら生きていく過程での遺伝子の振る舞いの理解がある．いまだその全貌を正確に記述できる段階には至っていないが，いくつか興味深い事例を紹介できるようにはなってきた．

◆ユークロマチンとヘテロクロマチン

　核内において，ゲノムDNAはランダムに存在するのではなく，同じ染色体に含まれるクロマチンごとにまとまりを作って存在する傾向があることが，染色体ペインティングという実験手法で明らかにされた．そして，クロマチンには，転写が活発に起きているユークロマチン（euchromatin）と，高

度にパッキングされて転写が強く抑制されている**ヘテロクロマチン**（heterochromatin）の二つの領域がある（図2-10）．

ヘテロクロマチン領域に特徴的なタンパク質は核ラミナの構成因子と相互作用するため，ヘテロクロマチンは核膜近傍に見られる場合が比較的多い．一方，ユークロマチンは核の内部のところどころに存在する転写ファクトリーと呼ばれる部分に局在する．

細胞では，発現する遺伝子数よりも，転写ファクトリーの数のほうが少ない．そのため，DNAからmRNAに遺伝情報が転写される際には，転写されるべきDNA領域を含むクロマチンが核ラミナから離れ，転写ファクトリーへ向かうと考えられている．興味深いことに，ある種のがん細胞では，正常の細胞では核ラミナ近傍に配置しているはずのがん遺伝子を含むDNA領域が，核の内部に入り込んでいることが観察されている．前述したように，早老症という病気の原因に核ラミナの異常があり，もしかしたら遺伝子の機能発現の破綻が病症を引き起こしているのかもしれない．

◆ヒストン複合体の翻訳後修飾

ユークロマチンとヘテロクロマチンの区分は可塑的であり，細胞の状態に応じて変化する（図2-10）．クロマチンリモデリング因子は，ATP依存的にヌクレオソームの配置をスライディングさせることで，転写因子の結合配列を露出させ（あるいは隠し），遺伝子発現を制御する．

さらに，ヒストン複合体の翻訳後修飾も，クロマチンの構造変化による遺

> **📖 転写ファクトリー**
> RNAの転写にかかわる酵素が多く集まった部分．その形状などについては不明な点が多い．

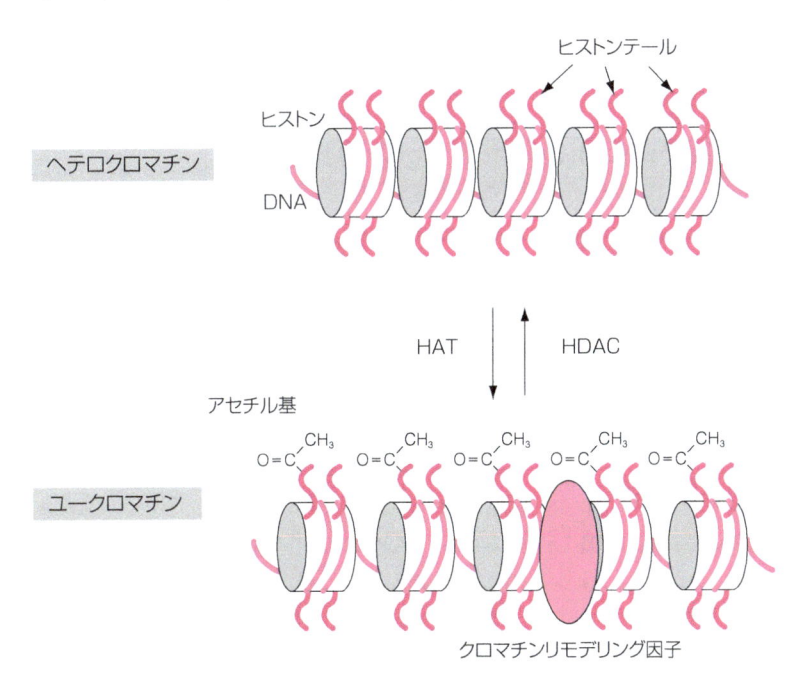

図2-10：ヒストンの翻訳後修飾と遺伝子発現制御

伝子発現の制御に重要である．ヒストンのアミノ末端側には，リジンなどの正電荷に富んだアミノ酸配列がある．これらの残基がアセチル基転移酵素（HAT）によりアセチル化されると，ヒストン複合体によるDNAのパッキングが弱まる．その結果，ヌクレオソームが緩んだ状態となり，転写酵素などが作用しやすくなる．一方，脱アセチル化酵素（HDAC）はヌクレオソームのパッキングを回復させることで遺伝子発現を抑制する．この他にもヒストンにはリン酸化やメチル化などの翻訳後修飾があり，それらはクロマチンの構造化や遺伝子発現と密接にかかわっている．

そして，先に触れた単純なDNAとヒストンの静電的な結合変化とは別に，ヒストンの翻訳後修飾のパターンに応じて遺伝子発現調節タンパク質の集積が変化することで，ヌクレオソームの状態が制御される事例も多く知られている．遺伝子による表現型が規定される現象であるジェネティクス（genetics）に対し，このような現象をエピジェネティクス（epigenetics）という．その制御はヒストンの多様かつ複雑な翻訳後修飾に基づいていることから，それをヒストンコードという．HDACの一つであるサーチュインの機能を活性化すると，線虫，出芽酵母，そしてマウスなどが長寿になる．これらの生物では代謝活性を制御する遺伝子群の機能が昂進するらしい．ヒトでもサーチュインの活性化は可能であり，食事のカロリー摂取量を70％程度まで制限すると効果的だという研究報告がある．

■ **エピジェネティクス**
「エピ」とは上位の意．つまり，遺伝子の機能発現の上位で働き，表現型に影響する現象のこと．DNA鎖中の特定のシトシンのメチル化や，DNA結合タンパク質の翻訳後修飾などにより，後天的に形質発現する．例えば，三毛猫の模様はエピジェネティクスの結果であることが知られている．

コラム2　染色体上の位置で遺伝子の発現パターンは変化する

ある研究を紹介しよう．アデニンの生合成が異常な出芽酵母の突然変異株 *ade2* では，その代謝産物が蓄積するため，コロニーの色が赤くなる（コロニーとは寒天培地上で一つの細胞が増殖して増えたクローンの集団である）．この突然変異株はアデニンを含まない培地では生育できない．このような性質を栄養要求性という．

正常な *ADE2* 酵素遺伝子を用いてこの突然変異株を形質転換すると，アデニン栄養要求性は相補されてコロニーは白色になる．ところが，テロメア領域近傍に *ADE2* 酵素遺伝子を導入した場合，コロニーに赤色が高頻度で入り交じる．このコロニーを形成した出芽酵母では，部分的に *ADE2* 酵素遺伝子が発現している細胞集団（白色）と発現していない集団（赤色）のクローンが出現した．テロメアの近くはヘテロクロマチン化されやすく，遺伝子発現が抑えられるためである．

この結果は，染色体上の遺伝子の存在する場所（これを染色体上の座（locus）という）により，発現パターンが変化することを示している．また，遺伝的なバックグランドが同一でも異なる表現型（phenotype）が生じるエピジェネティクスの一例ともいえる．

◆章末問題◆

1. 1200 bp の ORF からなる遺伝子は，どのくらいのサイズのタンパク質をコードしているだろうか．コードされているポリペプチドの鎖長と推定分子量を求めよ．
2. 遺伝子組み換え技術を利用してヒトの遺伝子産物を大腸菌に作らせる際には，どのような点に気をつければよいか．
3. ES 細胞や iPS 細胞は，細胞のもつ全能性を利用することで損傷を受けた動物組織の治療に役立つことが大いに期待されている．そもそも生体を構成するすべての細胞は，同じゲノムをもっているにもかかわらず，普段はそれぞれに特有の機能を果たしている．一体，これらの細胞と ES 細胞および iPS 細胞では何が違うのか，考察せよ．

◆参考文献◆

B. Alberts ほか著，『細胞の分子生物学　第5版』，ニュートンプレス(2010).
B. Alberts ほか著，『Essential 細胞生物学　原書第3版』，南江堂(2011).
グレイグ・H・ヘラーほか著，『アメリカ版　大学生物学の教科書　第1巻　細胞生物学』，講談社(2010).
江島洋介 著，『図解　分子生物学』，オーム社(2005).
石川統ほか著，『化学進化・細胞進化』，岩波書店(2004).

第3章

ミトコンドリアと葉緑体

【この章の概要】

　真核細胞はその内部に，生体膜を高度に発達させた細胞小器官(オルガネラ)をもっている．オルガネラの中でも，ミトコンドリアと葉緑体にはエネルギー転換機能があり，細胞のエネルギー代謝の中核を担っている．さらに，ミトコンドリアと葉緑体は核ゲノムとは異なる独自のゲノムをもっており，半自立的に振る舞っている．

　このようなミトコンドリアと葉緑体の生物学的な特性は，両者が原核細胞の生物に由来し，真核細胞の生物の祖先と共生関係を確立させ，現在に至るという共生起源説に合致する．すなわち，真核細胞はその細胞質にミトコンドリアと葉緑体という別の生き物(細胞)を保有しているといっても過言ではないが，一方で核はそれらをしたたかにコントロールしている．

　本章では，ミトコンドリアと葉緑体の構造と機能について解説する．

> **この章の Key Word**
> エネルギー代謝
> 光合成
> 核外ゲノム
> 共生進化

3-1　ミトコンドリアと葉緑体の構造

　典型的なミトコンドリア(mitochondria)と葉緑体(chloroplast)の構造を図3-1に示す．両者は生体膜構造(二重膜)をもち，その内部にミトコンドリアではクリステ，葉緑体ではチラコイド膜を発達させている．さらに，ミトコンドリアはマトリクスに，葉緑体はストロマに独自のゲノムをもっている点も共通している．また，物質透過性に関して，外膜は透過性が高いが内膜はきわめて低いという点も同じである．

◆ミトコンドリアの構造

　ミトコンドリアは，ほ乳類の赤血球と微胞子虫類のような原始的な原生生物を除くほぼすべての真核細胞に存在している．ミトコンドリアを電子顕微鏡で観察すると，断面径が0.5～1.0 μmの円筒状の構造をしており，その形態は細胞種によって多様である．

　たとえば，エネルギー要求性の高い肝細胞の細胞質にはおおよそ1000～

2000個のミトコンドリアが含まれており,細胞容量の5分の1程度を占める.一方,精子のミトコンドリアは中片部にのみ存在し,その内部を貫通するベン毛の周囲に巻き付いている.このように,ミトコンドリアの数,分布,配向は,細胞の機能やエネルギー要求性と相関している.また,細胞内の個々のミトコンドリアは分裂と融合を繰り返し,常時変形可能な動的な構造物である.

ミトコンドリアは,①外膜,②内膜と**クリステ**(cristae;内膜がマトリクス方向に発達した構造物),③**膜間腔**(intermembrane space;外膜と内膜の間腔),④**マトリクス**(matrix),⑤ミトコンドリアゲノム(mtDNA)から構成される(図3-1).

外膜にはポーリン(porin)という輸送タンパク質がチャネルを形成しているため,10,000 Daまでの物質を自由に透過させる.また,外膜には脂質合成や代謝に関与する酵素群が局在している.

内膜はカルジオリピンの含量が高いため(膜全体のカルジオリピンの20%程度を含有),イオン透過性がきわめて低い.また,内膜は折りたたまれてクリステを形成している.クリステの構造は一般的に櫛状であるが,細胞種によっては管状のものもある.

電子伝達系(electron transfer system)とプロトンATP合成酵素が内膜やクリステにあるため,ATP要求性の高い細胞ではクリステが発達する傾向にある.クリステの発達は内膜の表面積を増加させるため,結果として電子伝達系とプロトンATP合成酵素が局在できる領域が増加することになる.

このようなATP産生能とクリステ構造の発達の相関は骨格筋繊維のミトコンドリアに見ることができる.骨格筋繊維はその機能的かつ生化学的特性から速筋と遅筋に大別できる.速筋は主に解糖系によってATPを産生し,

---

コラム1　ミトコンドリアにmtDNAは必須なのか？

ヒト培養細胞の培養液にエチジウムブロマイドを添加し長期培養すると,mtDNAの複製が障害を受け,mtDNAを欠損した細胞株を得ることができる.このような細胞をRho-0細胞という.Rho-0細胞では,mtDNAにコードされた電子伝達系とATP合成に寄与する13種類のタンパク質が消失してしまうため,ミトコンドリアでのATP産生が不全となる.このため,Rho-0細胞の維持には,培養液に大量のグルコースを添加し,解糖系によるATP産生を誘導させる必要がある.

もし,ミトコンドリアの存在にmtDNAが必須なら,Rho-0細胞にはミトコンドリアが存在しないと予想できる.これに反して,Rho-0細胞には膨化したミトコンドリアが蓄積し,またそのようなミトコンドリアのクリステの構造は貧弱化または消失している.この結果は,mtDNAはミトコンドリア自体の生合成には必須ではなく,電子伝達系やATP合成の機能発揮,さらにはその場である高次内膜構造の形成(クリステ形成)に必須であることを示唆している.

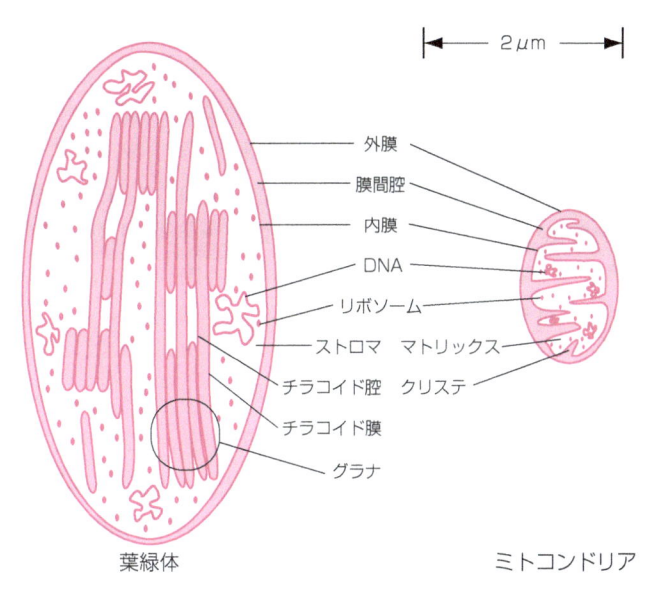

図3-1：葉緑体とミトコンドリアの比較

　遅筋は主にミトコンドリアにおけるTCA回路-電子伝達系-ATP合成酵素という一連の過程によってATPを産生している．したがって，遅筋繊維は速筋繊維と比較して含有するミトコンドリアの数が多く，それらのミトコンドリアのクリステの発達も顕著である．

　また，細胞が存在する環境によってもクリステの構造が変化することが知られている．たとえば，酵母を嫌気条件で培養するとクリステ構造が貧弱化または消失し，好気条件で培養するとクリステ構造が複雑化する．また，何らかの病的な要因によってATP産生が低下した細胞ではクリステが貧弱化し，ミトコンドリア自体が膨化することが知られている．

　膜間腔は低分子の物質に関しては細胞質とほぼ等価であるが，ATP産生に直結するH^+勾配を形成させる場として重要な役割を果たしている．さらに，電子伝達系や細胞死に寄与するシトクロムcを含有する．また，膜間腔はミトコンドリアに輸送されてきたタンパク質の仕分けの場も提供する．

　ミトコンドリアに局在するタンパク質の大部分は，核DNAにコードされた遺伝子群から転写・翻訳されたものである．ミトコンドリアへ運ばれるタンパク質はその構造のアミノ末端に親水性の**ミトコンドリア輸送シグナル**（mitochondria transport signal）をもつ．それを目印に，それぞれのタンパク質は機能すべき場所に運ばれる．ミトコンドリアへの輸送にはエネルギーが必要で，輸送後，ミトコンドリア輸送シグナルは切断される．

　ミトコンドリアに輸送されてきたタンパク質の仕分けと配置に寄与するのが，外膜に局在するTOM複合体と内膜に局在するTIM複合体である．TOM複合体は外膜に局在すべきタンパク質とそれ以外を仕分けし，後者を

膜間腔のスペースを介してTIM複合体に受け渡して，機能すべき適切な場所に配置させる．

マトリクスには高度に選択された分子しか存在しない．マトリクスはTCA回路，脂肪酸のβ酸化，ケトン体の代謝，ヘム合成，尿素合成と糖新生の一部の反応の場として重要な役割を果たしている．TCA回路ではアセチルCoAを酸化し，最終産物として二酸化炭素とNADHやFADH$_2$を産生する．二酸化炭素は細胞外に放出されるが，NADHとFADH$_2$は電子伝達系における電子供与源となる．

◆葉緑体の構造

葉緑体は太陽エネルギーから炭水化物を合成する，すなわち光合成代謝のために特殊化した細胞小器官で，**色素体**（プラスチド；plastid）と総称される構造群の主要な一種である．色素体は，もともとは代謝分画の場として分化したものであるため，光合成代謝だけでなく，プリン，ピリミジン，アミノ酸，脂肪酸の合成なども行う．一方，動物細胞においてはこのようなプリン，ピリミジン，アミノ酸，脂肪酸などの合成は細胞質で行われる．

色素体には，デンプン貯蔵を担うアミノプラスト，根や地下茎などに含まれる白色体，花や果実の色素を貯蔵する有色体，タンパク質の貯蔵を担うアリュウロプラスト，脂質の貯蔵を担うエライオプラストなどが知られている．これらの色素体は，未分化の**プロプラスチド**（pro plastid）から発達し，それぞれの機能に特化したものである．

一般的な植物の葉緑体は多量の**クロロフィル**（chlorophyl）を含んでいるため緑色をしている．褐藻類の葉緑体はクロロフィルだけでなくフィコキサンチンを含むため褐色に，紅藻類の葉緑体はフィコピリンを含むために紅色になっている．多くの多細胞植物細胞では，直径5〜10μm程度の葉緑体が細胞あたり数10〜数100個ほど観察できる．葉緑体は，①外膜，②内膜，③膜間腔（外膜と内膜の間腔），④**ストロマ**（stroma），⑤**チラコイド**（thylakoid），⑥葉緑体DNA（cpDNA）から構成される（図3-1）．

ミトコンドリア同様，外膜は透過性が高く，内膜は著しく透過性が低い．内膜には多くのタンパク質が存在している．また，葉緑体の内膜はミトコンドリアの内膜のように折りたたまれたり，巻き込んだりはしておらず，電子伝達系も含んでいない．電子伝達系や光化学系，ATP合成酵素はチラコイドやチラコイドが重なり合った構造の**グラナ**（grana）に存在している．ストロマには，ミトコンドリアのマトリクス同様，多くの酵素，リボソーム，RNA，cpDNAが存在している．cpDNAの複製や転写・翻訳はストロマで行われる．

葉緑体へのタンパク質の輸送は，翻訳後に行われ，エネルギーが必要であり，アミノ末端の葉緑体輸送シグナルを使用するなど，ミトコンドリアとの

類似点が多い．しかし，ミトコンドリアと異なり，葉緑体にはチラコイド構造をとった新たな膜分画が存在するため，チラコイドへのタンパク質輸送には2種の輸送シグナルを駆使して2段階の輸送が行われる．すなわち，チラコイドへの輸送では，親水性の葉緑体輸送シグナルに続いて，疎水性のチラコイド輸送シグナルが存在し，両者は輸送後に切断され，成熟タンパク質となる．cpDNAがコードするタンパク質のチラコイドへの輸送も2段階の経路をとっている．

3-2　ミトコンドリアと葉緑体の機能

　ミトコンドリアの主な機能はグルコースや脂肪酸を分解して生体エネルギーであるATPを産生することである．ミトコンドリアは，エネルギー産生の他に，ケトン体の代謝，ヘム合成，尿素合成と糖新生の一部，カルシウム代謝，細胞死の中継点など多様な役割を果たしている．さらに最近では，感染炎症における抗原提示に寄与していることもわかってきている．

　葉緑体の主な機能は光エネルギーを利用して炭水化物を合成する光合成である．葉緑体は光合成の他に，ストロマにおける脂肪酸やアミノ酸合成を行っている．また，光で活性化された電子の還元力を利用して亜硝酸イオンをアンモニアに還元する．このアンモニアがアミノ酸やヌクレオチドの合成に必要な窒素源となる．

抗原提示
ウイルス感染などによって死滅した細胞内のミトコンドリアゲノムが炎症を引き起こす抗原となる．

◆細胞のエネルギー変換系

　細胞は生命活動に必要なエネルギーを産生しない限り，生存することはできない．このエネルギーとして利用される物質がATPである．主なATP産生系は，①サイトゾル（cytosol；細胞質領域）におけるEmbden-Myerhof（EM）経路（解糖系）と，②ミトコンドリアと葉緑体のエネルギー転換膜による経路に大別できる．

　大気中に酸素がほとんど含まれていなかった原始環境に生育していた原核細胞は生命活動に必要なエネルギーを無酸素代謝である発酵（ferment）によって産生していた．現存する生物の主な無酸素代謝は1分子のグルコースを起点として2分子のピルビン酸に至る解糖系（glycolytic system）である．この経路では，2分子のATPを消費し，4分子のATPを産生する．したがって，最終的に1分子のグルコースから2分子のATPを産生することになる．

　原核細胞や真核細胞はプロトン（H^+）-ATP合成酵素をもっているため，H^+の濃度勾配による電気化学エネルギーをATPの化学結合エネルギーに転換することができる．重要なことは，このエネルギー転換系の基本が進化的に保持されている点である（図3-2）．すなわち，原核細胞では細胞内のH^+をNADHと酸素を駆使して細胞外に輸送し，その細胞外のH^+をH^+-ATP合成酵素が再度，細胞内に輸送する際にATPを合成する．このよう

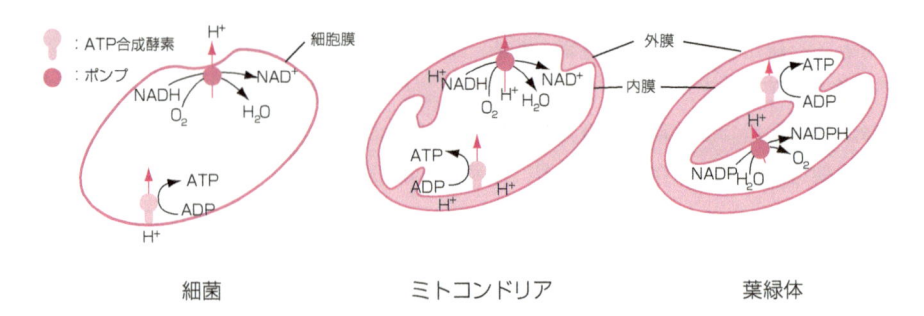

図3-2:エネルギー転換系の共通性

な過程は,ミトコンドリアの内膜と膜間腔において再現される.一方,葉緑体のストロマとチラコイドではH^+の濃度勾配によるATP産生をみることができる.

ミトコンドリアでは,解糖系によってグルコースから変換されたピルビン酸,または脂肪酸から変換されたピルビン酸を利用して,TCA回路-電子伝達系-H^+-ATP合成酵素を経てATPが産生される(図3-3).一方,葉緑体においては,光エネルギーを起点として光化学系(光合成電子伝達反応)とカルビン回路(炭素固定反応)を介してグルコースを産生する経路がエネルギー代謝の主経路である(図3-4).このように,ミトコンドリアと葉緑体は,熱力学的にはまったく逆の反応を呈するが,ATP産生の基本機構は同様である.

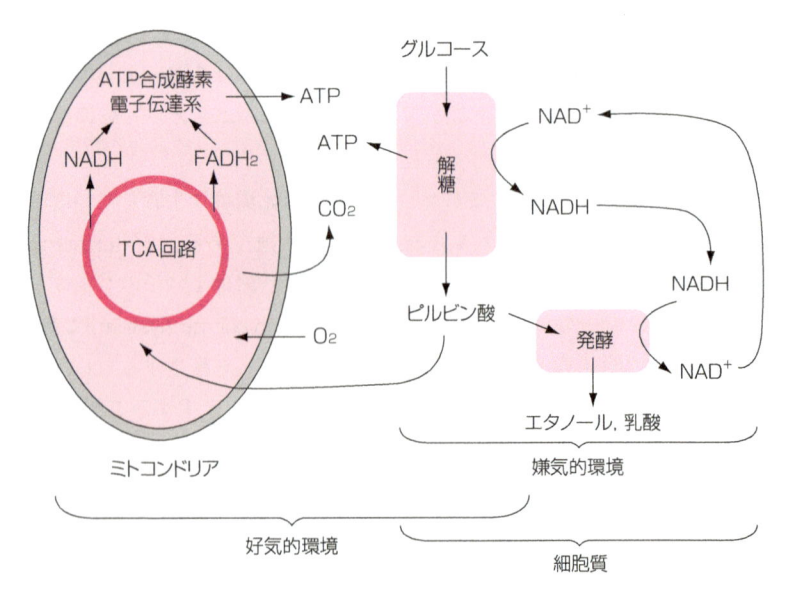

図3-3:糖の分解とエネルギー産生

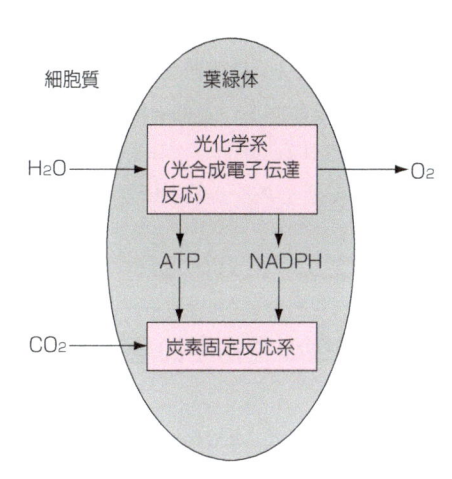

図 3-4：光合成の二つの系

◆ミトコンドリアのエネルギー産生系

ミトコンドリアの内膜には，4種類の呼吸酵素複合体と複数の電子の担体からなる電子伝達系（図3-5）とATP合成酵素がある．ミトコンドリアの電子伝達系では，TCAサイクルで産生された高エネルギー化合物のNADHやFADH$_2$が電子供与体となり，NADHからの電子は**呼吸酵素複合体**（respiratory enzyme complex）Ⅰに，FADH$_2$からの電子は呼吸酵素複合体Ⅱに受け渡される．最終的にこれらの電子は呼吸酵素複合体Ⅳによって O$_2$に受け渡され，H$_2$Oが産生される．

このようにミトコンドリアの電子伝達過程では酸素を消費するため，この過程を呼吸と呼ぶ場合がある．電子伝達系で働く電子の担体は，シトクロムc，FMN（flavin mononucleotide），FAD，コエンザイムQなどの補酵素や，Fe-SやCu^{++}などの金属元素である．

呼吸酵素複合体Ⅰは，主にFMNをもつフラボプロテインとFe-Sセンターをもつタンパク質から構成され，これらが酸化還元反応を担う．呼吸酵素複

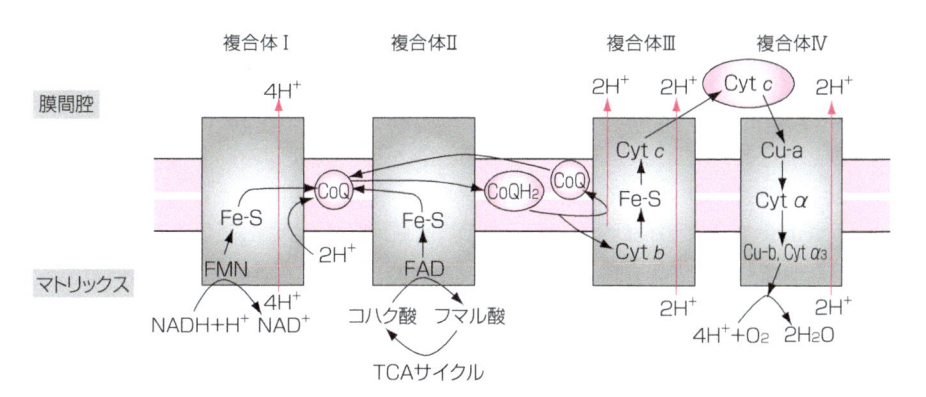

図 3-5：ミトコンドリアの電子伝達系

合体Ⅰでは NADH からの電子が CoQ に伝達され CoQ-H$_2$ となる．その際に放出されるエネルギーによって H$^+$ は内膜を横切り，膜間腔へ輸送される．1分子の NADH からのこの複合体Ⅰへの電子伝達によって，4個の H$^+$ がマトリクスから膜間腔に輸送される．

呼吸酵素複合体Ⅱは TCA サイクルと電子伝達系を共役している．すなわ

コラム2　ミトコンドリアの動的特性の生物学的意義

ほ乳類の培養細胞のミトコンドリアは細胞質内を活発に移動し，分裂・融合を繰り返す動的な構造体であることは古くから知られていた．これまでの研究によって，細胞質内の移動は細胞骨格に依存し，また分裂は Drp1，融合は Mfn1，Mfn2，OPA1 という因子によって制御されていることがわかってきた．さらに最近では，ミトコンドリアのマトリクスにもアクチンとミオシンが存在し，mtDNA の維持，ミトコンドリア内の移動，遺伝子発現に寄与している可能性さえ報告されはじめている．

一方，ミトコンドリアの分裂・融合によって何がもたらされるのか，というミトコンドリアの動的特性の生物学的意義については不明な点が多く残されていた．たとえば，酵母の配偶体のように等量の両性由来のミトコンドリアを含む場合，分裂・融合によってそれぞれの mtDNA 分子種が組換えを起こすことが知られていた．しかし，完全母性遺伝様式をとるほ乳類の mtDNA の場合，細胞に含まれる mtDNA 分子は均一であるため（ランダムに発生する体細胞突然変異は存在するものの），もし分子間組み換えが起こったとしても，遺伝的多様性を獲得した新たな mtDNA 分子種を生み出すには至らないと予想される．

ほ乳類のミトコンドリアの動的特性の生物学的意義を確認するため，①心筋症の病原性突然変異型 mtDNA であることが証明された tRNA^{Ile} 遺伝子突然変異 4269mtDNA のみをもつためミトコンドリアの ATP 合成が完全に消失してしまったヒト培養細胞と，②ヒトのミトコンドリア病である MELAS の病原性突然変異 mtDNA であることが証明された tRNA^{Leu} 遺伝子突然変異 3243mtDNA をのみをもつためミトコンドリアの ATP 合成が完全に消失してしまったヒト培養細胞を用いた実験を行った．この2種類の細胞を融合し，tRNA^{Ile} 遺伝子突然変異 4269mtDNA のみと tRNA^{Leu} 遺伝子突然変異 3243mtDNA のみをそれぞれ保有するミトコンドリアを単一細胞質に共存させた．

その結果，驚くべきことに，病原性突然変異によって消失していたミトコンドリアの ATP 合成能が回復したのである．この現象は，互いのミトコンドリアには突然変異によって機能を失った異常 tRNA^{Ile} と異常 tRNA^{Leu} が存在しているが，共存後，分裂・融合を繰り返す過程で，双方のミトコンドリアから正常な tRNA^{Ile} と正常な tRNA^{Leu} が供給されたため，ミトコンドリア内の翻訳系が回復し，結果として ATP 合成能が回復したと理解できる．

このように，ほ乳類の個々のミトコンドリアは分裂・融合を繰り返し，遺伝子産物を交換しているのである（ミトコンドリア間相互作用）．したがって，細胞内のミトコンドリアは機能的には単一であるといっても過言ではない．そして，このミトコンドリア間相互作用によって，mtDNA に何らかの病原性突然変異が生じてしまっても，その突然変異をもたない mtDNA から正常な遺伝子産物が供給され，結果として可能な限り，細胞内の ATP 産生は異常にならないよう制御されているのである．

ち，呼吸酵素複合体Ⅱは，TCAサイクルにおいてコハク酸をフマル酸に変換するコハク酸デヒドロゲナーゼと，FADをもつフラボプロテインとFe-Sセンターをもつタンパク質から構成されている．この複合体Ⅱでは，TCAサイクルにおいてコハク酸が酸化されてフマル酸に変換される際に放出される電子がFADやFe^{++}の酸化還元反応を経てCoQに伝達され，CoQ-H$_2$となる．なお，この過程では，H$^+$の輸送は行われない．

呼吸酵素複合体Ⅰや呼吸酵素複合体Ⅱから電子を受け渡されて還元型になったCoQ-H$_2$は，呼吸酵素複合体Ⅲに電子を伝達する．呼吸酵素複合体Ⅲはチトクロムbとチトクロムc，Fe-Sセンターをもつタンパク質複合体である．CoQ-H$_2$から伝達された電子はチトクロムb，Fe-S，チトクロムcと順次受け渡され，その後，呼吸酵素複合体Ⅳに伝達される．これらの酸化還元反応のエネルギーにより，4個のH$^+$が膜間腔に輸送される．

呼吸酵素複合体Ⅳは，チトクロムa_3とチトクロムa，Cuセンターをもつタンパク質複合体である．チトクロムcを経由してこの複合体Ⅳに受け渡された電子はO$_2$に伝達され，O$_2$が還元されH$_2$Oが産生される．これらの酸化還元反応のエネルギーにより2個のH$^+$が膜間腔に輸送される．

このようにミトコンドリア内膜に存在する電子伝達系によって，NADHやFADH$_2$に蓄えられていた自由エネルギーが呼吸酵素複合体ⅠとⅢとⅣによって放出され，そのエネルギーを用いてマトリクスから膜間腔に向けてH$^+$が輸送される．結果として，内膜を隔ててH$^+$の濃度勾配（膜電位）が形成され，そのエネルギーでATP合成酵素が駆動し，ATPが産生される．

◆**光合成の第一過程：光化学系**

光合成は光合成細菌から高等植物に至る多様な生物種で見られるエネルギー転換系である．葉緑体は光合成能をもった細胞小器官である．したがって，葉緑体における光合成は葉緑体の中で行われる．これに対し，光合成細菌における光合成は細胞膜で行われる．ここでは，葉緑体での光合成を解説する．

光合成で起こる反応は二つの過程に大別できる（図3-4）．第一過程は，光化学系（photosystem）または明反応（light reaction）といわれる電子伝達系である（図3-6）．この反応は，太陽からの光エネルギーがクロロフィル中の電子を励起することで開始され，エネルギー供給源が異なるが，ミトコンドリアにおける電子伝達系と同様である．葉緑体の電子伝達系では，チラコイド膜を通したプロトンのくみ出しとこの駆動力を利用して，ストロマでATPが合成される．同時に，NADP$^+$に高エネルギー電子が供給され，NADPHに還元される．この過程でH$_2$Oが酸化分解し，O$_2$が放出される．この第一過程に関与する因子群（色素，電子伝達系，ATP合成酵素）はチラコイドが重なり合った構造であるグラナに局在している．

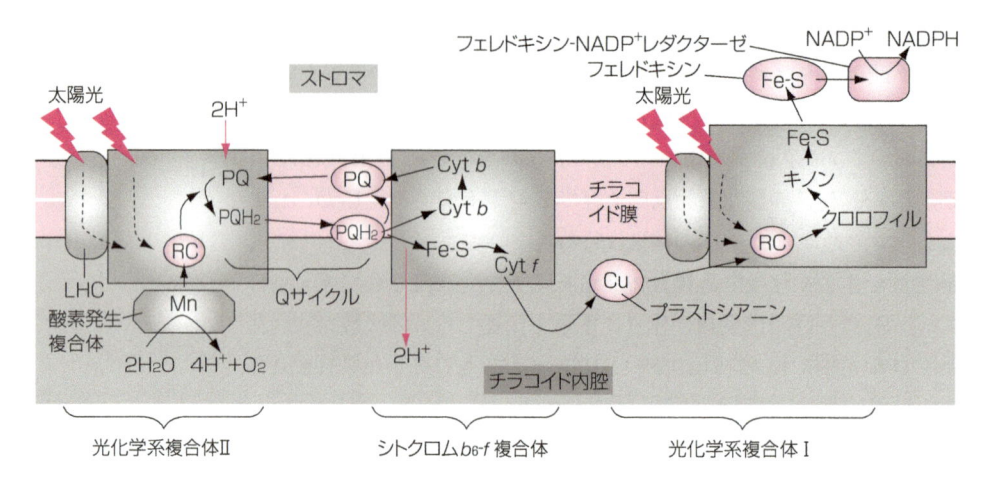

図 3-6：葉緑体の電子伝達系

◆光合成の第二過程：カルビン回路

第二過程は，カルビン回路(Calvin cycle)や暗反応(dark reaction)といわれる二酸化炭素固定反応である．この反応系は，第一過程によって生産されたATPとNADPHを利用して二酸化炭素を還元し，糖を合成する(1分子の二酸化炭素の固定に3分子のATPと2分子のNADPHが消費される)．この第二過程に関与する酵素群の大部分はチラコイドを取り囲む液体部分であるストロマに，一部分は細胞質に局在している．このため，第二過程はストロマと細胞質で行われることになる．

◆光合成全体のエネルギー収支

チラコイド膜に存在する電子伝達系は，光化学系複合体Ⅱ，シトクロムb_{6-f}複合体，光化学系複合体Ⅰを中心とし，それらの間の電子伝達を介在するタンパク質群から構成される．これらの電子伝達系における電子の流れを誘発しているのは吸収された光のエネルギーであり，光化学系複合体ⅡとⅠの反応中心に存在するクロロフィルaを介してそのエネルギーが供給される．

電子伝達系の最初に位置する光化学系複合体Ⅱは集光複合体(LHC)とともに存在し，アンテナ色素が吸収した光エネルギーを複合体の中心に集め，反応中心(RC)のクロロフィルa (P680)を励起して，電子伝達系の担体に電子を受け渡す．光化学系複合体Ⅱには，P680からMg^{2+}を取り除いた構造のフェオフィチン，葉緑体のキノンであるプラストキノン(PQ)などの電子伝達体が，D1タンパク質やD2タンパク質と結合して存在している．励起されたクロロフィルaから放出された電子は，フェオフィチン，D2-プラストキノン，D1-プラストキノンへと順次伝達される．電子を受け取ったD1-プラストキノンは，還元型プラストキノン(プラストキノール，PQH_2)になり，チラコイド膜内を移動してシトクロムb_{6-f}複合体に電子を伝達する．

シトクロム b_{6-f} 複合体には，シトクロム b，シトクロム f，Fe-S 結合タンパク質などの電子伝達体が存在している．この複合体では，プラストキノールからシトクロム b に伝達された電子が，Fe-S 結合タンパク質を経てシトクロム f やプラストシアニンまで伝達される．プラストシアニンはチラコイド膜内腔に分布しており，内部に Cu^{2+} を結合している．この複合体によってチラコイド膜を横切った H^+ の輸送が行われる．

プラストシアニンを経由したシトクロム b_{6-f} 複合体からの電子は光化学系複合体 I の反応中心に存在するクロロフィル a（P700）に供給される．P700 は光エネルギーにより励起され，再び高エネルギー状態となった電子が次の担体に受け渡される．この電子は，フィロキノン，Fe-S 結合タンパク質，フェレドキシンに順次伝達される．フェレドキシンに受け渡された電子はフェレドキシン－ $NADP^+$ レダクターゼ(flavin adenine dinucleotide；FAD)に伝達され，$NADP^+$ を還元し，NADPH を産生する．

このように，吸収された光エネルギーはチラコイド膜を隔てた H^+ の濃度勾配（膜電位）形成と NADPH の産生に用いられる．H^+ の濃度勾配によって形成されたエネルギーは，チラコイド膜に存在する ATP 合成酵素によって化学エネルギー（ATP の結合エネルギー）に変換される．葉緑体の ATP 合成酵素は，CF_0 と CF_1 の二つの機能的サブユニットから構成され，CF_0 はチラコイド膜を貫通する疎水性の構造からなり，CF_1 の部分はストロマ内腔に突き出ている．

光合成の第一過程で光エネルギーを利用して生成された大部分の ATP や NADPH は，光合成の第二過程であるカルビン回路を介して二酸化炭素と水を原料とした炭水化物合成に用いられる．二酸化炭素は五炭糖のリブロース-1,5-ビスリン酸のカルボニル基に固定された後，三炭糖の3-ホスホグリセリン酸に加水分解される．3-ホスホグリセリン酸はリン酸化や還元反応を経て，グリセルアルデヒド-3-リン酸とジヒドロキシアセトンリン酸になり，それら6分子中1分子が糖合成にまわされる．糖合成に移行したグリセルアルデヒド-3-リン酸とジヒドロキシアセトンリン酸は縮合反応によって結合し，フルクトース，グルコースを経て，スクロースやデンプンなどに合成され，細胞内に蓄積する．糖合成に移行しなかったグリセルアルデヒド-3-リン酸とジヒドロキシアセトンリン酸は，リブロース-1,5-ビスリン酸に変換され，再び二酸化炭素の固定に用いられる．

3－3　ミトコンドリアと葉緑体のゲノム

ミトコンドリアと葉緑体には核ゲノムとは異なる独自のゲノムが複数コピー存在している．ミトコンドリアゲノム（mtDNA）はマトリクスに，葉緑体ゲノム（cpDNA）はストロマにそれぞれ内在し（図3-1），いくつかのタンパク質を介して，内膜に結合していると考えられている．

これらのゲノムはヒストンが結合していないなど，真核細胞のクロマチンより，細菌のゲノムの構造に似ている．ただし，ほ乳類のmtDNAにはTFAMというmtDNAの複製・転写因子が多数結合し，mtDNAの保護や維持に寄与していることがわかってきている．

　mtDNAやcpDNAの複製や，そこにコードされた遺伝子群の転写・翻訳は，ミトコンドリアではマトリクスの中で，葉緑体ではストロマの中でそれぞれ行われる．このように，真核細胞には核ゲノムを起点とした核セントラルドグマとmtDNAを起点としたミトコンドリアセントラルドグマが，さらには葉緑体をもつ細胞ではこの二つのセントラルドグマの他にcpDNAを起点とした第三のセントラルドグマが存在していることになる．

　mtDNAとcpDNAは，ある種の藻類と原生生物のmtDNAを除けば，比較的小さな環状の構造である．cpDNAのサイズは生物種間でほぼ同じであるが，mtDNAのサイズは動物より植物のほうが圧倒的に大きい．ほ乳類のmtDNAは16.5 kb程度だが，植物ではその10〜150倍の大きさになる．さらに，ほ乳類では16.5 kbほどのmtDNAは単一分子として存在するが，植物では1分子のmtDNAがいくつかの環状の分子に分断された**マルチパータイト構造**(multipartite structure)をしている．

　mtDNAとcpDNAはそれぞれのオルガネラ内で複製されるが，それらの複製は核ゲノムの複製，すなわち細胞周期とは同調していない．つまり，核ゲノムの複製は細胞周期のS期に限定されるが，ミトコンドリアや葉緑体は細胞周期の間期にも分裂・増殖しており，それにともなってmtDNAやcpDNAも複製される．

◆ミトコンドリアゲノムの特徴

　ほ乳類のmtDNAには，13種類の電子伝達系に寄与する呼吸酵素複合体Ⅰ，Ⅲ，Ⅳのサブユニットの一部と，ATP合成酵素のサブユニットの一部を構成する構造遺伝子と，この13種類の遺伝子を翻訳するために必要な22種類のtRNAと2種類のrRNA，合計37種類の遺伝子がコードさている．

　電子伝達系のための呼吸酵素複合体やATP合成酵素の他の大部分のサブユニット，翻訳に必要なリボソームの大部分の構成因子は核ゲノムにコードされている．また，TCAサイクルと電子伝達系に必要な呼吸酵素複合体Ⅱを構成する4個のサブユニットは，すべて核ゲノムにコードされている．

　このように，細胞のATP産生は核ゲノムとmtDNAの両方に由来するタンパク質によって制御されている．一方，mtDNAはミトコンドリア独自のゲノムであるが，その複製，転写，翻訳の大部分は核ゲノムにコードされている因子群によって制御されている．

　ほ乳類のmtDNAは母性遺伝様式をとる．これは，高等動物の接合体における父性の細胞質の寄与が少なく（つまり受精の際，精子の細胞質は卵の

細胞質に比べてきわめて少ない)，さらに，受動的に父性由来のミトコンドリアまたはmtDNAが排除されるためである．一方，酵母では，接合する二つの1倍体の細胞の細胞質は等量であるため，mtDNAは両性遺伝様式をとる．しかし，由来の異なるそれぞれのmtDNAはランダムに子孫に伝達されるため，栄養増殖を繰り返すと，片親のmtDNA分子種しかもたない細胞が出現する．

◆葉緑体ゲノムの特徴

タバコやゼニゴケのmtDNAにはおよそ120個の遺伝子がコードされている．構造遺伝子としては，光化学系ⅠやⅡを構成するサブユニットの一部，ATP合成酵素のサブユニットの一部，電子伝達系サブユニットの一部，リブロースビスリン酸カルボキシラーゼの二つのサブユニットの一方，20種類の葉緑体リボソームタンパク質，葉緑体RNAポリメラーゼサブユニットの一部がコードされている．さらに，これらの翻訳に必要な4種類のrRNAと30種類のtRNAがコードされている．また，少なくとも40種類ほどの機能未知なタンパク質もコードされている．

葉緑体での翻訳に際しては，cpDNAにコードされている因子以外に，核ゲノムにコードされたいくつかtRNAと40種類程度の葉緑体リボソームタンパク質が必要である．これらは，核ゲノムから転写・翻訳され，葉緑体に移行してくる．

高等植物の半分以上の種では父性(花粉)の葉緑体が接合体に入らないため，このような種のcpDNAは母性遺伝様式をとる．その他の植物種では，cpDNAは両性遺伝様式となる．

3-4 オルガネラゲノムの移動

ミトコンドリアと葉緑体の制御を担うタンパク質因子の大部分は核ゲノムにコードされている．一方，ミトコンドリアと葉緑体独自のゲノムであるmtDNAとcpDNAにはエネルギー代謝や光合成に寄与するいくつかのタンパク質とその翻訳に必要な因子群しかコードされていない．ミトコンドリアと葉緑体の共生起源説に従えば，核ゲノムにコードされているミトコンドリアと葉緑体の制御を担うタンパク質因子群は元来，mtDNAとcpDNAにコードされていたことになる．共生進化の過程で，遺伝子の大部分が内部共生体から核に移行したと考えられている．

たとえば，葉緑体での翻訳に必要な60種類の葉緑体リボソームタンパク質は，本来cpDNAに存在していたと思われる．ところが，共生関係を成立させていく過程で，このうちの3分の2が核ゲノムに移行し，安定に保存されてきたと考えられる．葉緑体に存在するrRNAの塩基配列は細菌のそれと似ているだけでなく，葉緑体に存在するリボソームは細菌のリボソームを

標的とする種々の抗生物質に感受性を示す．さらに，葉緑体のリボソームは細菌のtRNAを用いても合成できる．そのうえ，このタンパク質合成は細菌の場合と同じく，N-ホルミルメチオニンで開始される．メチオニンで開始される真核細胞の細胞質のリボソームとは明らかに異なる性質をもっている．

同様に，ミトコンドリアのリボソームも細菌のリボソームを標的とする種々の抗生物質に感受性を示し，タンパク質合成もN-ホルミルメチオニンから始まる．このような性質はミトコンドリアや葉緑体の共生起源説の根拠と考えられている．

また，ほ乳類のmtDNAにコードされている構造遺伝子の相同配列が核ゲノムに存在している．これは，現在もmtDNAに残っている構造遺伝子でさえ，核ゲノムへの移行が行われていた可能性を示唆している．しかし，これら13種類の構造遺伝子は何らかの理由で核ゲノムには完全に定着できなかったのだろう．

その理由には諸説あるが，ミトコンドリアにおける翻訳の遺伝コード（遺伝暗号の読み取り）に変更が生じたことが大きな原因であると考えられている．このため，このたった13種類の構造遺伝子のために22種類のtRNAと2種類のrRNAをmtDNAに保持し，現在もミトコンドリアは独自の遺伝子発現系を維持しなくてはならないのである．

興味深いことに，イネのmtDNAには，核ゲノム遺伝子の一部やcpDNAの一部が混在していることが知られている．これは，ミトコンドリアや葉緑体から核という方向だけでなく，オルガネラ間でもゲノムのやり取りが起こっていた（そして，起こっている）可能性を示唆している．

◆章末問題◆

1. エネルギー産生系は原核細胞から真核細胞まで共通の特性をもっている．その共通点について答えよ．
2. ミトコンドリアの形態は細胞種によって多様である．その理由について考察せよ．
3. ミトコンドリアと葉緑体のゲノムのほとんどは核ゲノムに移行していると考えられている．なぜ，オルガネラのゲノムは核ゲノムに移行する必要があったのだろうか．その理由について考察せよ．
4. オルガネラゲノムは細胞あたり数百コピー以上含まれている．これらの個々のゲノム分子の塩基配列を正確に決定する方法について説明せよ．

◆参考文献◆

浅島誠・駒崎伸二 著，『図解分子細胞生物学』，裳華房（2010）．
B. Albertsほか著，『細胞の分子生物学 第5版』，ニュートンプレス（2010）．
中村運 著，『分子細胞学』，培風館（1996）．
林純一 著，『ミトコンドリア・ミステリー』講談社ブルーバックス（2002）．

第4章

細胞骨格タンパク質：アクチン繊維と微小管

【この章の概要】

細胞内に張り巡らされた細胞骨格(cytoskeleton)は，細胞小器官の空間的配置の制御や物質輸送に不可欠である．さらに動物細胞では，よく発達した細胞骨格が細胞膜を裏打ちして強度を与え，細胞の形状変化や運動の中心的な役割を担っている．

細胞骨格には，建築物の骨組みとは異なり，フレキシブルな物性とダイナミックな挙動が求められる．これらの性質は，細胞骨格を構成するタンパク質の構造や機能に基づいている．さらに細胞には，状況に応じて細胞骨格の分布や動態を制御する巧妙な仕組みが備わっている．

本章では，真核細胞全般に保存された代表的な細胞骨格であるアクチン繊維(actin filament)と微小管(microtubule)について取りあげる．いずれの細胞骨格も基本構成単位(サブユニット；subunit)が会合して形成されている．これらの分子の構造や性状は植物細胞や酵母・真菌などでもおおむね同様である．ただし，同じヒトの細胞で比較しても，異なる臓器や組織であれば，それを構成する細胞の形状や機能も大きく異なり，その細胞骨格の様相も違う．裏を返せば，細胞骨格の細胞内分布や働きが，細胞の個性として反映されている．細胞骨格の基本的性質について知るのと同時に，生物や細胞種ごとの個性についても理解していきたい．

この章の Key Word

サブユニット
臨界濃度
重合核
トレッドミル
動的不安定性

4-1 アクチン繊維
◆アクチン細胞骨格の発見の歴史

日本が明治維新を迎えたころ，動物が運動する仕組みを探る目的で，キューネにより骨格筋からタンパク質が抽出され，ミオシン(myosin)と命名された．しかし当時，ミオシンと筋収縮の関係についてはまったく不明であった．

その後，ミオシンが生体内のエネルギー物質であるATP（アデノシン三リン酸）を加水分解する活性を示すことが1939年にエンゲルハルト(Engelhardt)夫妻により発見された．筋肉のミンチを短時間処理しただけで

W. F. Kühne
1837〜1900．ドイツの生理学者．enzyme（酵素）という言葉の生みの親でもある．ミオシンの名前は，ラテン語の myo（筋）に由来する．ちなみにアクチン(actin)は，ミオシンに活性(act)を与えることから名づけられた．

A. Szent-Györgyi

1893〜1986. ハンガリー出身の生理学者. ビタミンCの発見により, 1937年ノーベル医学生理学賞を受賞. 細胞呼吸の生化学反応経路の解明にも大きく貢献した. その波乱に満ちた生涯は, 『朝からキャビアを』(ルフ・W・モス著, 岩波書店, 1989)に記されている.

ミオシンそのものは抽出されるのだが, 処理時間を長くするとATP加水分解活性の高いミオシン溶液が抽出される. おそらく, ミオシンとともに抽出されてくる「何か」がその活性に重要なのであろう. それを見抜いたセントジョルジ(Szent-Györgyi)は, 弟子のストラウプ(Straub)に調べるように告げた. そして1942年にストラウプは, 骨格筋のアセトン抽出物の残渣から, ミオシンによるATP加水分解を活性化する因子である**アクチン**(actin)を同定した.

一方, モジホコリカビの変形体の運動や車軸藻の原形質流動などのしくみを調べていた細胞生物学者は, それらの細胞運動の原動力がアクチンやミオシンによって生じることに気がつき始めた. 意外にも, 筋収縮とは異質の細胞運動がアクチンという点で結びついたのである. 特に, 1966年に粘菌の変形体からアクチンを精製し, 骨格筋のものと性状が同一であることを証明した秦野らの功績は大きい. その後, 多くの非運動性の細胞や酵母などにもアクチンが存在することが判明し, 真核生物全般において, その細胞機能にアクチン細胞骨格が重要な役割を果たしていることが示された.

◆細胞内におけるアクチン細胞骨格の働き

動物細胞では, Fアクチン(アクチン繊維)が主に細胞表層に分布して, 細胞形態を規定し, 細胞運動や細胞質分裂などに重要な働きをしている(図4-1). また, アクチン細胞骨格はエンドサイトーシスやファゴサイトーシスなど, 細胞外物質の取り込みにおける細胞膜の陥入を伴う変形や切断などにも働いている.

Fアクチン

Fはfibrous(繊維状)に由来. 電子顕微鏡観察で細胞内に見出される微小繊維(microfilament)に相当する.

アクチンの特徴的な働きの一つに, 小腸の上皮細胞にぎっしりと生えた微絨毛が挙げられる. 微絨毛の内部にはFアクチンの束状構造が詰まっている. その結果, ヒトの小腸上皮の表面積はテニスコート一つ分に相当し, 消化物を効率よく吸収できる. 摂取した栄養物を細胞膜に取り込ませるには合理的

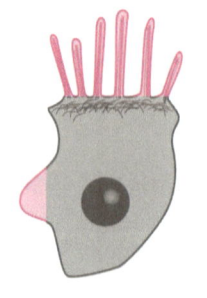

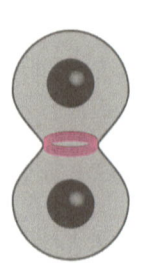

糸状仮足と葉状仮足　　　収縮環　　　ストレスファイバー　　　微絨毛

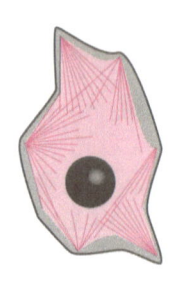

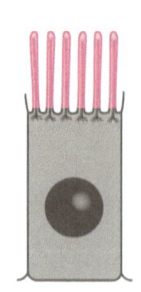

図4-1: アクチン細胞骨格の細胞内分布

な仕組みである．

　また，細胞内にはストレスファイバーと呼ばれるアクチン細胞骨格が張りめぐらされており，細胞どうしや，細胞と基質との接着をより強固なものにしている．さらに，アクチン細胞骨格は細胞内の物質輸送などにも働く．

◆ Fアクチンを構成するGアクチン

　Fアクチンを構成するサブユニットは分子量が42 kDaのGアクチンで，その遺伝子は真核生物に普遍的に保存されている．Gアクチンの命名は，分子が球状（globular）と考えられてきたためであるが，現在は結晶構造が明らかになり，むしろ平板状であることが判明している．この平板には，ATPが入り込むための溝（ヌクレオチド結合クレフト）があり，両脇の二つの大きなドメインはそれぞれ二つずつのサブドメインから構成されている（図4-2）．Gアクチンのヌクレオチド結合クレフトは普段は閉じた状態になっている．一方，アクチン結合タンパク質の一種であるプロフィリン（profilin）がGアクチンのサブドメイン1と3の間に結合すると溝が開き，ヌクレオチドの出入りが促進される．

　Gアクチンが重合すると直径7 nmの繊維を形成する（図4-3）．このFアクチンは，アクチンサブユニットが一列に並んで構成されたストランド2本が，螺旋状によじり合わさったようにみえる．おおよそ，らせんを半回転するのに必要なGアクチンは13.5個であり，その長さは約37 nmである．Fアクチン内で，一つのアクチンのサブユニットは，同じストランドにある前後のサブユニットと，相対するストランドの二つのサブユニットの合計四つと，静電気的および疎水的な非共有結合をしている．これらの結合がFアクチンの強度のおおもとである．後述するが，Fアクチン内のアクチンサブユニットの配置にひずみを及ぼすタンパク質であるADF（actin-depolymerizing factor，またはコフィリン；cofilinともいう）が作用すると，

■ **ヌクレオチドの出入り**
GアクチンとATPは共有結合をしているわけではないので，結合したヌクレオチドはGアクチン分子の構造変化と結びついて結合あるいは解離しうる．またGアクチンの構造は結合しているヌクレオチドの状態によって影響をうける．ただし，タンパク質の立体構造の変化を機械的に捉えるのは必ずしも正確ではない．実際にはタンパク質の分子構造は熱でゆらいでいる．Gアクチンがとりやすいいくつかの分子形状のうち，ある形状が他の形状よりも優先的に現れると考えるべきだろう．

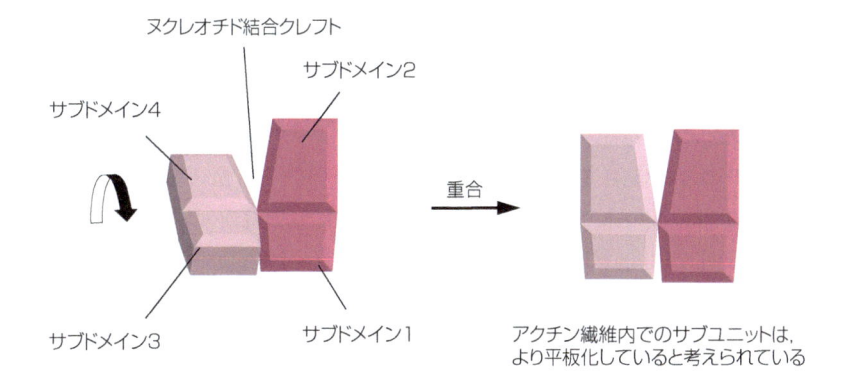

図4-2：G-アクチンの分子構造

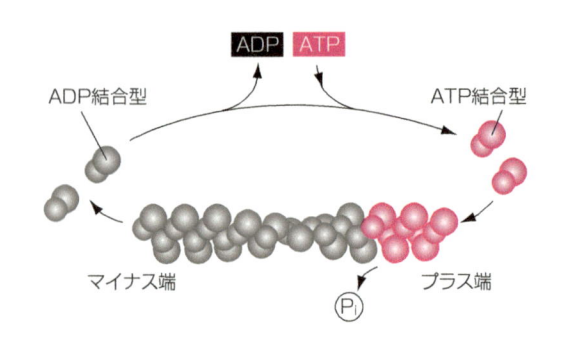

図4-3：アクチン集合の重合と脱重合

Fアクチンは局所的に不安定化するため，切断や脱重合を受ける．

Fアクチンの構造で最も重要な特徴は，繊維に方向性があることである．この方向性がアクチン自身の挙動やミオシンの運動性と密接に関係する．アクチンサブユニットのサブドメイン1と3が露出している側をプラス端（またはB端），その反対側をマイナス端（またはP端）とよぶ．B端やP端の呼び名は，尾部を取り除いたⅡ型ミオシンの頭部をFアクチンに結合させて電子顕微鏡で観察すると，矢頭が並んだように見えることから名づけられた．

■ B端とP端
Bはbarbed end（矢じり）に，Pはpointed end（矢がしら）に由来する．

◆アクチン重合のメカニズム

一般に実験室でアクチンの生化学実験を行う際には，50〜150 mMの塩化カリウムなどの塩を加えて，室温でアクチンの重合反応を誘導することが多い．試験管内で，Gアクチンが溶液中をランダムに動き回り，会合と解離を繰り返している状態を想像してほしい．Gアクチンが低濃度の場合は，会合は低頻度でしか起こらず，結合してもすぐに解離してしまうため，アクチンの重合は見られない．一方，Gアクチンが高濃度の場合は，オリゴマーの解離よりも会合が頻繁に起こる．この状態ならアクチンの重合反応は進行するだろう．反応が進行するかしないか，その境界のアクチンの濃度を臨界濃度という．実際の臨界濃度は，溶液の温度や，溶媒に含まれる塩やヌクレオチドなどの濃度によって異なる．そのため，実験データを議論する際には反応条件に注意を払わなくてはいけない．

Gアクチンが同濃度あれば，ATP存在下のほうがADP存在下よりもアクチンの重合反応が進行しやすい．つまり，ATP結合型のGアクチンはADP結合型のものよりも臨界濃度が低い．通常の細胞内ではADPよりもATPの濃度が10倍程度は高いため，アクチン重合はATP結合型のGアクチンをサブユニットとして進行すると考えて差し支えない．

■ ATP結合型とADP結合型
アクチンは，ヘキソキナーゼなどのATP加水分解性をもつタンパク質と共通の祖先分子から派生したと考えられている．分子進化の過程で，アクチンは重合能を獲得し，そのATPの加水分解による構造変化が重合状態に影響を及ぼすようになったと推察される．

精製したGアクチンを臨界濃度以上の高濃度で放置すると，活発に重合が起こるまでに若干の遅れが観察される（図4-4）．この遅れを重合核形成期という．この現象は，Gアクチンのオリゴマー（重合核）が構造的に不安定

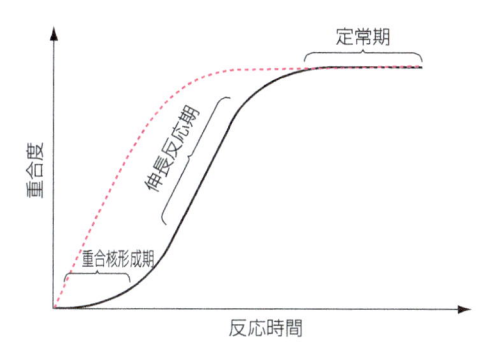

図 4-4：アクチン重合の様子
点線は重合核促進因子の存在下で反応させた場合．

なために生じる．Gアクチンの状態ではサブドメイン1と3の間の連結部分がねじれているために分子はヌクレオチド結合クレフトを境にゆがんだ状態にあるが，繊維内においてアクチンはサブユニットどうしの結合により平板化する（図4-2参照）．おそらく重合核が不安定なのは，このようなアクチンサブユニットの構造変化が十分に進行していない状態だからであろう．ただし，重合核の立体構造についてはいまだ直接的な知見はない．

重合核を起点として新しいサブユニットの付加反応が始まると，安定に重合反応が進む．この伸長反応期を経て，Fアクチンの重合度が一定に達する定常期を迎える．このとき，溶液中に含まれるGアクチンの濃度は臨界濃度と等しい．定常期には，見かけ上は重合反応が停止したように見えるが，実際には重合反応と解離反応が平衡状態に保たれている．定常期の溶液を希釈すると，Fアクチンからサブユニットの解離反応が生じるのが顕著に認められる．

◆アクチンのターンオーバーとトレッドミル

サブユニットがFアクチンへ会合・解離する反応は，プラス端のほうがマイナス端よりも活発である．それぞれの繊維端の構造に違いがあると推測されているが，直接的には証明されていない．

Gアクチンは，繊維に取り込まれると，数秒以内にそれ自身が結合しているATPをADPとリン酸に加水分解してしまう（図4-3）．アクチン分子の構造が平板化することでATP加水分解活性が上昇するらしい．その後，分解産物のリン酸（Pi）は放出されて，アクチンサブユニットはADP結合型となる．先にも触れた通り，GアクチンはATP結合型のほうがADP結合型よりも重合しやすく，またADP結合型のアクチンサブユニットは繊維から解離しやすい．そうすると，ATP存在下のFアクチンでは，そのプラス端側にはATP結合型サブユニットを，マイナス端側にはADP結合型のものを多くもつことになる．その結果，Fアクチン繊維内のアクチンサブユニットは，プラス端では重合し，マイナス端では脱重合する．したがって，繊維

内の個々のアクチンサブユニットは，プラス端からマイナス端に向かって流れていく．この現象を**トレッドミル**（treadmill）という．

紡錘体を構成する微小管のトレッドミルが染色体分配に一役買っていることはよく知られている．一方，細胞内におけるFアクチンの出現と消失は非常に動的である．たとえば，運動している細胞の先導端では，Fアクチンの寿命は数秒〜数十秒程度である．そのため，アクチンのトレッドミルがどのような細胞機能に結びついているかは不明な点が多い．

また，脱重合されたアクチンは再び重合しうる．この反応が繰り返されることを**アクチンのターンオーバー**（actin turnover）という．主要なアクチン調節タンパク質の一つであるADFは，FアクチンのADP結合型サブユニットが密集したマイナス端側に結合し，サブユニットどうしの結合にひずみを加えることで繊維の切断や脱重合を促し，ターンオーバーを加速させる．一部の例外を除くと，細胞内のFアクチンは，見かけ上は安定に見えても活発にターンオーバーしており，そのことがアクチン細胞骨格の機能に重要であるらしい．

◆多様なアクチン調節タンパク質

細胞内においてFアクチンが機能を発揮するには，アクチン結合タンパク質の作用により高次構造をとる必要がある（図4-1, 4-5）．以下，いくつか例を挙げる．

前述した小腸上皮細胞の微絨毛に見られる束化したアクチン構造体の形成には，近接した二つのアクチン結合部位をもつ**フィンブリン**（fimbrin）の働きが重要である．また，繊維芽細胞などに見られる糸状突起の形成には**ファシン**（fascin）によるアクチン束化がかかわっている．一方，アクチンの三次元的なメッシュワークを構築するためには，**αアクチニン**（α-actinin；別名ABP120）や**フィラミン**（filamin）のように分子内に二つのアクチン結合部位をもつアクチン架橋タンパク質の作用が必要である．さらに第6章で解説するように，細胞内にはアクチンの重合を促しながら，その構造体の形成を制御するArp2/3複合体や**フォルミン**（formin）などのアクチン調節タンパク質が存在する．

◆アクチン阻害剤

最後に，アクチン細胞骨格の研究で重宝される薬剤について解説する．まず，キノコから単離された毒素であるファロイジン（Phalloidin）は，Fアクチンに強固に結合して，その構造を安定化する．蛍光色素を共有結合したファロイジンを用いると，細胞のアクチン細胞骨格が光るので顕微鏡で観察できる．また，ジャスプラキノライド（Jasplakinolide）はカイメンから単離された毒素であり，ファロイジンとは異なり細胞膜の透過性がよいため，培養液

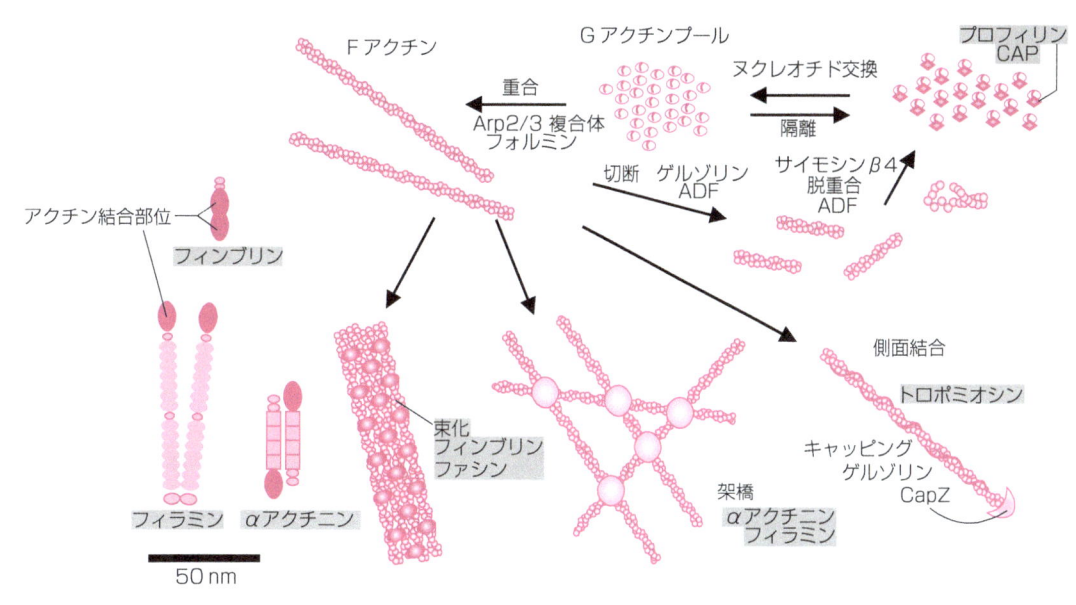

図4-5：アクチン調節タンパク質

に添加すると，細胞内のアクチン細胞骨格の脱重合を阻害できる．一方，サイトカラシン(Cytochalasin)は低濃度ではFアクチンのプラス端をキャップし，高濃度ではアクチン細胞骨格を脱重合させる．ラトランキュリン(Latrunculin)は，Gアクチンに結合して，その重合を抑制する毒素である．いずれも細胞に処理することで，アクチン細胞骨格の消失を促すことができる．

これらの毒素を利用することによって，アクチン細胞骨格の機能が明らかにされてきた．たとえば，分裂細胞にサイトカラシンやラトランキュリンを処理すると，分裂溝のくびれの進行が停止する．したがって，細胞質分裂ではアクチン細胞骨格が働いていることがわかる．

4-2 微小管

◆微小管を構成するチューブリン

微小管(microtubules)は，細胞の形態形成の制御，染色体分配，神経細胞の軸索輸送，繊毛やべん毛の運動など，さまざまな役割を担う細胞骨格である（図4-6）．微小管を構成するサブユニットは，GTP（グアノシン三リン酸）結合能をもつ約50 kDaのαチューブリンとβチューブリンが非共有結合で会合したヘテロ二量体である．**チューブリン**(tubulin)の命名は，微小管が中空の管状であることに由来する．αβ会合体（以下，微小管サブユニットと呼ぶ）の形成には，シャペロン様の機能をするコファクターの働きが必要であり，いったん形成されるとほとんど解離することはない．微小管の重合とともにβチューブリンに結合したGTPは加水分解されるが，αチューブ

■ シャペロン

新生されたタンパク質が正しくその立体構造をとるのを補助するタンパク質．チューブリンだけでなく，アクチンもフォールディングにシャペロンを必要とする．フランス語の「社交界にデビューする際の介添者」にちなんで命名された．

■ コファクター

チューブリンのフォールディングおよび微小管サブユニットの形成には，シャペロンとともに五種類のコファクターA～Eが順序だてて作用することが必要．これらの機能が損なわれると，細胞内の微小管の異常が引き起こされる．

リンに結合したGTPは加水分解されない．βチューブリンがGDP結合型である微小管サブユニットは，重合能がきわめて低い．

　微小管は，プロトフィラメントが側面結合することで形成される，直径が約25 nmの管状構造をもつ（図4-7）．プロトフィラメントとは，微小管サブユニットがお互いのαチューブリンとβチューブリンの面で会合することで直線上に並んだものである．細胞内では，多くの微小管は13本のプロトフィラメントで構成されるが，条件によっては，プロトフィラメントの数が

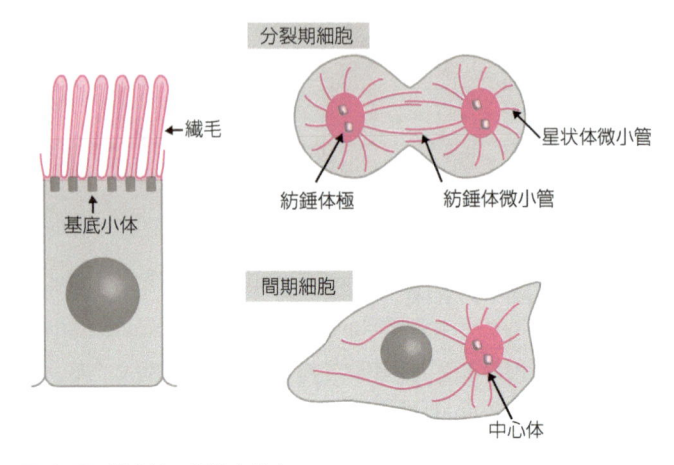

図4-6：微小管の細胞内分布

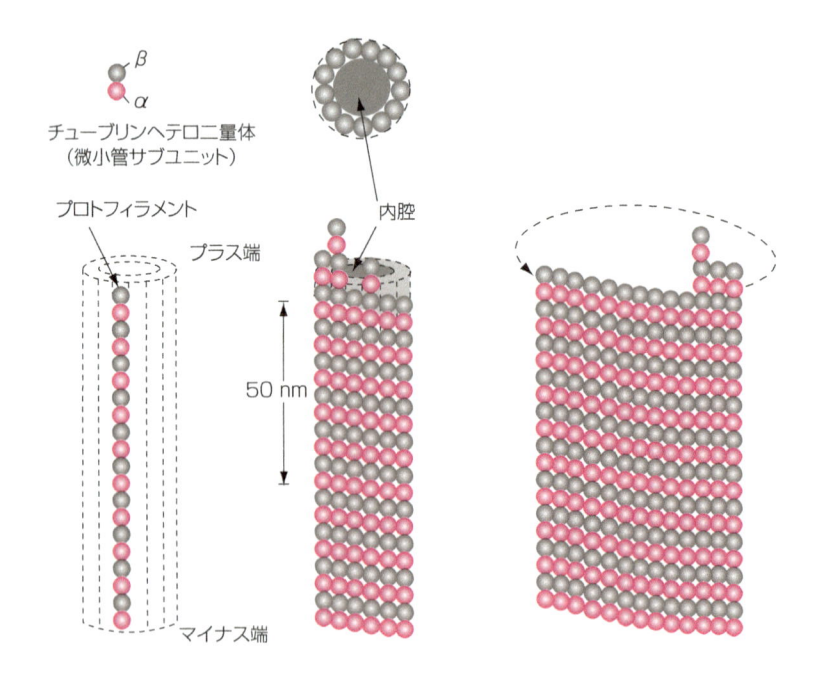

図4-7：チューブリンと微小管
右は，微小管を切り開いてみた図．プロトフィラメントの側面結合のうち，一つはαとβのチューブリンの結合である．

1,2本増減する場合がある.

　隣り合ったプロトフィラメントどうしのサブユニットは，αチューブリンはαチューブリン，βチューブリンはβチューブリンと接しているが，完全に真横では結合していないために，微小管内のサブユニットを横方向に辿っ

コラム1　　細胞骨格の起源

　長い間，細胞骨格は真核生物に特有の構造だと考えられてきたが，1991年に大腸菌のFtsZが分裂リングを形成するという発見を皮切りに，原核生物の細胞骨格についての研究も急速な進展を遂げている．

　FtsZはGTP結合タンパク質であり，その立体形状はチューブリンに似ている．FtsZは重合して微小管のプロトフィラメントのような繊維を形成するが，それは中空の管状構造ではない．興味深いことに，FtsZの繊維は曲率をもっているため，それ自身でリング構造を形成する能力がある．また，大腸菌細胞内のFtsZリングは数秒程度のオーダーでターンオーバーすることが報告されている．

　大腸菌の細胞内では，MinCとMinDの複合体の作用により，FtsZは積極的に細胞の端から排除されて中央領域に集められ，さらに細胞表層タンパク質FtsAや膜タンパク質ZipAと相互作用することで細胞を均等分裂する位置にリング状構造を形成する．*ftsZ*変異株では細胞が連なった形状を呈するのに対し，*minC*変異体や*minD*変異体では細胞の中央からずれた位置に分裂面が形成されるため，ミニ細胞が作られる．さらに，核様体にはSlmAというFtsZと相互作用するタンパク質が局在し，核様体が細胞の両極に分配されるまでの間はFtsZリングの働きを抑制していることが判明した．核様体の分配が遅延する変異株において，SlmAの働きを欠失させると核様体を分断して隔壁形成が進行してしまう．

　また，グラム陽性菌の*Bacillus anthracis*や*Bacillus thuringienis*が保有するプラスミドには別のチューブリン様遺伝子がコードされており，この遺伝子産物は自身の遺伝子の乗っているプラスミドの分配に働くことが知られている．それに対して，大腸菌の薬剤耐性を伴うRプラスミドの分配には，ParMというアクチンに似たタンパク質が働く．ただし，ParMはアクチンとは逆向きの螺旋構造を形成し，さらにその繊維端へのサブユニットの結合や解離については明確なプラス端とマイナス端の差異がない．重合したParMの両端には，Rプラスミド上のparS領域と連結したParRが結合する．ParRとParMが結合すると，ParMのATP加水分解活性は促進されて，両者の結合は弱まる．そして，新たなParMサブユニットが繊維端に取り込まれる．これを繰り返すことで，ParMの繊維は伸長し，Rプラスミドは娘細胞に分離・分配されるらしい．

　一方，アクチン様の別のタンパク質としてよく知られているものにMreBがある．MreBが形成する繊維は，細胞表層に沿った螺旋状構造を作ることで，細胞の形状を制御する．この変異株では，桿状の細胞が丸みをおびた形状になってしまう．さらに，MreBの螺旋構造が核様体の分配にもかかわることも報告されている．

　最近では，古細菌においても細胞骨格をコードする遺伝子が見つかっている．そのため細胞骨格は，真核細胞，真性細菌，および古細菌の生物界全般に渡って備わっていると考えられる．もしかすると，地球上に最初の細胞が出現した直後に細胞骨格は作られ，細胞増殖や細胞運動などの重要な細胞機能に中心的な役割を果たしてきたのかもしれない．

ていくと，管に沿った螺旋状に見える．そして，13本のプロトフィラメントどうしの側面結合のうち，一つについてはαチューブリンとβチューブリンが隣り合っている．1枚のシートを丸めて作った管に，縫い目があるようなものと考えるとよい．

微小管はプロトフィラメントに沿った縦方向には強いが，横方向の結合（側面結合）は弱い．特に，αチューブリンとβチューブリンが隣り合ったヘテロな側面結合はホモのものよりもさらに弱い．そのため，ある種の微小管結合タンパク質は，この縫い目の部分に作用することで微小管の重合と脱重合のダイナミクスを制御する．

また微小管の末端には，βチューブリンが露出している側（プラス端）と，αチューブリンが露出している側（マイナス端）がある．微小管サブユニットの結合と解離のダイナミクスは，プラス端のほうがマイナス端よりも活発である．この微小管の方向性は，モータータンパク質の運動にも大きく影響している．

◆微小管重合中心

動物細胞では，一般に細胞質の微小管は中心体（centrosome）から放射状に細胞質に広がっている（図4-6）．この微小管には極性があり，中心体側がマイナス端，細胞表層側がプラス端である．中心体は，中心小体（centriole）とそれをとりまく周辺物質（pericentriolar material；PCM）から構成される細胞小器官である．

中心体の周辺物質には，チューブリンに似たγチューブリンがGCPまたはgripなどと呼ばれる他の複数のタンパク質とともにリング状に会合したγチューブリンリング複合体（γTuRC）がある（図4-8）．γTuRC上に配置したγチューブリンを鋳型にして，微小管サブユニットがリング状に並ぶことで安定した微小管の重合反応が誘起される．これは縦方向のサブユニットの結合に比べて不安定なプロトフィラメントどうしの側面結合を補強する意味がある．その結果，中心体から微小管が伸びていく．

なお，γチューブリンは真核生物全般に広く保存されたタンパク質であるが，中心体は動物細胞に特有の細胞小器官である．カビや酵母では，核膜上に存在するSPB（spindle pole body）が中心体と相同な機能をもつことが知られているが，高等植物細胞には中心体に相当するものはない．最近，既存の微小管の側面などにγチューブリンを局在化させて，そこから枝分かれ状に微小管を伸ばす現象が植物細胞で見つかっている．また，オーグミン（augmine）と呼ばれるタンパク質複合体が中心体に非依存的なγチューブリンを介した微小管重合を促進することも動物細胞では発見されている．

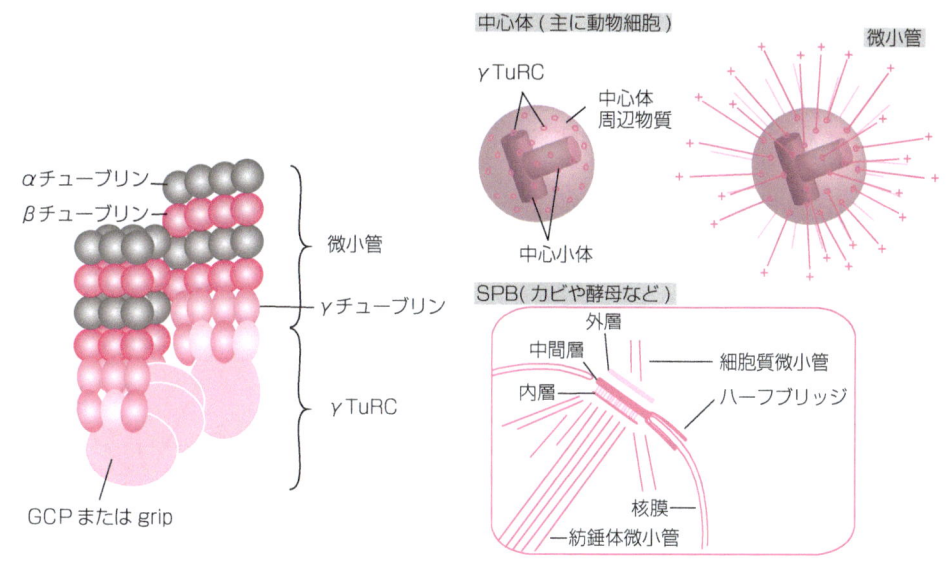

図4-8：γチューブリン複合体と微小管重合中心

◆ダイナミックな微小管のプラス端

　微小管の重合反応や定常状態などについては，基本的にアクチンと同じような考え方でよい．微小管でもマイナス端よりもプラス端で重合が活発であり，また微小管サブユニットのβチューブリンに結合したGTPは重合後に加水分解される．そのため，微小管でもトレッドミルが起こる．

　ただし微小管には，特徴的なダイナミクスがある．プラス端で見られる動的不安定性(dynamic instability)という現象である(図4-9)．これは，重合していた微小管が，突然に脱重合して短縮する現象である．重合中の微小管のプラス端にはGTP結合型のβチューブリンが集まっており，これをGTPキャップという．これらのβチューブリンのGTPが加水分解されるよりも早く次のサブユニットの付加が起こっているうちは，GTPキャップが維持される．しかし，重合反応は確率的に生じるため，ある頻度で後続のサブユニットの付加が起こらない場合がある．このとき，プラス端はGDP結合型のサブユニットが露出する．GDP結合型のサブユニットの側面結合は非常に不安定なため，微小管のプロトフィラメントは端からバナナの皮をむくように開き，続いてサブユニットが急激に脱重合する．この微小管のカタストロフが停止するには，GTP結合型の微小管サブユニットがプラス端に付加してGTPキャップを形成するか，あるいは微小管の側面に結合したMAPs(microtubule-associated protein)によって構造が安定化することが必要である．また最近，微小管にはGTPを加水分解していない微小管サブユニットがわずかに含まれており，このような部分で急激な脱重合がレスキューされることが示されている．このように微小管は急激に脱重合しては停止し，引

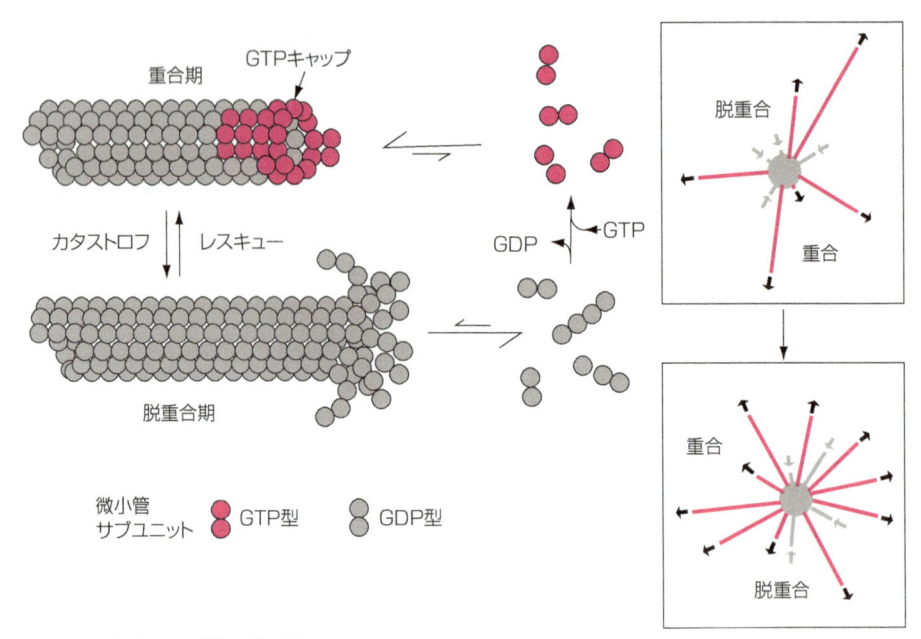

図4-9:微小管の動的不安定性
どの微小管が重合してどれが短縮するかは確率的である.

き続いて重合反応が開始することを繰り返す．この動的不安定性は，細胞分裂時に微小管のプラス端が染色体の動原体を捕捉する際や，中心体から放射状に伸長した微小管のうち，特定の細胞表層に達した微小管のみを維持することで細胞内に極性を生み出すために重要な性質である．

◆微小管結合タンパク質

細胞内では，伸長中の微小管のプラス端には，微小管プラス端トラッキング因子(+Tips)というタンパク質の複合体が局在する．+Tipsは微小管の伸長を安定化し，さらに細胞表層などに存在するアンカータンパク質と会合することで，微小管が目標物に到達するのを制御している．また，分裂期には，動原体を構成するキネトコアタンパク質複合体に+Tipsが捕捉されることで，染色体分配に重要な動原体微小管が形成される．

生物種や細胞種ごとに+Tipsの構成メンバーには違いが見られる．基本的にはEB1と呼ばれる分子量およそ30 kDaのタンパク質を中心に，キネシンやCLIP-170などが集積したものである．EB1は細胞質ダイニンを構成するダイナクチン複合体のp150 Gluedサブユニットと結合する．その結果，細胞質ダイニンを微小管のプラス端に誘導して，細胞内輸送の効率化や，細胞小器官の空間的配置の制御などにも寄与している．また，EB1は微小管を脱重合させるキネシン−13やキネシン−14をプラス端に配置することで，微小管の伸縮の制御にもかかわる．

微小管の側面には，MAPsと総称されるタンパク質が結合する．これら

は微小管細胞骨格の制御機構を解明すべく，微小管の重合反応への活性を指標にして生化学的に同定されてきたタンパク質群である．現在，細胞内機能の解明がよく進んでいる代表的な MAPs として，MAP2/4/τ（タウ）ファミリー，および XMAP215/TOG ファミリーが挙げられる．MAP2/4/τ ファミリーは，保存された 18 残基のアミノ酸配列の繰り返しからなる微小管結合部位をカルボキシ末端にもち，その結合は微小管を安定化させる．これらのタンパク質の複数のアミノ酸残基がリン酸化されると，それらの相互作用は弱められ，微小管は不安定化する．XMAP215/TOG ファミリーは，原生生物や酵母，植物，そして動物に見られる保存性の高いタンパク質の一群である．これらも微小管を安定化すると考えられている．

さらに，微小管を架橋するタンパク質も知られている．特に，PRC1（生物種によっては Ase1 ともいう）は紡錘体の中央領域で逆向きの微小管を束ねることで，染色体の安定な分配に寄与している．また，この紡錘体中央領域の微小管には細胞質分裂の完了に重要なタンパク質が集積することが知られており，PRC1 の活性を抑制すると細胞質分裂に失敗する．

また，間期から分裂期に細胞周期が移行する際には，ダイナミックな微小管細胞骨格の再編成が起こる．この際に，カタニン（katanin）と呼ばれる微

■ τ
τが神経原繊維内で異常な凝集をすることで神経細胞が死に，そしてアルツハイマー病が発症するのではないかと疑われている．

■ カタニン
日本語の刀にちなんで命名された．微小管モータータンパク質であるキネシンの発見者でもあるヴェール博士らにより，ウニから同定された．その遺伝子は動物だけでなく，植物などにも広く保存されている．

コラム2　バラエティーあふれる細胞骨格：セプチン septin

　セプチンは，出芽酵母の細胞周期の進行に必要な温度感受性突然変異株の原因遺伝子として同定された．この変異株では，母細胞からの出芽が異常になることや，あるいは娘細胞の母細胞からの分離ができなくなり，複数の細胞が鎖状につながった異常な形状を呈する．

　出芽酵母のセプチンは，娘細胞と母細胞の間のくびれの部分にバットネックリング（または 10 nm リング）と呼ばれる構造を形成する．この構造は出芽や細胞質分裂の進行にかかわるさまざまな分子の足場を提供すると同時に，分裂する細胞どうしの原形質膜を隔てることで各細胞に特異的な物質の非対称分配を維持するのに重要である．セプチンは，動物細胞や原生生物のテトラヒメナなどにも存在する．ただし，ショウジョウバエのセプチンの変異体である *peanut* は細胞質分裂が異常になるが，線虫では細胞分裂には大きな支障は生じずに神経回路の形成異常を呈する．そのため，セプチン細胞骨格の働きは生物種ごとに大きく異なると考えられる．

　セプチンは，GTP 結合能をもつ複数のサブユニットからなるヘテロオリゴマーが連結することで形成される．ヒト由来のセプチンは，アニリン（anillin）というタンパク質を介して F アクチンと共重合する性質をもつことが知られており，細胞内での両細胞骨格系のクロストークが細胞質分裂の際の収縮環の機能に寄与している可能性が指摘されている．興味深いことに，セプチンの繊維状構造は一定の曲率をもつため，自立的にリング状になる．最近，セプチンがリン脂質膜に結合して，その形状を変形させることが発見されており，神経細胞の膜骨格として重要な機能を担う可能性が検討されている．

小管切断タンパク質が活躍する．カタニンと似たAAA ATPase構造をもつタンパク質である**スパスチン**(supastin)は，遺伝性神経疾患の原因遺伝子産物である．スパスチンの機能は神経細胞の形態変化に必要だが，興味深いことに，ほ乳類細胞の細胞質分裂の最終段階において紡錘体中央微小管が密集している細胞間橋を切断するにはスパスチンの作用が必要である．カタニンやスパスチンは微小管に結合して，ATPの加水分解を伴いながら分子構造を変えることで，そのサブユニットのアミノ酸鎖を切断していると推定されている．

また，細胞内には，微小管サブユニットと結合して，重合反応から隔離する**スタスミン**(stasmin/OP18)などの低分子量微小管脱重合因子が存在する．スタスミンは，分裂期にリン酸化されることで結合したサブユニットを解離し，その微小管の重合抑制効果が解かれることが知られている．

◆章末問題◆

1. 試験管内でアクチンを重合するときに，途中で超音波処理を行うとすみやかに重合反応が進行する．その理由を考察せよ．また細胞内においても同様な仕組みが存在するかどうか述べよ．
2. カイメン由来の細胞毒素ラトランキュリンは，Fアクチンには直接に作用しないが，Gアクチンと強固に結合して重合を阻害する．ラトランキュリンを細胞の培養液に添加した場合，細胞内のアクチン細胞骨格はすみやかに消失する．その理由を考察せよ．
3. 動物細胞では，中心体は細胞中央にある核の周辺に配置している．蛍光色素で標識した微小管サブユニットをこの細胞に顕微注入したところ，細胞内の微小管の分布に沿って点状の蛍光シグナルが動いているのが観察された．どのような動きが見られたのか推測せよ．

◆参考文献◆

B. Albertsほか著,『細胞の分子生物学 第5版』, ニュートンプレス(2010).

B. Albertsほか著,『Essential 細胞生物学 原書第3版』, 南江堂(2011).

大日方昂 著,『細胞の形とうごきV 細胞の運動と制御』, サイエンス社(2006).

神谷律・丸山工作 著,『細胞の運動』, 培風館(1992).

宝谷紘一・神谷律 編,『シリーズ・ニューバイオフィジックスII-5 細胞のかたちと運動』, 共立出版(2000).

丸山工作 著,『岩波ジュニア新書 筋肉はなぜ動く』, 岩波書店(2001).

第5章

モータータンパク質

【この章の概要】

タンパク質の中には，その構造変化を利用して特定の方向に運動するものがある．これらをモータータンパク質といい，広義にはDNA合成酵素やATP合成酵素などもそれに含まれる．

細胞は，ATPの高エネルギーリン酸結合の加水分解の際に放出される化学エネルギーを，アクチン－ミオシン系，または微小管－キネシン（あるいはダイニン）系という細胞骨格とモータータンパク質の相互作用を介した運動エネルギーに変換し，生命活動に利用している．代表例として，細胞内の物質輸送や細胞小器官の空間的配置の制御，細胞の分裂や変形，細胞の移動などが挙げられる．特に，筋細胞のサルコメアや精子のベン毛の軸糸は，それぞれアクチン－ミオシン系と微小管－ダイニン系が高度に発達した複雑な超高次構造をとったものである．さらにそれらには，細胞内の運動の多様性を支えるための情報が内包されている．細胞骨格系のモータータンパク質は原核生物には見られないことから，どのようにして真核生物がこれらのタンパク質分子を獲得したのか興味深い．これらの点を意識して本章を読み進めてもらいたい．

この章のKey Word

運動の方向性
ヌクレオチド加水分解
プロセッシビティー
ブラウン運動

5－1 ミオシン

◆ミオシンの構造と多様性

ミオシン（myosin）は，もともと骨格筋の筋収縮にかかわるタンパク質として同定された．しかし，現在では，筋細胞以外の多くの細胞種，および植物や単細胞生物でもミオシンが発現し，重要な細胞機能を担っていることが確認されている（図5-1, 5-2）．

多くのミオシンは，Fアクチンをマイナス端方向に動かす（ミオシン自身からするとプラス端に向かって移動する）．ミオシンはモーター活性をもつ重鎖（myosin heavy chain；MHC）と，それに付随するタンパク質からなる．基本的にMHCの分子構造は，頭部，頸部，尾部の三つに分けられる．頭部

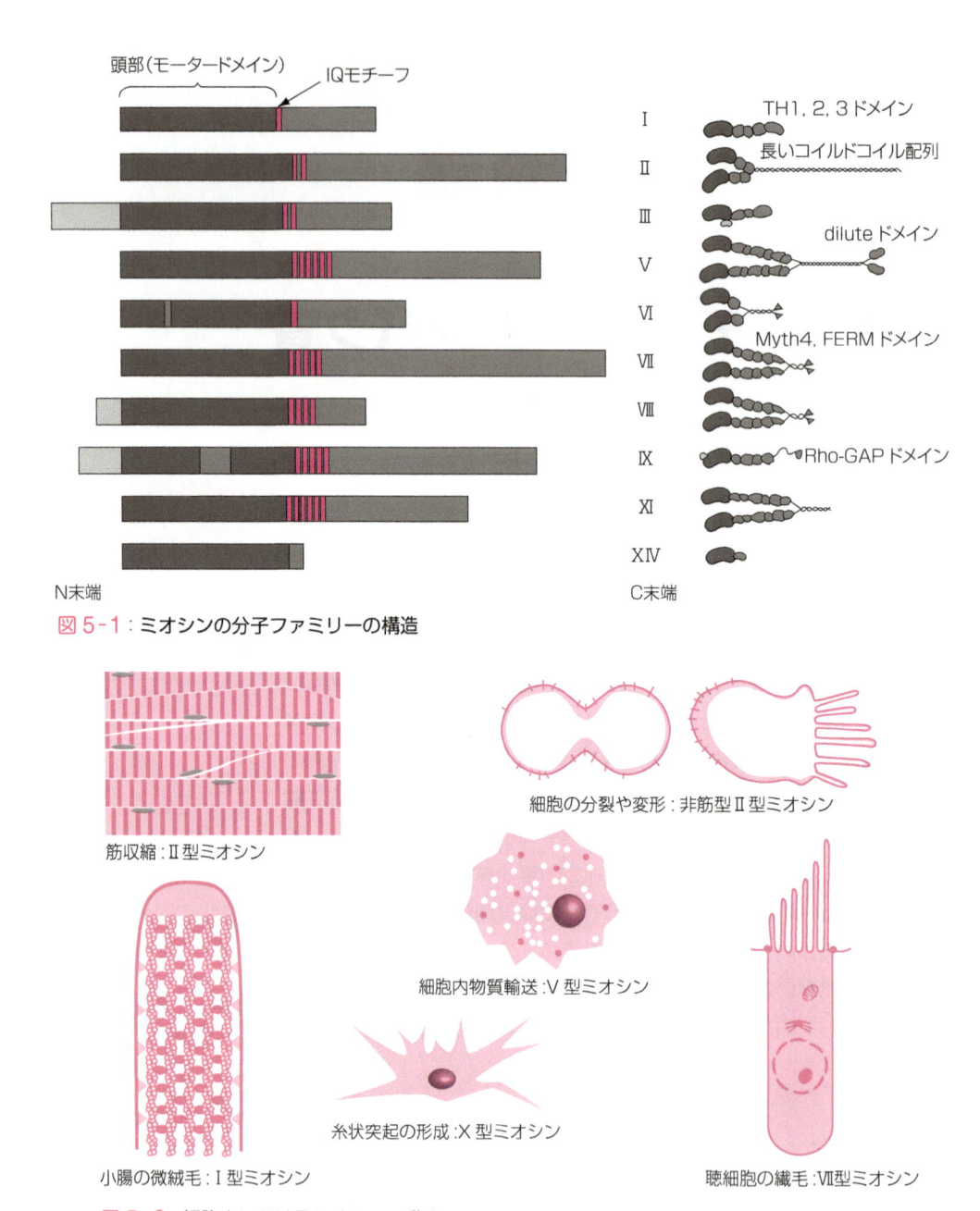

図5-1：ミオシンの分子ファミリーの構造

図5-2：細胞内におけるミオシンの動き

■ IQモチーフ

IQXXXRXXXX（Xは任意のアミノ酸）というアミノ酸配列で，αヘリックス構造をとる．ミオシン以外には，動物や菌類にみられるIQGAPと呼ばれる細胞骨格制御タンパク質や，一部のCa^{2+}チャネルなどにも存在するモチーフである．

はATP加水分解活性やアクチンとの相互作用領域をもつモータードメインである．頭部にあるIQモチーフには，カルシウム結合タンパク質であるカルモジュリン（calmodulin）やミオシン軽鎖（myosin light chain；MLC）が結合する．

いろいろなMHCのアミノ酸配列を見わたすと，頭部のモータードメインは非常によく保存されているが，尾部の配列は多様である．ミオシンのサブ

クラスごとに，尾部に特徴的な機能ドメインがある．研究者ごとに区分方法が異なるために一概にそのサブクラス数を断定できないが，おおよそ20前後かそれ以上のミオシンのサブクラスが存在する．

真核生物を代表する生物種の系統関係とそれらのゲノムに見られるミオシンの配列を分類したキャバリエ－スミス（Cavalier-Smith）らは，真核生物の進化の初期段階では尾部領域が異なる三つの基本的なミオシンが存在し，それらが機能分岐することで多様なミオシンのサブクラスが形成されたと指摘している．三つの基本的なミオシンとは，diluteドメインをもつもの，FERMドメインをもつもの，塩基性のTH1ドメインをもつものである．

最初に発見されたミオシンであるⅡ型ミオシンは，動物細胞と真菌にしか見られないため，後の段階で派生したミオシンだと考えられる．これらのドメインの機能と，代表的なミオシンのサブクラスの特徴や機能については，この項の後半で紹介する．

◆ IQモチーフに結合するカルモジュリンやMLC

MHCの頸部にあるIQモチーフはカルモジュリンやMLCと結合する（図5-1）．カルモジュリンとMLCの分子構造は非常によく似ており，共通の祖先タンパク質から発生した分子と考えられている．ともにカルシウムイオンを結合するためのEFハンド（図5-3）をもち，IQモチーフとの結合性はカルシウムイオン濃度で変化する．

EFハンドとは，タンパク質の立体構造であり，二つのαヘリックスがループでつながった構造をとっている．右手の親指と人差し指をαヘリックスに見立ててL字型に開くと，カルシウムイオンは他の指を丸めた位置に結合する（図5-3）．なお，カルモジュリンはミオシン以外のさまざまなタンパク質にも結合し，それらの活性を制御することが知られている．

◆ Ⅱ型ミオシン

Ⅱ型ミオシンは骨格筋のサルコメア，平滑筋，そして筋以外の細胞にも広く発現している分子種である．その形状は，2本のMHC（分子量約220

■ 生物種の系統関係

以前は，生物をモネラ（原核生物），原生生物，菌類，植物，動物に分類する五界説が広く受け入れられていた．しかし，真性細菌と古細菌の区別が決定的になり，藻類や原生生物などのプロティスト（protist）の研究が進むことで，新たな分類学的な考えが主流になってきた．現在は，真核生物は六つほどの大きな系統群に分類され，その一つのオピストコンタと呼ばれる単系統群に動物や菌類はまとめられている．

図5-3：EFハンド

kDa)が尾部のαヘリカルドメインどうしを絡ませるようにしてコイルドコイルを形成し，それらの各頸部に分子量約15〜25 kDaの調節軽鎖（regulatory MLC；RMLC）と必須軽鎖（essential MLC；EMLC）が会合した六量体である．双頭に長いロッドが付随しており，全長は0.15 μm程度である．

Ⅱ型ミオシンは，ロッドどうしの会合により双極性のミオシンフィラメントを形成し，アクチンと相互作用して大きな力を発生できる．特に，骨格筋のⅡ型ミオシンは巨大なミオシンフィラメントを形成する．Ⅱ型ミオシンでは，ミオシンフィラメントから多数のモータードメインが突き出しているため，ひとつひとつのモータードメインがアクチンに作用している時間はきわめて短い．運動を終えたモータードメインがアクチンに結合したままでは，他のものが運動した際に邪魔になってしまうからである．一方，後述するⅤ型ミオシンのように単独でアクチン繊維の上を歩くように移動するタイプの分子では，ATP加水分解サイクルに要する時間の半分以上はアクチンに結合している（アクチン繊維にミオシンの二つの足の片方が結合している必要があるため）．

非筋細胞のⅡ型ミオシンは，RMLCのリン酸化により活性の制御を受ける（図5-4）．RMLCをリン酸化する酵素は，ミオシン調節軽鎖キナーゼ（MLCK）やRhoキナーゼなどである．一方，RMLCを脱リン酸化するミオシンフォスファターゼの活性はRhoキナーゼにより抑制される．つまり，Rhoキナーゼは調節軽鎖を直接にリン酸化すると同時に，その脱リン酸化を抑制することで，効率よくⅡ型ミオシンを活性化できる．Ⅱ型ミオシンの尾部は，普段は折りたたまれていて軽鎖の近くにあるが，RMLCがリン酸化されることで，それらの相互作用は解除される．伸展した尾部は，双極性のフィラメントを形成し，細胞内で機能を発揮する．

◆輸送にかかわるⅤ型ミオシン

Ⅱ型以外の多くのミオシンでもMHCは二量体を形成するが，長いαヘリ

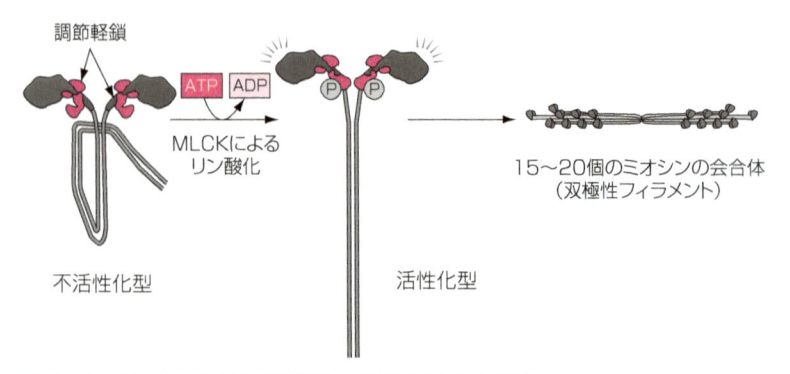

■ **コイルドコイル**
連続したαヘリックスからなるαヘリカルドメインどうしが，ねじれるように並んだタンパク質の立体構造．その構造は，アミノ酸残基が「疎水性，極性，極性，疎水性，極性，極性，極性」というような7残基の繰り返しからなることで安定化される．

■ **MLCK**
カルシウム-カルモジュリンにより制御されるリン酸化酵素．

■ **Rhoキナーゼ**
低分子量GTPアーゼのRhoにより活性化されるリン酸化酵素．

図5-4：リン酸化による非筋細胞のⅡ型ミオシンの制御

（図中ラベル：調節軽鎖，ATP ADP，MLCKによるリン酸化，不活性化型，活性化型，15〜20個のミオシンの会合体（双極性フィラメント））

クッスドメインはもっておらず，尾部にはタンパク質または脂質などに結合するドメインをもつものが多い．それらの中でも，V型ミオシンは尾部にdiluteドメインやそれに代わる機能ドメインをもち，動物や酵母で細胞内の物質運搬に重要な機能を担っている．

V型ミオシンの頭部は6個のIQモチーフをもっているため長足で，Fアクチンに沿って大股で歩くようにその頭部を交互に動かす（図5-5）．このV型ミオシンのプロセッシブな運動様式は，小胞や細胞小器官などの積荷を尾部にくっつけて長距離を運搬するのに適している．

物質輸送に携わるミオシンの種類は，積荷の種類よりも圧倒的に少ない．この差を埋め合わせるため，多様なアダプタータンパク質がV型ミオシンの尾部と積荷の結合を仲介する．1台の機関車が，連結する貨車を変えることにより，石油や石炭，資材，家畜などさまざまな積荷を運ぶことができるのと似ている．

たとえば，出芽酵母には2種類のV型ミオシンが発現している（図5-6）．そのうちのMyo4pは尾部でRNA結合タンパク質と会合して娘細胞に特定のmRNAを輸送することで，母細胞とは異なる遺伝子の発現パターンを制御し，接合型の切り替えに働く．もう一方のMyo2pは出芽した娘細胞の成長，および液胞やミトコンドリアなどの細胞小器官の分配を担当している．

両方のミオシンがレールとして利用するのは，出芽した娘細胞の先端から母細胞に向けてアクチン重合タンパク質フォルミンの作用で伸長した，Fアクチンのケーブル状構造である．たとえば，Vac8pとVac17pのアダプタータンパク質複合体がMyo2pと液胞を連結し，娘細胞への液胞の分配を促している．興味深いことに，娘細胞内では特異的にVac17pが分解を受ける．そうすることで，積荷からMyo2pは開放されて，再び母細胞に戻って液胞の輸送にかかわるのだろう．また，アダプタータンパク質とMyo2pの結合はサイクリン依存型キナーゼCDKによるリン酸化により制御されている．

■ **アダプタータンパク質**
複数のタンパク質の結合を仲介する分子．アダプタータンパク質が発現，分解あるいは翻訳後修飾されることで分子複合体の形成が制御される事例は多い．

■ **Myo2p**
名前が紛らわしいがⅡ型ミオシンのことではない．出芽酵母ではミオシン遺伝子が同定された順番に番号がつけられている．

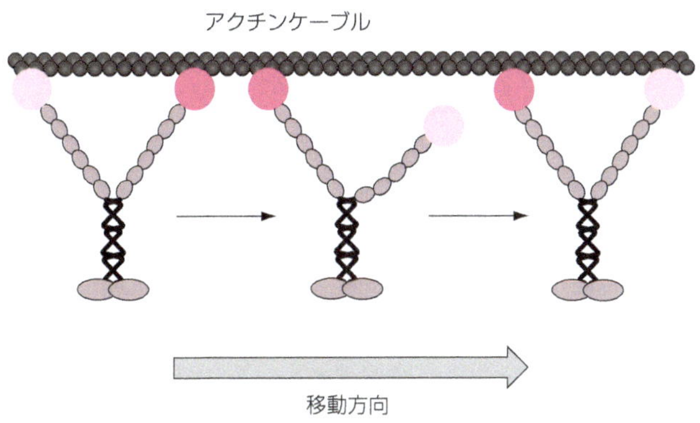

図5-5：歩くように運動するV型ミオシン

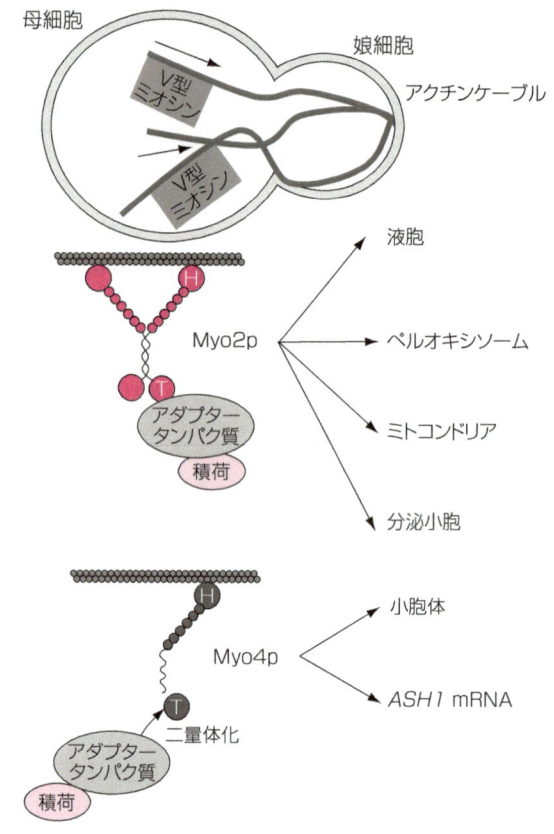

図5-6：出芽酵母の二つのV型ミオシン
Myo4pの重鎖は単独で存在するが，積荷を結合するアダプタータンパク質と会合することで二つの重鎖が協同して働く．

このため，細胞周期特異的な物質輸送が可能になっている．第6章で「メラノソームの細胞内輸送」におけるマウスのV型ミオシン dilute の機能について解説しているので，そちらも参照してほしい．

◆ I型ミオシン

このサブクラスのミオシンはその重鎖が単量体で存在することから，「I型」の番号が割り当てられた．その結果，すでに先に同定されていたミオシンはII型ミオシンとされた（I型ミオシンの発見者であるポラード（Pollard）の手腕にはまったく感服させられる）．I型ミオシンのMHCは，N末端のモータードメイン，それに続くIQモチーフ，そして尾部から構成される．

いくつかのI型ミオシンには，そのモータードメインのアクチン結合サイトにスレオニン−グルタミン酸−アスパラギン酸−セリン（アミノ酸の一文字表記ではTEDS）というアミノ酸配列があり，このスレオニンまたはセリンがリン酸化されることで活性化する．

I型ミオシンの尾部には脂質と相互作用するTH1ドメインやアクチンと

結合するTH2ドメインがあるため，Ⅰ型ミオシンは主に脂質との相互作用やFアクチンどうしの束化を介して，ファゴサイトーシスやエンドサイトーシスなどにおいて機能する．特殊な例では，聴細胞から生えている不動絨毛の内側で，細胞膜と内部に配列しているアクチンの繊維束とⅠ型ミオシンが連結しており，音の振動を感知する機械刺激受容チャネルの制御に一役買っている．また，出芽酵母や分裂酵母のⅠ型ミオシンの尾部領域にはArp2/3複合体に結合してアクチン重合を活性化するドメインが存在する．このミオシンによるアクチン重合活性は，エンドサイトーシスに重要な役割を担っている．

◆ Myth4およびFERMドメインをもつミオシン

Ⅶ型ミオシンは，尾部にMyth4およびFERMドメインをもち，それらを介して脂質膜と相互作用することで，ファゴサイトーシスや細胞接着に働く．このタイプのミオシン遺伝子に突然変異が生じると，遺伝性の難聴が発症することが知られている．聴細胞の不動絨毛内にはFアクチンの束状構造が詰まっており，この形成や機能に支障が生じるらしい．

Ⅹ型ミオシンもMyth4およびFERMドメインをもち，このミオシンではそれらのドメインは微小管との結合にかかわる．このミオシンは，細胞表層で星状体微小管と相互作用することで紡錘体の配置を制御し，細胞の分裂方向を決定する．

◆ 変わり者のミオシン

最後に，いくつか変わった特徴をもつミオシンのサブクラスを紹介する．Ⅵ型ミオシンは，普通のミオシンとは反対方向に，アクチンのマイナス端に向かって移動する．そうすることでⅥ型ミオシンは，細胞表層から細胞の内側に向けての物質輸送やエンドソームの移動に寄与する．Ⅵ型ミオシンの機能不全により難聴が生じることが知られている．正常な状態では，聴細胞から突き出した不動絨毛内のアクチン束のマイナス端側が細胞側に入り込み，細胞表層のアクチン細胞骨格との相互作用によりしっかりと支えている．これが損なわれることで聴細胞の働きに異常をきたすらしい．

またⅨ型は単頭であるにもかかわらず，プロセッシブな運動ができる．そのモータードメインに特徴的な挿入配列をもつことで，ATP加水分解サイクルの大部分の間，Fアクチンと相互作用できるためである．このミオシンはマイナス端に運動することが最初に報告されたが，別のグループからは普通のミオシンと同様にプラス端に向かうことが報告されており，明確な結論は出ていない．Ⅸ型ミオシンの最大の特徴は，尾部にGTPase活性化ドメイン（GAP）をもつことである．ミオシン自身がRho（低分子量GTPaseの一種）によるシグナル伝達経路を調節することで，アクチン細胞骨格そのものを形

■ **Arp2/3複合体**
アクチンに類似した2種類のタンパク質Arp2およびArp3を含むタンパク質のヘテロ七量体．アクチンの重合核として振る舞う．詳細は6-1節を参照．

■ **Myth4およびFERM**
どちらも複数のタンパク質のアミノ酸配列の比較から見出されたドメイン．遺伝子の塩基配列情報が蓄積するのに伴い，ドメインの機能が解明されるよりも先に命名されるケースが増えている．Myth4は複数のサブクラスのミオシンの尾部に見られることからMyosin Tail-Homology 4と命名されたもので，FERMの名称はBand4.1, Ezrin, Radixin, Moesinの四つのタンパク質に由来する（Fは数字の4を意味する）．

成制御しうることは実に興味深い．

同様にシグナル伝達にかかわりそうなものとして，モータードメインのN末端側に突き出たキナーゼドメインをもつⅢ型ミオシンがある．このミオシンは，ショウジョウバエの複眼の形成過程が異常になる変異体の原因遺伝子の産物として同定された．ほ乳動物においては，Ⅲ型ミオシンは網膜の光受容細胞や内耳の聴細胞などに発現している．キナーゼドメインの基質については，まだよく分かっていない．

さらに原生生物は，ミオシンのサブクラスの宝庫である．それらの中で唯一研究が進んでいるのが，XIV型ミオシンである．このミオシンは，寄生性のマラリア原虫やトキソプラズマ原虫などのアピコンプレクサ，および繊毛虫テトラヒメナなどのアルベオラータの仲間に見られ，その尾部は極端に短い．アピコンプレクサやアルベオラータなどの生物群の特徴は，原形質膜の内側に，さらに脂質二重膜とタンパク質などから構成される内膜構造をもつことである．植物細胞や菌類が原形質膜を保護するように細胞壁を外側にもつのとは正反対の特徴である．トキソプラズマ原虫は，XIV型ミオシンの機能を利用して特殊な細胞運動を行うことで宿主の細胞内に潜り込む．その運動様式とは，宿主の表面構造と接触したトキソプラズマ原虫の原形質膜貫通タンパク質が，その細胞質側でFアクチンと結合しており，さらにそのFアクチンを内膜に結合したXIV型ミオシンが動かすというものである（図5-7）．つまり，ミオシンがアクチンとの運動を介して原形質膜上の足を動かすことで，トキソプラズマ原虫は細胞運動をする．

今後，多様な生物のゲノム解析が進むことで，さらに興味深い構造や性質をもつミオシンの発見が期待される．

5-2 キネシン

微小管と協同する分子モーターは**キネシン**（kinesin）と**ダイニン**（dynein）である．どちらもATPを加水分解する際に生じる化学エネルギーを運動エ

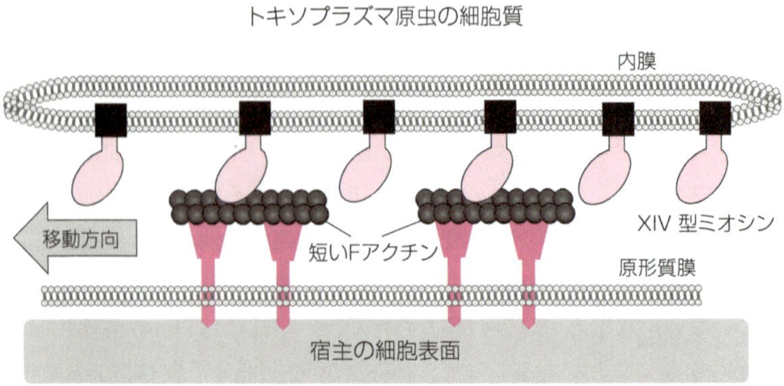

■ アルベオラータ

分子進化の研究から単系統であることが確実視されている真核生物界の最大の生物ドメインであり，繊毛虫（テトラヒメナやゾウリムシなど），アピコンプレクサ（トキソプラズマ原虫やマラリア原虫など），渦鞭毛藻（夜光虫など）の三つのグループから構成される．これらの生物は，いずれも原形質膜の細胞質側を裏打ちするように発達した内膜構造（アルベオラ；alveole）をもつのが特徴である．

図5-7：トキソプラズマ原虫の細胞運動

ネルギーに変換して微小管上を一定方向に向かって移動する．しかし移動方向は異なり，ダイニンは微小管のマイナス端に，キネシンはプラス端に向かって移動する．また，キネシンのモータードメインはミオシンのものと類似している（つまり共通の祖先分子種から派生した可能性がある）のに対して，ダイニンのモータードメインにはそれらとの関連性は見られない（図5-8）．キネシンとダイニンは，まったく異なる仕組みで作動する分子モーターである．

◆キネシンの構造

キネシンは，1985年にヴェールらによりイカの神経軸索から発見された．その後の研究で，軸索流の担い手としてだけでなく，細胞内の物質輸送や染色体分配に働く重要なモータータンパク質であることが判明した．キネシンにもミオシンと同様に，構造や機能の異なる多くの分子種がある．最初に単離されて最もよく機能や構造が調べられているキネシン-1に対して，他のものをキネシン様タンパク質（kinesin like protein；KLP）という．

キネシン-1は重鎖が二量体を形成しており，全長は80 nm程度である（図5-9）．ミオシンと同様に重鎖のN末端側にモータードメインをもち，ネックリンカーを挿んでそれに続く α ヘリックスドメインでもう一方の重鎖とコイルドコイル構造を形成している．軽鎖はモータードメインの直後ではなく，重鎖のC末端側に結合する．ミオシンの軽鎖は運動性の制御にかかわっているが，キネシンの軽鎖は運搬する積荷の結合を調節しているらしい．

これまでに同定されたKLPには，たいへんに興味深い運動特性を示すも

R. D. Vale
カリフォルニア大学サンフランシスコ校 Howard Hughes 医学研究所　細胞・分子薬理学部門教授．若くして教授になったヴェールは，生化学，分子生物学，生物物理学などさまざまな手法を駆使して，細胞運動や細胞分裂の研究の発展に大きく貢献してきた．

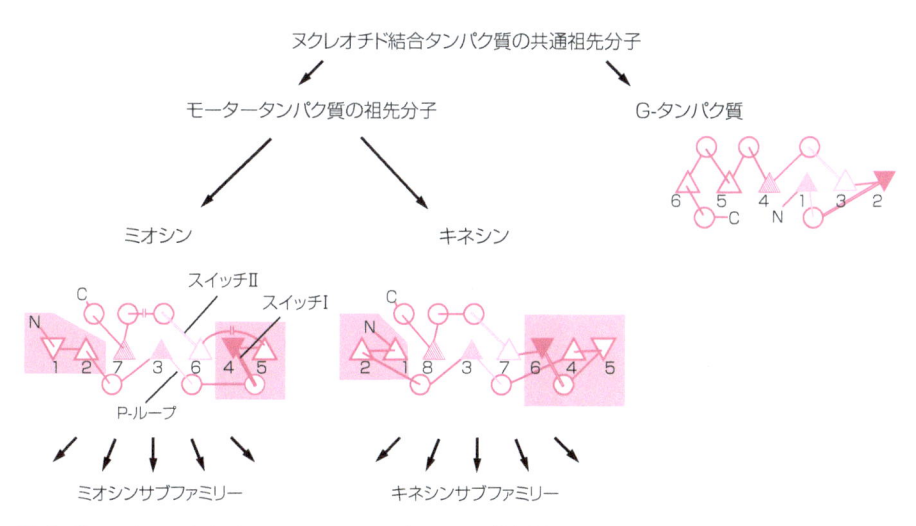

図5-8：ミオシンとキネシンのモータードメインの類似性
三角形は β シート，丸は α ヘリックスを示す．数字はモーター内のサブドメインの番号に相当する．スイッチI，IIはヌクレオチドの γ 位のリン酸基に接する．ヌクレオチドの加水分解に伴い，スイッチIIは構造変化し，これに続く長い α ヘリックスの分子内での配置が動く．これがモーター分子の運動の仕組みと考えられている．

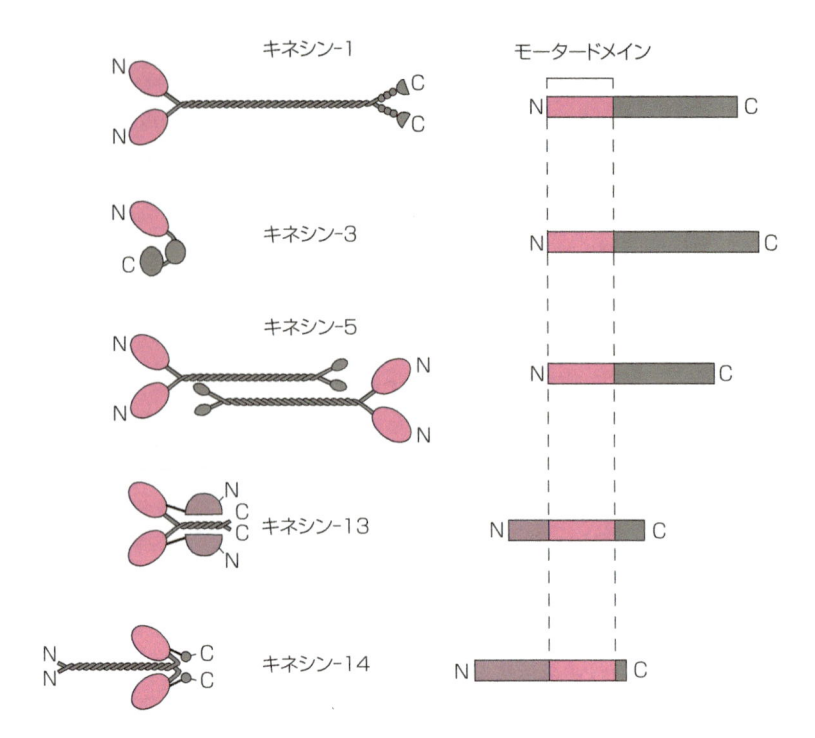

図 5-9：キネシン分子の多様性

のがある．これらの推定アミノ酸配列を並べて比較してみると，多くのものはN末端側にモータードメインをもつN型であるが，分子の中央にもつM型やC末端側のC型KLPもある．特に，C型のものは運動方向が他のものとは逆で，微小管のマイナス端に向かって運動する．さらに，微小管の末端に結合して脱重合を促すKLPも見つかった．

ゲノムプロジェクトが完了した結果，ヒトでは45種類，ショウジョウバエでは25種類，出芽酵母では6種類のキネシン重鎖様遺伝子が存在することが判明している．これらは，キネシン-1をサブクラス1として，合計14のサブクラスに分類できる．今後，研究が遅れている原生生物のゲノムプロジェクトが進行することで，新しいキネシンのサブクラスが発見される可能性もある．

◆キネシン-3

このサブクラスで最もよく知られているのは，神経軸索内の物質輸送を担う単量体のKIF1Aである．KIF1Aはモータードメインから突き出した正電荷に富んだKループをもっており，それが微小管のEフック（チューブリンのC末端の負電荷に富んだ配列）と静電気的な相互作用をすることで，微小管から脱落せずに運動すると考えられている（図5-9，5-10）．

興味深いことに，人為的にKIF1Aをつなぎ合わせて二量体化させると，

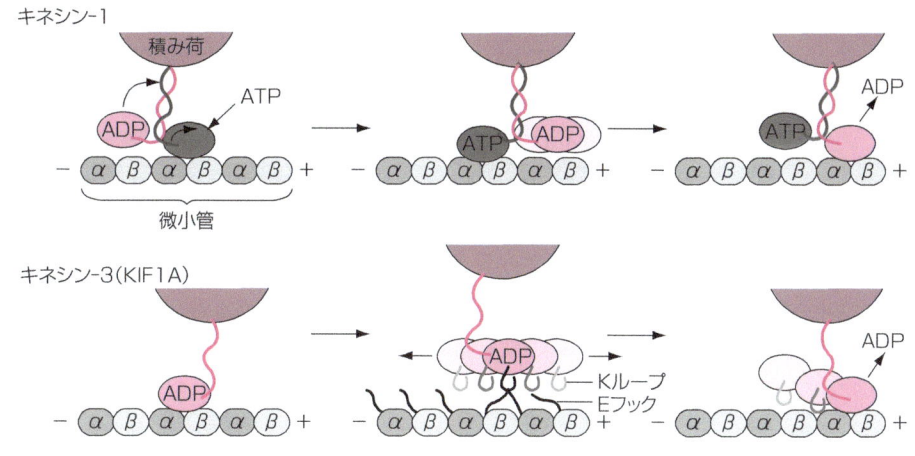

図5-10：キネシンの運動

単量体のものよりも効率よく微小管上を運動できる．そのためKIF1Aの運動は他のキネシンとまったく異なるわけではなく，一部に保存性が残されていると考えられる．さらに，線虫のKIF1A相当タンパク質であるUnc104は，積荷に結合した状態で近接した分子どうしが，協同してモーター活性を発揮する可能性も指摘されている．

◆ キネシン-5

　キネシン-5はホモ四量体を形成し，一つの胴体から左右に二つずつのモータードメインを突き出したような形状である（図5-9）．それぞれが微小管に結合して運動することで，逆平行の微小管が集積した構造を作り出すことができる．

　このような構造は，細胞分裂時に染色体を分配する紡錘体の機能には欠かすことができない．動物細胞のキネシン-5の一つであるEg5の機能を阻害すると二極性の紡錘体の形成に失敗し，ひとかたまりの微小管重合中心から放射状に微小管が伸びた単極性の構造が形成される．また分裂酵母のキネシン-5であるCut7の変異株では，核膜上にあるSPB（spindle pole body）の分離に伴う微小管構造が形成できない．そして核分裂が遅れている間に隔壁が形成されてしまうために，核が隔壁で挟み切られてしまうという，衝撃的な様子が観察される．

■ モナストロール（Monastrol）
Eg5のATPアーゼ活性を抑制する薬剤．動物細胞の細胞分裂を阻害する．

◆ キネシン-6

　ヒトのMKLP1（KIF23），線虫のZEN-4，ショウジョウバエのPavarottiなどのキネシン-6は二量体を形成し，さらにRhoファミリーの低分子量GTPアーゼの制御因子であるMgcRacGAPの二量体と会合してヘテロ四量体を形成する．このヘテロ四量体はセントラルスピンドリン（central spindlin)と呼ばれ，細胞質分裂に重要な役割を担っている．

セントラルスピンドリンの活性は，細胞分裂期中期までは CDK によるリン酸化で抑制されているが，分裂期後期に CDK 活性が低下するとタンパク質脱リン酸化酵素 Cdc14 の作用で活性化する．そして，セントラルスピンドリンは紡錘体の中央領域の両極からの微小管が重なった領域に向かって，そのキネシンのモーター活性により集積する．そこで，セントラルスピンドリンは Rho の活性化因子の一つである ECT2 と相互作用して，細胞中央領域の表層における Rho の活性を高める．その結果，アクチン重合がフォルミン依存的に誘起され，同時に調節軽鎖のリン酸化を介した II 型ミオシンの活性化が起こることで，収縮環形成が誘導されて細胞質分裂が進行する．

◆キネシン-13

分子中央部にモータードメインをもつ M 型 KLP であり，そのモータードメインの N 末端側には正電荷に荷電した頸部をもつ（図 5-9）．そのネックで微小管上の負電荷と相互作用することで，微小管上をブラウン運動する．微小管の末端に到達したキネシン-13 は，微小管サブユニットと ATP 依存的に強く結合して，微小管を外向きに反らせるような変形を加える．そして微小管サブユニットどうしの長軸方向の結合を弱めることで，プロトフィラメントからのサブユニットの脱離を促進させる．

よく知られたキネシン-13 として，MCAK がある．MCAK は紡錘体の大きさを制御し，紡錘体極上で微小管のマイナス端を脱重合することで姉妹染色体分配に働く．

なお，微小管を脱重合する活性は，キネシン-13 以外に，キネシン-8 やキネシン-14 の一部にも見られる．

◆キネシン-14

分子の C 末端にモータードメインがある C 型 KLP で，運動方向が他のキネシンとは逆向きである（図 5-6）．よく知られているのは Ncd などである．運動方向が逆転する仕組みは，その頭部以外の構造にある．なぜなら，キネシン-1 のモータードメインを Ncd のものと置き換えてもプラス端方向に運動を続けられるからである．

キネシン-14 のモータードメインの N 末端側には，特有のストークと頸部がある．この頸部とストークがその頭部から離れてマイナス端方向にスイングするため，通常のキネシンとは逆の方向に運動すると考えられている．

多くのキネシン-14 は，モータードメインの他にも微小管結合部位をもっている．そのため，微小管を架橋できる．Ncd の機能を阻害すると紡錘体構造を効率よく形成できなくなる．おそらく，従来から知られていたサーチ＆キャプチャーに加えて，動原体から微小管が伸張して紡錘体の微小管と架

■ ブラウン運動

細胞核の発見者でもある R. ブラウンが，花粉から水中に流出した微粒子が不規則に動く様子を観察した．この運動は，溶質の分子が熱運動により不規則に微粒子に衝突することで引き起こされることをアインシュタインが理論づけた．たとえば，溶液中でタンパク質分子は，毎秒 1 兆回も周りにある分子などに衝突されると考えられる．キネシンと微小管の間には静電的な相互作用が生じているため，衝突によってキネシンは微小管の上をふらつき動くことになる．そして，ある確率でキネシンは微小管の末端に到達することが可能である．

■ サーチ＆キャプチャー

細胞分裂時に，紡錘体極から伸長した微小管が伸び縮みすることで染色体の動原体を捕捉する仕組み．

橋することで効率的に紡錘体が形成される仕組みがあり，この過程にキネシン-14が貢献するのだろう．

5-3　ダイニン
◆ダイニンは AAA 型モータータンパク質

　ダイニンの発見はキネシンよりも先である．1965 年にギボンスらにより，繊毛運動に関与する ATP 加水分解活性をもつ微小管結合タンパク質としてテトラヒメナから精製された．ダイニンは，重鎖，複数の中間鎖，軽鎖などから構成される巨大なタンパク質複合体である（分子質量は 500 kDa 以上）．その重鎖は，ミオシンやキネシンなどの G タンパク質型モーターとはまったく異なる AAA（ATPase associated with diverse cellular activities）構造からなっている（図 5-11）．すなわち，6 個の AAA+ モジュールがリング状に配置しており，4 番目と 5 番目のモジュールの間から柄（ストーク）を介して微小管に結合するヘッドが突き出している．また 1 番目と 6 番目の端の配列は会合して，中間鎖や軽鎖が結合する尾部（ステム；stem ともいう）を形成する．

　ダイニンは，繊毛やベン毛にある**軸糸ダイニン**（axonemal dynein）と細胞質にある**細胞質ダイニン**（cytoplasmic dynein）に大別される．軸糸ダイニンの重鎖は，単頭，双頭，三頭などの形状をとる．軸糸ダイニンは尾部で微小管に結合して，ストークで別の微小管に作用することで，それらの間のすべり運動を引き起こす．このモーター活性は，繊毛やベン毛運動の原動力となる．一方，細胞質ダイニンは双頭であり，それぞれから突き出た 2 本のストークを利用して 1 本の微小管の上を運動する．尾部がその結合タンパク質を介して積荷に結合することで，細胞質ダイニンは細胞内輸送などに働いている．

■ I. R. Gibbons
カリフォルニア大学バークレー校　分子細胞生物学部門教授．ラテン語で「力」を意味する dyne にちなんでダイニンと命名した．

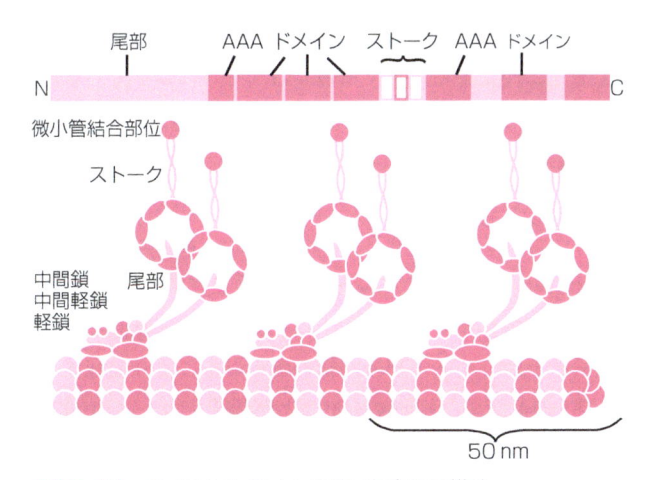

図 5-11：ダイニンとダイナクチン複合体の構造

◆細胞質ダイニンとダイナクチン複合体

細胞質ダイニンは，重鎖が尾部で会合した二量体に，中間鎖，中間軽鎖，軽鎖などが結合し，さらに**ダイナクチン複合体**（dynactin complex）と会合して，1500 kDa にも及ぶ巨大な構造をしている（図5-11）．ダイナクチン複合体は，アクチン類似タンパク質 Arp1（Actin-related protein 1）の他に11種類程のタンパク質から構成され，ダイニンとその積荷の接着を取り持つ．

動物細胞では，一般に細胞質の微小管は中心体から放射状に細胞質に広がっている．この微小管には極性があり，中心体側がマイナス端，細胞表層側がプラス端である．そのため，細胞質ダイニンは細胞中央方向に向かって運動する．この働きは，ゴルジ体やリソソームなどの細胞小器官の細胞内の空間的配置の制御に重要である．

またダイナクチン複合体は，その構成成分である p150Glued が微小管の +Tip 複合体と相互作用することで，微小管のプラス端に細胞質ダイニンをリクルートする．この活性は物質輸送の効率化だけでなく，微小管の伸長に依存した細胞表層に細胞質ダイニンを局在させるために重要である．細胞表層には細胞質ダイニンと結合するタンパク質があり，これらが結合することで，微小管は細胞表層側に引っ張られる．たとえば出芽酵母では，核分裂の準備段階では母細胞の中央に位置していた細胞核が出芽部分まで移動することで，娘細胞と母細胞に正確に核が分配される．この際には，核膜上の SPB から伸びている細胞質微小管を細胞質ダイニンなどが綱引きする．また，動物細胞の発生過程に不可欠な細胞の非対称分裂や分裂方向の制御においても，分裂極から伸長する星状体微小管と細胞表層の細胞質ダイニンの相互作用は重要である．

◆細胞質ダイニンの活性の制御

真空パック包装の餅が流通している今日ではあまり気にならなくなったが，かつては正月休みが終わる頃にはお供え餅にカビが生えてきたものだ．カビは菌糸を急速に伸長することで増殖する．それに伴って，細胞核は分裂して増えて菌糸内を移動する．糸状菌 *Aspergillus nidulans* の突然変異体である Nud（Nuclear distribution）はそのプロセスに障害があり，その一連の研究から興味深いことがわかってきた．

まず，NudA と NudG は細胞質ダイニンの重鎖と軽鎖に変異をもつ．さらに，NudE や NudF は細胞質ダイニンの細胞内局在性に異常を示すことから，細胞質ダイニンの制御にかかわる遺伝子に変異をもつと予想された．そして，NudF の原因遺伝子は，ヒトの神経細胞の遊走異常により発症する滑脳症の原因である LIS1 の遺伝子と相同であることが判明した．LIS1 はその結合タンパク質 NUDE（NudE の相同タンパク質）とともに，細胞質ダイニンに結合してそのモーター活性を制御しているようである．

■ **星状体微小管**

微小管重合中心から放射状に伸びる微小管の構造．細胞分裂の際に，紡錘体のそれぞれの極から細胞表層に向かって張り巡らされる微小管構造が典型的なもの．

■ **滑脳症**

大脳皮質のシワ（脳回）が少なくなり，脳室が拡張する疾患．脳室部から外側に向かって神経細胞の組織内移動が低下することが原因と考えられている．おそらく微小管−細胞質ダイニンの相互作用がこの神経細胞の運動に重要な役割を果たしていると予想されるが，その詳細は不明である．

この他にも細胞質ダイニンに結合して，その細胞内局在性やモーター活性を制御するタンパク質の存在が報告されている．今後，細胞質ダイニンの働きの全貌を理解するために，これらの機能解析が重要だろう．

◆章末問題◆

1. ミオシン調節軽鎖の18番目のセリン残基と19番目のスレオニン残基を両方ともアラニンに置換した変異タンパク質をほ乳類培養細胞に強制発現する実験を行った．その結果，コントロールで用いた野生型のミオシン調節軽鎖の強制発現では何ら異常は生じなかったのに対し，上記の変異タンパク質を強制発現した細胞では核の数が二つ以上あるものが高頻度で観察された．この実験結果について考察せよ．
2. ほとんどの真核生物では，細胞質ダイニンの重鎖の遺伝子は一つか二つしか存在しない．キネシンやミオシンの重鎖の遺伝子が複数種類あることと比べ，どのような違いがあるのか考察せよ．
3. 分裂期の動物細胞の紡錘体構造の図を描き，染色体分配でのモータータンパク質の役割を示せ．
4. 原核生物には細胞骨格に対するモータータンパク質が見られない．その理由を考えよ．

◆参考文献◆

B. Alberts ほか著,『細胞の分子生物学 第5版』, ニュートンプレス(2010).
B. Alberts ほか著,『Essential 細胞生物学 原書第3版』, 南江堂(2011).
神谷律・丸山工作 著,『細胞の運動』, 培風館(1992).
宝谷紘一・神谷律 編,『細胞のかたちと運動』, 共立出版(2000).
貝渕弘三・稲垣昌樹・佐邊壽孝・松崎文雄 編,『細胞骨格と接着』, 共立出版(2006).
D. Bray 著,『Cell Movements: From Molecule to Motility 2nd ed.』, Garland Science(2001).
L. M. Coluccio 編,『Myosins』, Springer(2008).
T. Kreis, R. Vale 編,『Guidebook to the Cytoskeletal and Motor Proteins』, Oxford University Press (1999).

第6章 細胞運動

【この章の概要】

細菌は水素イオンの濃度差で作動するフラジェリンを中心とした運動装置を利用して遊泳し，またツリガネムシはカルシウムイオンの結合で構造変化する特殊なタンパク質スパスミンを用いて縮まるなど，生物全般を見回すといろいろと面白い細胞運動がある．しかし，ほとんどの細胞運動では，ATP（アデノシン三リン酸）の高エネルギーリン酸結合を加水分解して得られる化学エネルギーを，細胞骨格とモータータンパク質を基盤とした運動に利用している．

それらの中でも，繊毛やベン毛の「9+2構造」をとる軸糸は，微小管・ダイニン系が洗練された超高次構造をとったものであり，200種類以上ものパーツが巧妙に組み合わさってできている．このように高度に発達した運動装置を身につけたことは，生命の進化のうえできわめて重要なイベントであったことは間違いない．しかし今日でも，どのようにして真核生物がその構造を獲得したかはまったく見当がつかない．

一方，アクチン・ミオシン系を基盤とした細胞運動も重要である．その中でも，発達した筋組織は動物の活発な運動に不可欠である．この運動メカニズムを解明するために，研究者は献身的な努力を捧げてきた．その過程は，組織学，細胞学，生化学，生物物理学，そして構造生物学などのさまざまな研究分野の発展に刻み込まれている．そもそも，ATPの発見さえも筋収縮の研究によるものなのだ．

本章では，生命維持活動に不可欠な細胞内の物質輸送なども含めて，細胞運動とその仕組みについて解説する．なお，筋収縮については第13章で解説する．

この章の Key Word

アメーバ運動
細胞内輸送
シグナル伝達
カルシウムイオン
9+2構造

6-1 アクチン細胞骨格を基盤とした細胞運動

アクチン細胞骨格は，細胞の移動や形態変化，細胞質分裂，細胞内の物質運搬などの過程に重要な役割をしている．アクチン細胞骨格の形成には，ア

クチンに結合してその重合を調節したり，あるいは高次構造をとらせたりするタンパク質が不可欠である．

アクチン-ミオシンのシステムを利用した細胞運動の典型的なものはアメーバ運動である．この運動は，細胞がその形態を変えながら基質の上を這うものである（図6-1）．真性粘菌，細胞性粘菌，白血球，繊維芽細胞など，いろいろな細胞がアメーバ運動をすることが知られている．しかし，その運動の様相は著しく異なる．すなわち，すべてのアメーバ運動が同一の分子機構を基盤として成立しているのではない．

また，魚の鱗を剥がして血清入りの生理食塩水に鱗を漬けておくと，ケラトサイトと呼ばれる細胞が這い出してくる．このケラトサイトは餃子のような形をしており，餃子の皮をあわせたヒダの部分を先頭にするようにして，活発に運動する．このケラトサイトの運動様式は，アメーバ運動とは異なるが，よく研究されているアクチン-ミオシン系の細胞運動である．

■ ケラトサイト
傷害を受けた皮膚の隙間を埋めるように間紲織から出てくる細胞．細胞外マトリックスを分泌する．

■ Gアクチン
細胞ごとにGアクチンの濃度は異なるが，アメーバ運動をする白血球のような細胞では特に高濃度で，100 μM 以上はあると見積もられている．アクチンの臨界濃度が 2 μM 程度であることを考えると，非常に高濃度である．

◆ 細胞内におけるアクチン細胞骨格のダイナミックな再編成

まず，アクチン細胞骨格の形成過程について説明する．一般に，細胞は臨界濃度よりもはるかに高い濃度のGアクチンを溜め込んでいる．これをGアクチンプールという（図4-5参照）．そのため，普段はGアクチンが勝手に重合反応を開始しないように，モノマー隔離因子（サイモシンβ4など）が結合して重合を抑制している．一見すると無駄なことをやっているようにも

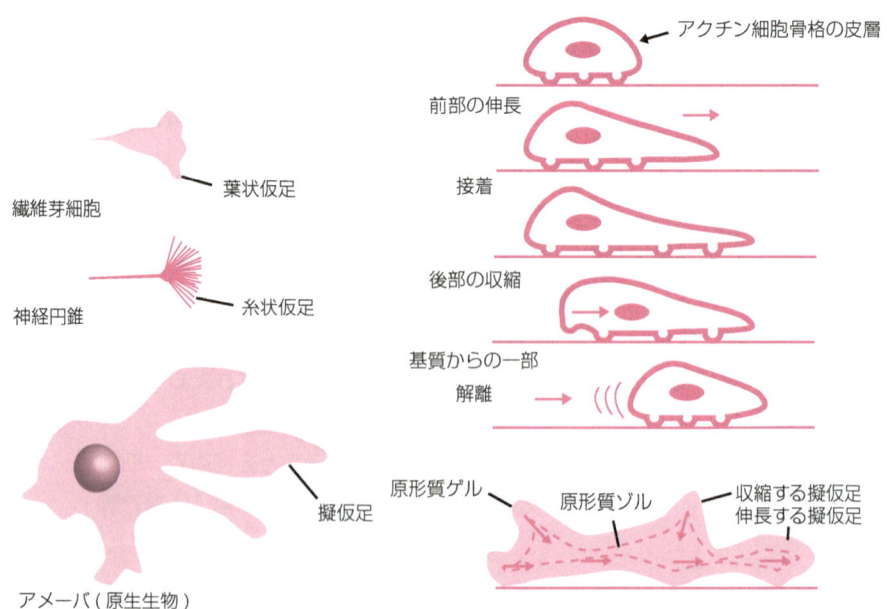

図6-1：いろいろなアメーバ運動
繊維芽細胞や神経円錐などでみられる図右上の運動様式については，本文を参照．一方，大型のアメーバでは細胞基質が細胞運動に伴い流動的に状態を変換する様式が顕著に認められる．これが細胞の擬仮足の伸長と収縮の原動力となると考えられている．

見えるが，アクチン重合を開始する段階になってから，タンパク質を合成し始めて臨界濃度以上にアクチンの量を増やすのでは時間がかかりすぎて効率が悪い．

　プロフィリン(profilin)やCAP (adenylyl cyclase-associated protein)などはGアクチンと結合し，そのヌクレオチド交換反応を促進するタンパク質である．細胞内はATP濃度が高いので，これらのタンパク質と結合したGアクチンはATP結合型になる．プロフィリンと結合したGアクチンは，重合核の形成や既存のFアクチンのマイナス端への会合は抑制されるが，プラス端への結合は可能である．すなわち，プロフィリンはランダムなアクチンの重合反応を抑制する一方で，既存のアクチン重合核やFアクチンをもとにして，方向性を伴うアクチンの重合を促進させる．

　機能のよく知られたアクチン重合促進因子には，Arp2/3複合体とフォルミン(formin)がある．これらのタンパク質の細胞内活性の制御は，Rhoファミリーの低分子量GTPアーゼを介したシグナル伝達経路により制御される(図6-2)．Cdc42やRacの下流でArp2/3複合体から重合されたFアクチンは枝分かれした細胞骨格構造を呈する(Arp2/3複合体については，次節で詳しく解説する)．それに対して，フォルミンにより誘導されるのは直線状のアクチン細胞骨格構造である．フォルミンはGアクチンと結合し，アクチン重合核の形成を促し，さらにFアクチンのプラス端に付着した状態でアクチンサブユニットの付加反応を促進する．このとき，フォルミン自体は，重合中のアクチンのプラス端に常に局在し続ける．つまり，フォルミンはアクチン重合を推進力として移動できる．このフォルミンの働きによって形成される長い真っ直ぐなFアクチンは，V型ミオシンによる細胞内物質

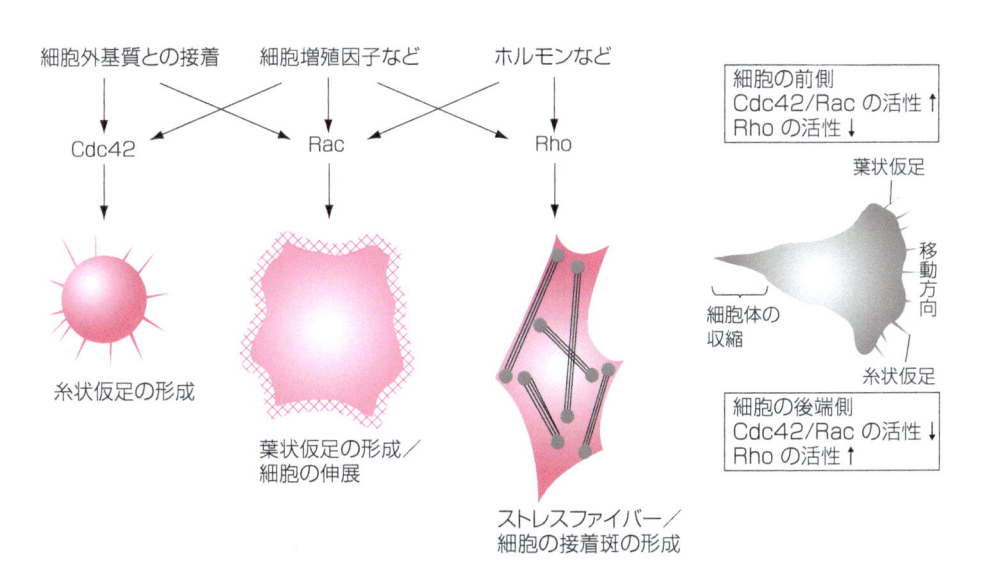

図6-2：アクチン細胞骨格を制御する仕組み

輸送のレールとして重要であり，また細胞質分裂に必要な収縮環構造の形成にも不可欠である．なお，細胞内のフォルミンの活性は，Rhoファミリーである低分子量GTPアーゼとの結合やリン酸化などにより制御される．

　細胞内で重合されたFアクチンには，第4章で取り上げたアクチン束化タンパク質などのさまざまなアクチン結合タンパク質が作用して，細胞ごとに特徴的なアクチン細胞骨格構造が構築される．その際には，Fアクチンの側面に沿って結合する**トロポミオシン**（tropomyosin）により，他のアクチン結合タンパク質やミオシンのアクチンに対する結合性や作用が調節される事例が知られている．また，Fアクチンのプラス端に結合する**キャッピングタンパク質**（capping protein）は，プラス端でのアクチンサブユニットの付加および解離を抑制する．このキャッピングタンパク質はプラス端のダイナミクスを抑制することで，アクチン細胞骨格を安定化する．しかし一方で，脱重合中のFアクチンをキャップすることでプラス端からのアクチン再重合を強く抑制し，結果的に特定のFアクチンの消失を促進する場合もある．

　さらに，細胞の振る舞いとともにアクチン細胞骨格は再編成される（図6-3）．この過程に欠かせないのがアクチン脱重合促進因子（actin-depolymerizing factor；ADF）の機能である．ADFが作用することでFアクチンは切断され，さらに脱重合が促進される．その結果，再び利用可能なGアクチンのプールが用意される．しかし，ある種の細胞では，運動を開始する際にADFがアクチン細胞骨格内のFアクチンを切断することで，そのプラス端の数を増加し，結果的にアクチンの重合が促されて細胞の移動が開始するというような，一見すると正反対の現象が起こることも報告されている．ある一つの面に束縛されては，全体を知ることはできないことの一例といえるだろう．

■ **生化学反応と細胞機能**

タンパク質の生化学的機能と細胞機能は必ずしも単純な相互関係で結びつけることはできない．細胞内に存在する複数のタンパク質が織りなす相互作用や，細胞内でのタンパク質およびそれらの複合体の配置などにより，生化学反応からアウトプットされる結果は多様な様相を呈するのである．

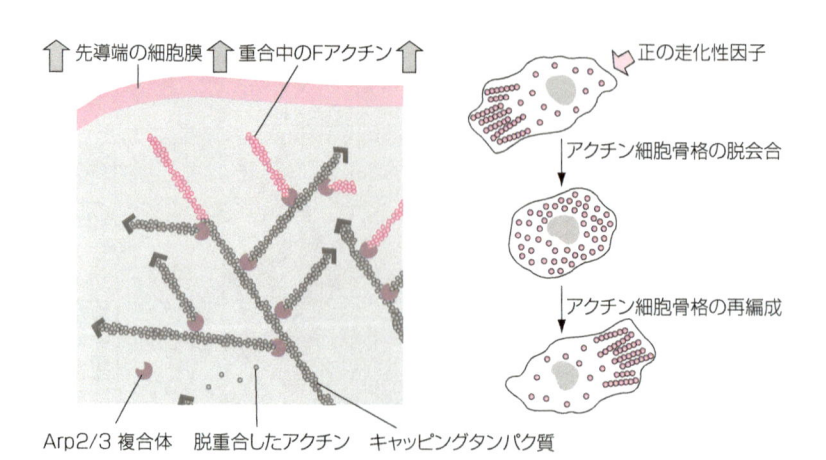

図6-3：葉状仮足におけるアクチン細胞骨格を制御する仕組み

◆葉状仮足と細胞運動

次に，培養細胞の葉状仮足を用いた運動を例にとり，細胞運動の過程におけるアクチン細胞骨格のダイナミクスについて解説する．細胞の運動方向に面した原形質膜の直下では，Cdc42（Rhoファミリーの低分子量GTPアーゼの一種）が活性化され，その標的タンパク質の一つであるN-WASPに結合する．N-WASPは，そのC末端側のVCAドメインでArp2/3複合体と結合し，Fアクチンの側面から新しいアクチンの重合を誘起する（図6-3）．その結果，細胞膜に向かって張り出すように樹状のアクチンの構造体が形成される．この先端部分が細胞膜と接した状態で，さらにアクチンサブユニットを取り込むことで細胞膜を押しやり，細胞を前進させる．

一方，細胞膜から離れた部分にあるFアクチンは，ADFの作用により切断・脱重合される．その結果生じたADP型Gアクチンは，プロフィリンと結合してヌクレオチド交換反応を経た後，ATP型Gアクチンとなり，再び細胞先端でのFアクチンの重合に取り込まれる．

Arp2/3複合体について補足しておくと，これはアクチンに似た二つのタンパク質（actin-related protein2および3）と五つのタンパク質から構成される．この複合体のArp2とArp3が，N-WASPのVCAドメインのV領域に結合したアクチンモノマーと会合することで，アクチンの重合核を模倣する．その結果，新たなアクチン重合を誘起できる．つまり，アクチン重合核の形成のステップをArp2/3複合体が代替することで，素早い重合反応を促すと同時に，それが誘導される場所を特定する．

◆細胞接着と後方収縮

細胞の前側にある細胞膜が押し出されただけでは，細胞全体が移動するには不十分である．細胞移動には，進展した細胞の前端部分では接着斑を介して細胞外基質をつかみ，そして細胞の後方部分を収縮させることが重要である（図6-2）．接着斑は，膜タンパク質である**インテグリン**（integrin）とその細胞内ドメインと会合してFアクチンを繋留する**タリン**（talin），**ビンキュリン**（vinculin），**αアクチニン**（α-actinin）などのタンパク質の複合体である（図13-4参照）．

インテグリンはαとβのヘテロ二量体である．αとβのいずれのサブユニットも多様な分子種をもち，それらが組み合わさることで複数の細胞外マトリックスと選択的に接着斑を形成できる（第13章参照）．

一方，移動細胞の後端部にはⅡ型ミオシンが局在する．Ⅱ型ミオシンの働きを抑制すると細胞移動が妨げられることから，細胞後端でのアクチン－ミオシンの相互作用による収縮力が細胞移動に重要であると考えられている．このミオシンの活性制御にはRhoを介したリン酸化制御が重要な役割を担っている．

> **N-WASP**
> N-WASPはWASP（Wiscott-Aldrich syndrome protein；免疫系の細胞の異常を伴う遺伝病の原因遺伝子の産物）に似たタンパク質である．WASPにもArp2/3複合体によるアクチン重合を誘起する活性がある．

◆細胞質分裂

染色体分配後に**細胞質分裂**(cytokinesis)が行われることで，動物細胞はそのゲノムや細胞構造を維持・伝搬できる．古くは，星状体微小管が細胞表層を押すことで細胞質分裂が進行するというイガグリ説が提案された．しかし，サイトカラシン処理をすることで細胞質分裂が阻害されることからアクチン細胞骨格が重要な役割を果たすことが判明した．実際に，シュレーダー(Schroeder)により分裂面の細胞膜直下にFアクチン構造があること，そして藤原とポラード(Pollard)により同じ領域にⅡ型ミオシンがあることが示された．この構造は収縮環と名づけられた．その後，馬渕と奥野によるヒトデ受精卵へのミオシン抗体の顕微注入による実験で，アクチン－ミオシンの相互作用が細胞質分裂の原動力であることが示された(図6-4)．しかし，どのようにしてアクチン－ミオシンの相互作用が分裂面の細胞膜を引き込んでいるかは，いまだによく分かっていない．

一方，細胞性粘菌は，Ⅱ型ミオシンの遺伝子が破壊されても培養条件次第では細胞質分裂を行える．さらに驚くべきことに，ワン(Wang)らの研究では，ある種の培養細胞では，分裂面のFアクチンを薬剤で処理して脱重合させたほうが細胞質分裂の分裂溝の陥入が速くなることが示された．これらの実験は，収縮環の他にも細胞質分裂を進行させる原動力があることを示唆している．たとえば，細胞表層の膜にかかる張力が，分裂領域とそれ以外で異なることにより，細胞膜の変型が誘導される可能性がある．細胞種ごとにその大きさや性状などは異なるので，細胞質分裂における収縮環への依存度が違うことも考えられる．

さらに，いろいろな生物種のゲノムが解読されていくのに伴い，驚くべき

■ **團勝磨**
イガグリ説を提案した．海産無脊椎動物を用いて優れた研究を行い，発生生物学や細胞生物学の発展に貢献した．終戦直後に東京帝国大学 三崎臨海実験所を進駐軍が差し押さえた際に，"The last one to go"というメッセージを書き残し，実験所の解体を止まらせた逸話は有名．興味がある方には，自伝『ウニと語る』(学会出版センター，1987年)をお勧めする．

■ **サイトカラシン処理**
サイトカラシンは真菌由来の生理活性物質で，アクチン重合などの阻害作用をもつ(第4章参照)．その名称は，*cytos*(細胞)と*chalasis*(弛緩)というギリシャ語に由来する．

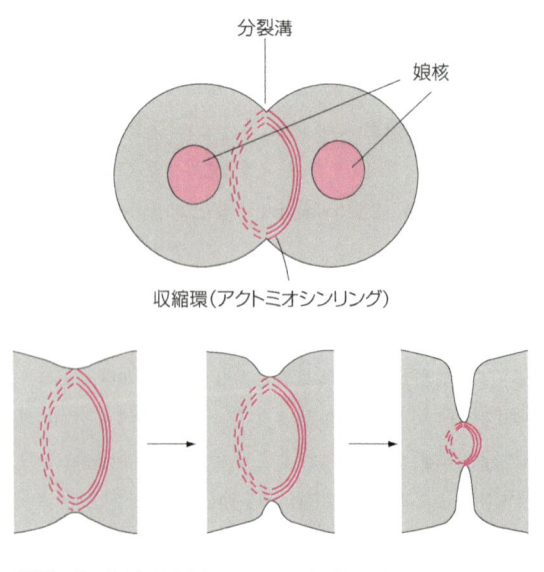

図6-4：細胞質分裂とアクチン細胞骨格

事実が判明した．収縮環構造に必要なⅡ型ミオシンの遺伝子は動物や菌類などに固有のものであり，多くの原生生物には見られないのである．これまで，動物の細胞と同様の仕組みで分裂すると考えられてきたゾウリムシやテトラヒメナなどの生物が，その細胞体をくびり切るための原動力を何に依存しているかはまったく見当がつかない．もしかしたら，別のサブクラスのミオシンが機能しているのかもしれない．あるいは，収縮環とは異なる仕組みに依存して細胞質分裂が起こっているのかもしれない．

◆原形質流動

多くの植物細胞では細胞中央の大部分は液胞で占められ，生存に必要な物質を細胞全体に行き渡らせるために原形質流動が行われる．この運動は，シャジクモやフラスコモなどの大きい細胞で顕著で，細胞の長軸に沿って周回し，その速度は数十μm/秒にも達する．細胞表層に近接した領域には極性の揃ったFアクチンが運動方向と平行に並んでいる（図6-5）．この細胞を切開し，骨格筋ミオシンを塗布したビーズを加えるとアクチンのプラス端方向に滑走する様子が見られる．

シャジクモから単離されたXI型ミオシンの運動活性は飛び抜けて高い．骨格筋ミオシンは〜10 μm/秒で運動するのに対して，シャジクモミオシンは〜100 μm/秒であるとの報告がある．この速さの秘密は，そのモータードメインの生化学的性質に起因するようだ．

また葉などの表層の細胞においては，葉緑体は日照が弱いときは細胞表面に集まるが，強い光が照射されると細胞の側面に再配置して光障害を回避することが知られている．この運動は原形質運動とは異なるが，アクチン細胞骨格に依存して起こることがわかってきている．最近，色素体に付随した短いアクチン繊維の構造体が，その運動にかかわることが示されている．

📖 **シャジクモ，フラスコモ**
ともに淡水藻類で，国内では絶滅の危機に瀕している．維管束などの組織的な構造はもたず，長さ数cmにも及ぶ巨大な節間細胞を主軸にもつ．

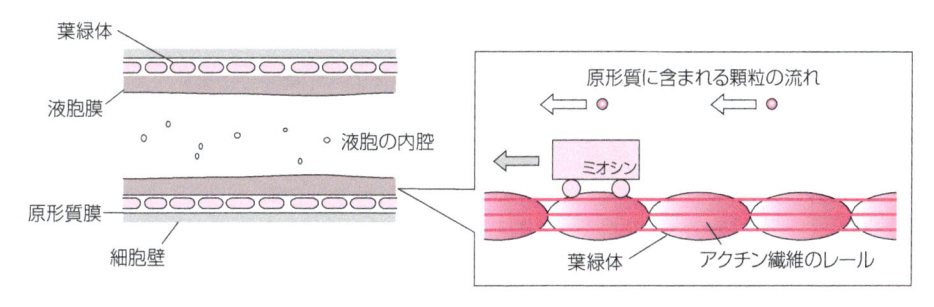

図6-5：植物細胞とアクチン細胞骨格

6-2 繊毛運動とベン毛運動
◆波形とその調節

　原生生物，単細胞藻類とその配偶子，そして動物の精子などは繊毛(cilia)あるいはベン毛(flagella)により遊泳運動する（図6-6）．このような小さいものの運動は，われわれがプールで泳ぐのとはまったく事情が異なる．それは，周りの溶液からの粘性抵抗が慣性に対して非常に大きいことである．体積に対する表面積の割合は，体積が小さいほど大きくなるため，その分，粘性も高まる．慣性と粘性の比をレイノルズ数といい，ヒトが泳ぐときは100万程度であるのに対し，精子が泳ぐ場合は0.01以下である．すなわち，水飴のプールでヒトが水泳をするような状況といえる．

　このような環境で精子などが遊泳運動できる秘密は，ムチを打つような運動の繰り返しにある．またヒトの組織においては，気管，輸卵管，脳室などの繊毛運動による細胞外液の流動が重要な役割を果たしている．カルタゲナ症候群は，慢性副鼻腔炎，気管支拡張症，内臓逆位などの異常を生じるヒトの遺伝病は，繊毛運動ができなくなることが原因で発症する．

　繊毛とベン毛は，長さ，細胞あたりに生えている本数，運動様式の違いにより慣例的に区分しているが，構造的には大きな違いはない．たとえば，ほ乳類の精子に見られる1本の長い「ベン毛」は，細胞体に接した根もとにある基底小体(basalbody)からベン毛の屈曲が生じて，それが先端まで伝わるような波形を描く運動をする（図6-6a）．また，ゾウリムシやテトラヒメナのような原生生物は細胞表面に多数の短い「繊毛」をもち，それらは繊毛列線に

■ レイノルズ数

物体の置かれた場における粘性力（周りの流体と同様に動こうとする力）に対する慣性力（周りに対して動こうとする力）の強さを表す．レイノルズ数(Re)は，次式で表される．

$$Re = UL/\nu$$

ここで，Uは特性速度(m/s)，Lは特性長さ(m)，νは動粘性係数(m^2/s)である．ただし，νは粘度係数μ (Pa·s)と密度ρ (kg/m^3)の比．

コラム1　寄生細菌の巧妙な細胞運動

　赤痢菌などの寄生性の細菌は，宿主の細胞内で実に巧みな運動をする．菌体の一端に外膜タンパク質VirGを発現した赤痢菌は，そこに宿主の細胞内のN-WASPを集積させる．そうすることで，Arp2/3複合体に依存的なアクチン重合を誘導し，細菌自身の細胞移動の推進力とするのである．5～20 μm/分で移動している細胞の後方には，アクチンコメットと呼ばれる彗星の尾のようなアクチンの凝集物が見られる．

　さらに驚くべきことに，赤痢菌はVirAというαチューブリン特異的なタンパク質分解酵素を分泌することで，宿主細胞内を移動する際の障害物である微小管細胞骨格を破壊して突き進む．最終的に，宿主細胞の原形質膜に達した赤痢菌は，原形質膜を引き延ばして隣接した細胞に潜り込む．実に巧みな細胞運動である．

　実はArp2/3複合体によるアクチン重合の誘起が発見されたきっかけは，別の寄生性の細菌であるリステリアの細胞運動にかかわるActAの研究であった．ActAはN-WASPと似たArp2/3結合配列をもち，その活性を誘起できる．

　このような細菌の仕組みは実に見事であるが，その発見に携わった研究者の努力にも賞賛の意を示したい．

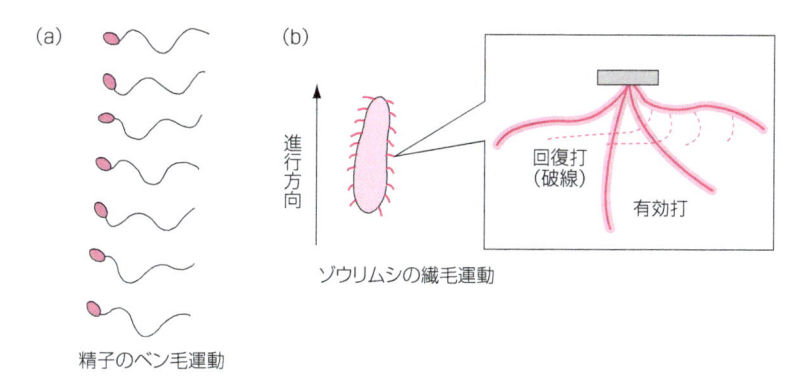

図6-6：ベン毛運動と繊毛運動

沿って並んでいる．運動中の細胞では，繊毛列線の前から後ろに向かって順番に繊毛を真っ直ぐに振り下ろすことで推進力を生み出す(図6-6b)．この有効打により振り下ろされた繊毛は根もとから屈曲するように回転して，再びもとの位置に戻る(回復打)．この際の回復打は有効打と波形が異なる．これらの運動性の違いは繊毛やベン毛の内部構造の微妙な違いによると考えられているが，それらを構成する200種類以上もの部品のどれが鍵を握っているかはよくわかっていない．また，精子が卵に近づいたり，障害物にぶつかったゾウリムシが後退遊泳する際には，ベン毛や繊毛の内部のカルシウムイオンの濃度が上昇することで，それらの運動パターンが変化することがわかっている．

◆ 9+2構造

繊毛およびベン毛は脂質膜に囲まれており，内部に軸糸(axoneme)をもつ．軸糸は，微小管とダイニン，およびそれらに付随するタンパク質が高度に組織化された構造をしている．その断面を見ると，中心に2本の中心対微小管(central pair microtubule)が位置し，その周りを9本の周辺微小管(peripheral microtubule)が取り囲んだ「9+2構造」となっている(図6-7)．

中心対微小管は，通常の微小管(シングレット微小管；singlet microtubule)であるが，周辺微小管は13本のプロトフィラメントが配列した完全な微小管(A小管；A tubule)とそれに付着する不完全な微小管(B小管；B tubule)からなるダブレット微小管(doublet microtubule)である．周辺微小管の間はネキシンリンク(nexin link)と呼ばれる細い繊維構造でつながれている．さらに，ダブレット微小管のA小管から中心対微小管に向かってラジアルスポーク(radial spoke)と呼ばれる棒状の突出構造が見られる．またA小管から，隣接するB小管に向かって一対の内腕(inner arm)と外腕(outer arm)が伸びている．これらはダイニンとその結合タンパク質に相当する．

ベン毛・繊毛運動の原動力は，A小管のダイニンが，隣接するB小管と

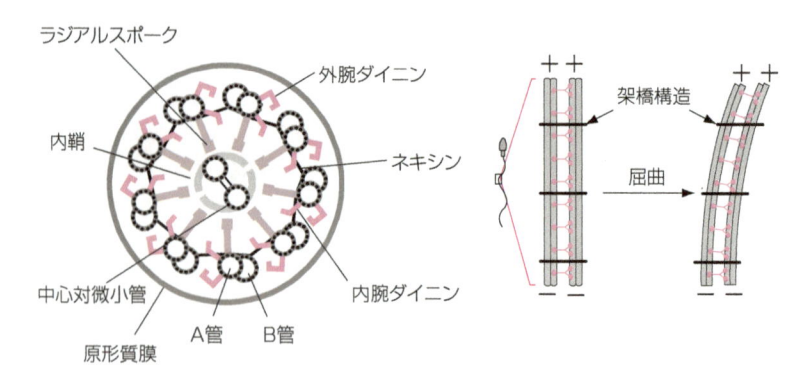

図6-7：軸糸と9+2構造

相互作用することで生じる．これらの相互作用が軸糸全体で協調することで，運動波形が作られる．ベン毛の場合は，軸糸の根もとから先端に向かって，屈曲が時間差をもって伝搬する．屈曲は，中心対微小管を挟んで対称の位置関係にあるダイニンが微小管に作用することで生じる．片方のダイニンが働いているときに反対側のダイニンが休止することで，軸糸の屈曲は起こる．

変わった例としては，ウナギの精子の軸糸は「9+0構造」で中心対微小管が存在しない．それでもベン毛運動は生じるので，中心対微小管は運動には必ずしも必要ではないようである．しかし，その二つの管を通る直線上に位置する周辺微小管のダイニンがすべり運動を起こすことを示す実験データがあることから，「9+2構造」をとるベン毛においては，中心対微小管はラジアルスポークを介して運動の波形の制御に大切な役割をしていると考えられている．

軸糸ダイニンの運動における機能については，単細胞緑色藻類のクラミドモナス *Chlamydomonas reinhardtii* の運動変異株の原因遺伝子の研究に負うところが大きい．この生物は，毎秒60回程度の頻度でベン毛を打つことで，細胞の約10倍に相当する100 μmを遊泳することができる．クラミドモナスのベン毛運動においては，24 nm周期で周辺微小管に配置する3頭の外腕ダイニン(outer arm dynein；α，β，γ重鎖と中間鎖および軽鎖などの複合体)が運動の主要な原動力を生み出す．外腕ダイニンを欠失した突然変異株では，その遊泳運動はきわめて遅くなる．一方，内腕ダイニン(inner arm dynein)は7種類のダイニン重鎖を中心に構成された単頭，または双頭の複合体で，主にベン毛の運動性の制御にかかわると考えられている．

◆基底小体とIFT

繊毛やベン毛の「9+2構造」は，細胞内で見られる最も高度な構造の一つであり，その形成機構についてはほとんどわかっていない．鍵を握っているのは，繊毛やベン毛の根もとにある基底小体(basal body)と，繊毛やベン毛の中を移動する物質運搬機構(intraflagellar transport；IFT)である．

■ 精子のあれこれ

精子の形はオタマジャクシのように描かれることが多いが，実際には変わった形状の精子は少なくない．たとえば，ベン毛が2本(または複数)ある精子をつくる生物種もいれば，ショウジョウバエの仲間には長さが数cmもある精子をもつものがいる．このような親の体長よりも長い精子は，運動に有利というよりは，他のオスの精子が卵細胞に接近するのを妨げる働きがあるそうだ．また，カイチュウなどの精子はベン毛をもたず，アメーバ運動をする．興味深いことに，このアメーバ運動は，アクチンとは関係のないMSPというタンパク質の重合により引き起こされる．

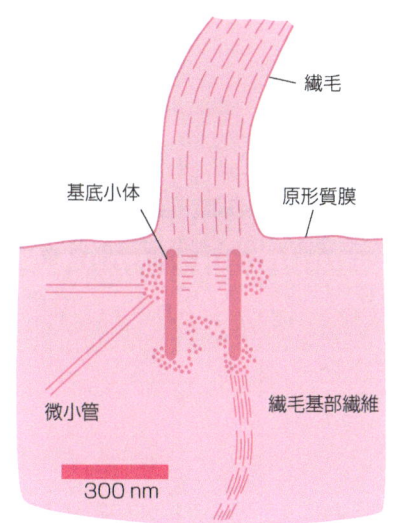

図6-8：基底小体の構造

　基底小体は，トリプレット微小管(triplet microtubule)が9本環状に並んだ構造をとる(図6-8)．トリプレット微小管は，軸糸のダブレット微小管のB管の外側に，さらにプロトフィラメントが不完全な管状構造「C管」を形成したものである．基底小体と軸糸は移行帯と呼ばれる領域を介してつながっていて，基底小体のA管とB管は軸糸の周辺微小管のものと同じである．

　実は，基底小体は中心体(centrosome)に含まれる中心小体(centriole)と相同な細胞小器官である．動物細胞では，増殖期には中心体として振る舞っていた構造が，G₀期に入ると細胞表層に移動し，基底小体として一次繊毛を形成することが知られている．中心小体は，細胞周期のS期に既存の中心小体から複製されるようにして新しいものが形成される．しかし，中心小体(あるいは基底小体)が九つの周辺微小管を配置した構造をとる理由は，いまだにわかっていない．基底小体や中心糸の形成に支障を示すクラミドモナスや線虫 *Caenorhabditis elegans* などの突然変異体がようやく単離され，その原因遺伝子の機能解析が行われている段階である．

　一方，軸糸の形成や維持において，その構成成分の輸送に必要なシステムがIFTである(図6-9)．IFTは，クラミドモナスのベン毛内で顆粒が移動することから発見された．軸糸内の周辺微小管は，その先端方向にはプラス端を，細胞体側にはマイナス端を向けている．先端方向への輸送ではキネシン-2が，逆方向への輸送では細胞質ダイニンのサブタイプが中心となり，その他の多数のタンパク質とIFT複合体を形成して働く．

◆ 動かない繊毛

　繊毛の中には，軸糸の外腕や内腕の構造は欠失していて運動しないのだが，

■ キネシン-2

KIF3ともよばれるこのキネシンは，2種類のキネシン重鎖とKAPというタンパク質のヘテロ三量体である．左右に異なる靴を履いて歩くような感じだが，このモータードメインの奇妙な組み合わせは，ベン毛軸糸の微小管プロトフィラメントの上をまっすぐに運動するのと関係があるのかもしれない．

■ 細胞質ダイニンのサブタイプ

多くの生物種では，2種類の細胞質ダイニン重鎖が発現し，それらの間には役割分担がある．1型サブタイプ(MAP1C/ダイニン-1)は細胞内輸送などに，2型(あるいはb型)はIFTに働く．

■ バルデー・ビードル症候群

バルデー・ビードル症候群という腎臓や眼など多くの器官に異常を示す遺伝病の原因遺伝子が網羅的に調べられた結果，BBソームという複合体が基底小体の周辺や繊毛に局在して，繊毛の膜成分や膜タンパク質の細胞内輸送にかかわることがわかりつつある．BBソームには，細胞内輸送を制御する低分子量GTPアーゼの一つであるRab8の活性化因子が含まれており，細胞内の輸送系とIFTを結びつけている可能性も考えられる．

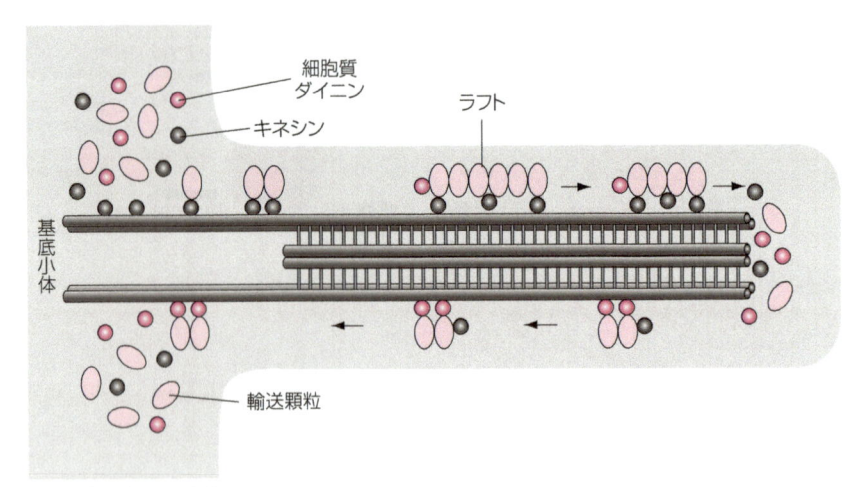

図6-9：繊毛の形成におけるIFT
9＋2構造の一部を示す．繊毛形成に必要な物質を搭載したラフトが運動方向の異なるモータータンパク質の働きにより，狭い繊毛内を効率よく行き来することができる．

重要な機能をもつものがある．たとえば，腎臓の尿細管細胞に生えている**一次繊毛**（primary cilia）は，尿細管中の尿の流れを感知して，尿細管の組織形状の維持に重要な働きをすると考えられている．同様に，内耳の有毛細胞や嗅上皮の嗅細胞にはセンサーとして働く繊毛が生えている．また，網膜の視細胞の外節と細胞体を連結しているのは軸糸様の構造である．IFTなどの異常は，これらの細胞の機能にも影響を及ぼす．

6-3 細胞内の物質輸送

◆**神経軸索内の物質輸送**

神経細胞（ニューロン；neuron）は，**樹状突起**（dendrite）をもつ**細胞体**（cell

コラム2　細菌のベン毛

　大腸菌などの細菌は螺旋型のベン毛を回転させて栄養源の濃度の高いほうに移動する化学走性を示す．このベン毛は真核生物のベン毛とはまったくの別物で，両者の間に構造や機能の相関はない．

　細菌のベン毛は，細胞外部の螺旋状の繊維構造がフックと呼ばれる構造を介してモーター様の基部体とつながったものである．繊維部分は，フラジェリン（flagellin）というタンパク質が重合したものが11本並んで管状構造を形成している．基部体は，ロッド構造が複数のリング構造を介して細菌の外膜，ペプチドグリカン層，および内膜を貫いたものである．ロッドやリングは複数のタンパク質から構成されている．

　細菌は，細胞内外の膜の電位差を利用して，ロッドが回転する駆動力を得ている．この運動はATPを直接に利用していない．この点で，多くの細胞運動とは性質が異なる．

body)と神経終末(presynaptic terminal)をつなぐ長い軸索(axon)で構成された細胞である(図6-10).各ニューロンは,化学結合によって複雑なネットワークを構成し,動物の情報処理を行っている.ニューロンの軸索の内部には多数の微小管と中間径繊維(ニューロフィラメント;neurofilament)が走っており,それらの間はτ(タウ)などの結合タンパク質で架橋されている.微小管は,そのマイナス端が細胞体に,プラス端が樹状突起に向いており,方向が揃っている.

神経伝達に必要な伝達物質やそれに必要なエネルギーを供給するミトコンドリア,そして小胞体などは軸索内を細胞体から神経終末に向かって順行輸送(anterograde transport)される.またその速度にも,ミトコンドリアや膜小器官を運ぶ速いもの(150〜400 mm/日,20〜68 mm/日の2種類)と,細胞骨格の材料であるチューブリンやアクチンを運ぶ遅いもの(＜1 mm/日)がある.

輸送の原動力となるキネシンの発見者はヴェール(R. Vale)であるが,実際の神経細胞内での機能は廣川らによる見事な実験で示された.それは,生きた神経細胞の軸索を縛り,細胞体と末端の間での物質輸送を止めてしまうというものである.この軸索をキネシンの抗体で染色すると,見事にキネシンが結紮部分の手前,細胞体側にのみ蓄積していた.これはキネシンが順行に運動している証拠である.ほぼ同時期に,バリーらが逆行輸送(retrograde transport)にMAP1C(後の細胞質ダイニン)と呼ばれていた微小管結合タンパク質がかかわっていることを示した.

このように,順行輸送と逆行輸送があることで長い神経細胞は生命活動を全うできる.記憶や学習の素過程と位置づけられるシナプスの長期増強現象において,活発な神経伝達物質の輸送が起こっている可能性が期待されるが,その際のモータータンパク質の活性変動について議論するためには今後の研究成果を待たねばならない.

◆ メラノソーム

色素細胞(melanocyte)がメラニン色素を合成してメラノソーム(melanosome)に蓄え,それが上皮細胞に受け渡されることで,毛髪が着色

■ 外節
視細胞の光を受容するディスク状の構造で,オプシンなどの光センサーが並んでいる.

■ 廣川信隆
1946〜.東京大学特任教授.急速凍結法を改良し,電子顕微鏡により輸送小胞と微小管を連結する構造(キネシンなどに相当)を見事に発見.これを皮切りに数多くのキネシン分子種を同定し,その機能を明らかにしてきた.その研究は,分子の立体構造からマウスの脳や行動の解析にまで及ぶ.

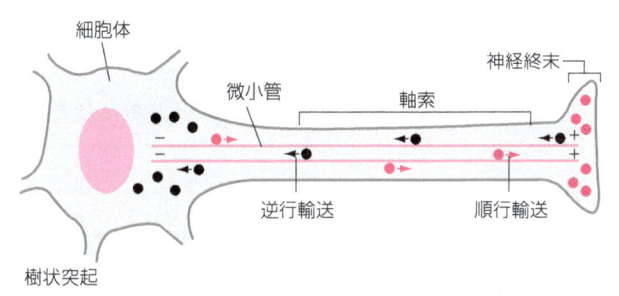

図6-10:神経細胞の軸索輸送

されたり，日焼けで皮膚が黒くなったりする．メラノソームは細胞中央部から周辺方向に微小管−キネシンの相互作用で移動し，さらにそこからアクチン細胞骨格系に乗り換えて細胞周辺部に運ばれる．

　グリセリ症候群は，色素異常で毛や肌が白く，また免疫不全を呈する遺伝病である．この病気の原因遺伝子は複数存在するが，それらの中には，V型ミオシン，Rab27A（低分子量GTPアーゼの一種，第8章参照），そしてメラノフィリン(melanophilin)が含まれる．Rab27Aはメラノソームと結合し，さらにメラノフィリンを介してV型ミオシンと複合体を形成していた．これらの遺伝子に変異をもつ疾患モデルマウスの色素細胞について調べると，メラノソームは細胞中央を行き来しているが，細胞の周辺部まで輸送されないことが判明した．

■ **体の色を変える魚**
体の色を，神経の制御下で変えることのできる魚がいる．これらの魚は，メラノソームの輸送と類似した仕組みで鱗の色素胞を拡散・凝集することで，その体色を変化させる．

◆章末問題◆

1 骨格筋をすりつぶして高塩濃度の緩衝液に懸濁し，アクチンとミオシンを抽出した．この抽出液を注射器に詰めて低塩濃度の緩衝液中に押し出したところ，細いゲル状の物体が形成された．ATPを加えるとこのゲルが収縮した．この実験結果について考察せよ．

2 細胞内の能動的な小胞輸送の意義について考えたい．物質の自由拡散については，$t = x^2/2D$（tは拡散に要する時間(秒)，xは拡散距離，Dは物質ごとの拡散係数(cm^2/秒)）で表すことができる．小胞の拡散係数Dを$5 \times 10^{-8}\ cm^2$/秒として，10 μm（一般の細胞の長さ）と10 cm（神経細胞の軸索の長さ）を自由拡散で行き渡るのに要する時間を算出せよ．さらに両方の値を比較して，細胞骨格とモータータンパク質の小胞輸送における働きについて論じよ．

3 精子を界面活性剤で処理して，さらに軽くタンパク質分解酵素トリプシンを用いて処理した．この精子に，ATPを加えたところ，ベン毛の先から繊維状の構造が突き出してきた．この繊維状の構造とは何か．またこの現象が起こる仕組みを考察せよ．

◆参考文献◆

B. Albertsほか著，『細胞の分子生物学　第5版』，ニュートンプレス(2010)．

B. Albertsほか著，『Essential 細胞生物学　原書第3版』，南江堂(2011)．

大日方昂 著，『細胞の形とうごきV　細胞の運動と制御』，サイエンス社(2006)．

神谷律・丸山工作 著，『細胞の運動』，培風館(1992)．

宝谷紘一・神谷律 編，『シリーズ・ニューバイオフィジックスII−5　細胞のかたちと運動』，共立出版(2000)．

丸山工作 著，『岩波ジュニア新書　筋肉はなぜ動く』，岩波書店(2001)．

D. Bray 著，『Cell Movements: From Molecule to Motility 2nd ed.』，Garland Science(2001)．

第7章 リボソームとタンパク質の品質管理

【この章の概要】

DNA の遺伝情報は mRNA に転写され，リボソーム(ribosome)でタンパク質に翻訳される．原核生物と真核生物では，転写産物の mRNA の処理方法に違いがある．

原核生物では，転写された RNA はすぐにタンパク質に翻訳される．一方，真核生物の転写産物にはイントロン(intron)とエキソン(exon)があり，スプライシング(splicing)が起こる(2-1節参照)．そして，完成した mRNA は核膜孔を通過して，核外で翻訳(translation)される．合成されたタンパク質には原形質で機能するものと，オルガネラや細胞外に輸送されて働くものがある．

本章では真核細胞のタンパク質合成におけるリボソームの働きと，タンパク質の品質管理について解説する．

この章の Key Word

リボソーム
tRNA
mRNA
分子シャペロン
プロテアソーム
ユビキチン

7-1 リボソームの構造と働き

◆アミノ酸と mRNA のコドンを結びつける tRNA

翻訳の過程では，mRNA のヌクレオチド配列の情報がアミノ酸配列へと転換される．ヌクレオチドは4種類あるから，トリプレットコドン(triplet codon)は $4^3 = 64$ 種類存在する．そのうち3種類は終止コドンである．一方，タンパク質合成に用いられる主要なアミノ酸は20種類である．

tRNA（トランスファー RNA：transfer RNA)はリボソーム上の mRNA にアミノ酸を運んできて，アミノ酸をどんどん伸ばしていく RNA である．真核生物では 31〜48 種類の tRNA が，大腸菌では約 31 種類の tRNA が発現している．なぜ，tRNA の数は，トリプレットコドンの数よりも少なくて大丈夫なのだろうか．トリプレットコドンと tRNA は1：1に対応している必要はないのだろうか．それは，トリプレットコドンの3番目の文字に「ゆらぎ」があるためである．たとえば，トリプレットコドンが GGA の場合，最初の二つのヌクレオチドだけでアミノ酸の種類が決定される．すなわち，

■ トリプレットコドン
3個の隣接するヌクレオチドの配列から構成されるコドンにより1アミノ酸を指定する遺伝暗号．

GGA，GGC，GGG，GGU の 4 種類のコドンはすべてグリシン(Gly)をコードする．グリシンのように最初の 2 文字で決定されるアミノ酸には，アラニン(Ala)，アルギニン(Arg)，ロイシン(Leu)，プロリン(Pro)，セリン(Ser)，スレオニン(Thr)，バリン(Val)がある．このように tRNA の数はトリプレットコドンよりも少なくて済むようになっており，これをコドンの縮重という．

図 7-1 は，フェニルアラニン(Phe)を運ぶ tRNA 分子内の二重らせんを作る相補的塩基対をわかりやすく示した図で，三つ葉のクローバのような形をしている．相補的塩基対は D ループ，アンチコドンループ，T ループの根元の部分と，5′ 末端で作られる．tRNA の構造で重要な部分は，mRNA のコドンと塩基対を形成するアンチコドンと，アミノ酸とアミノアシル結合する 3′ 末端である．この図では，そのアンチコドン(GAA)が mRNA のコドンとペアをつくり，Phe が tRNA の 3′ 末端に結合している．

特殊な塩基
tRNA には，DNA や他の RNA には見られない特殊な塩基がいくつか含まれている．これらは tRNA 分子が合成されてから化学修飾を受けてできる．たとえば，プソイドウリジン(Ψ)やジヒドロウリジン(D)はウラシルから作られる．

◆ **tRNA に正しいアミノ酸を結合させるアミノアシル tRNA 合成酵素**

遺伝暗号の翻訳には，2 種類の分子が順番に働く(図 7-2)．最初に働く分子は，アミノアシル tRNA 合成酵素(aminoacyl tRNA synthase)であり，コドン／アンチコドンと対応する特異的なアミノ酸を tRNA の 3′ 末端に結合させる．アミノ酸と結合した tRNA をアミノアシル tRNA という．第二の分子は tRNA 分子自身で，そのアンチコドンが mRNA 上のコドンと塩基対を形成する．

「tRNA のアミノアシル化」と「アミノアシル tRNA のコドンへの結合という」二つの段階のどちらに誤りがあっても，タンパク質は間違ったアミノ酸を取り込んでしまう．どうすれば，間違いなく進めることができるだろうか．

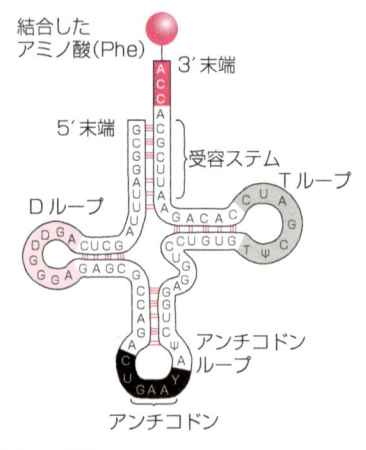

図 7-1：tRNA の構造
アミノ酸を結合したアミノアシル tRNA の構造を示す．4 個のステムと 3 個のループに折りたたまれており，クローバの葉に似ている．D はジヒドロウリジン，Ψ はプソイドウリジン，T はリボチミジンを示す．

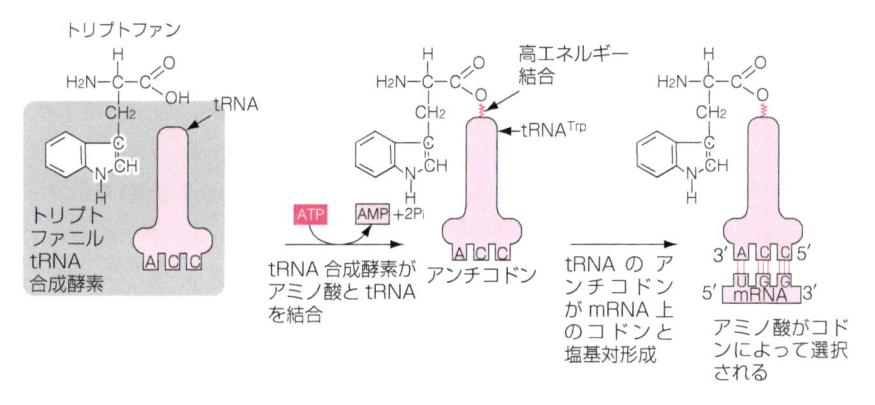

図7-2：mRNAの遺伝暗号の翻訳における二段階の解読過程
第一段階はアミノアシルtRNA合成酵素によるアミノ酸とtRNAとの間の高エネルギー結合の形成で，第二段階はtRNAのアンチコドンがmRNA上の対応するコドンと塩基対を形成することである．

　たとえばmRNA上のUGGというコドンによって，トリプトファン（Trp）が取り込まれる場合を考えてみよう．まず，アミノアシルtRNA合成酵素（この場合はトリプトファニルtRNA合成酵素）が働いて，ATPの高エネルギー結合を利用してTrpとtRNAを結合させる．20種類のアミノ酸にそれぞれ対応する20種類のアミノアシルtRNA合成酵素があるので，tRNAは間違いなく運搬すべきアミノ酸と結合できる．こうしてできたトリプトファニルtRNAがmRNAのコドン（UGG）に結合すると，TrpはtRNAから切り出されて，伸長中のポリペプチドのカルボキシ末端とペプチド結合を形成する．TrpとtRNAとの高エネルギー結合は，ペプチド結合を作るエネルギーとして利用される．

◆リボソームはリボザイム

　2009年度のノーベル化学賞は，ラマクリシュナン，スタイツ，ヨナスに授与された．タンパク質を翻訳する大きな工場であるリボソームは，複数のタンパク質とribosomal RNA（rRNA）が会合した，分子量数百万の非常に大きな構造体である．多くの研究者は大きくて複雑なリボソームのX線解析は不可能と考えていた．しかし，これらの研究者はそれを見事にやってのけた．

　真核生物のリボソームの沈降係数は80S（分子量420万）もある．リボソームは大小の二つのサブユニットからなる．大きいサブユニットは60S（分子量は280万）であり，3種類のrRNA（5S, 28S, 5.8S）と約49種類のタンパク質から構成される．小さいサブユニットは40S（分子量は140万）であり，18S rRNAと約33種類のタンパク質から構成される．

　リボソームは，細胞一つあたり数百万個存在し，各リボソームは1秒間に2〜20個のアミノ酸を翻訳する．リボソームの大サブユニットと小サブユ

■ **Ramakrishnan, Steitz, Yonat**
2009年のノーベル化学賞は「リボソームの構造と機能の解明」に対して英MRC分子生物学研究所のラマクリシュナン博士，米エール大学のスタイツ教授，イスラエルのワイツマン科学研究所のヨナス博士に授与された．

■ **沈降係数**
沈降係数とは，超遠心機で遠心したときに沈殿する速さを示した値であり，沈降係数が大きいものほど早く沈む．

ニットの三次構造解析の結果，驚くべきことが判明した．翻訳の主役はタンパク質ではなく，rRNA だったのだ！「生体反応の触媒作用を担うのはタンパク質」という従来の概念が，リボソームでは当てはまらなかった．つまり，リボソームはリボザイム(ribozyme)の一種だったのである．テトラヒメナのような原始的な生物だけではなく，普遍的かつ不可欠な分子装置「リボソーム」においてもリボザイムが働いていた．これは非常にインパクトのある大発見であり，まさにノーベル賞にふさわしい研究業績である．

■ リボザイム
繊毛虫テトラヒメナのrRNA前駆体のスプライシングの過程を研究していたチェック(T. Cech)は，RNA 自身に RNA を切り出す触媒活性があることを発見し，この触媒活性をもつ RNA をリボザイムと名づけた．この業績により，彼は 1989 年にノーベル化学賞を受賞した．

◆ 翻訳は四段階の反応からなる

リボソーム上には tRNA が結合する三つの部位(E サイト，P サイト，A サイト)があり，mRNA 分子は四段階の反応を繰り返して翻訳される(図7-3)．

第一段階では，リボソームの A サイト(aminoacyl-tRNA site)にアミノアシル tRNA が結合し，使用済みの tRNA は放出される．第二段階では，P サイト(peptidyl-tRNA site)の tRNA からポリペプチドのカルボキシ基が外れ，A サイトにある tRNA に結合したアミノ酸のアミノ基とペプチド結合を作る．この反応を触媒するのがペプチジル基転移酵素(peptidyl transferase)である．第三段階では，大サブユニットが小サブユニットに対してコドン一つ分だけ mRNA の 3′ 側に移動する．その結果，一方の tRNA

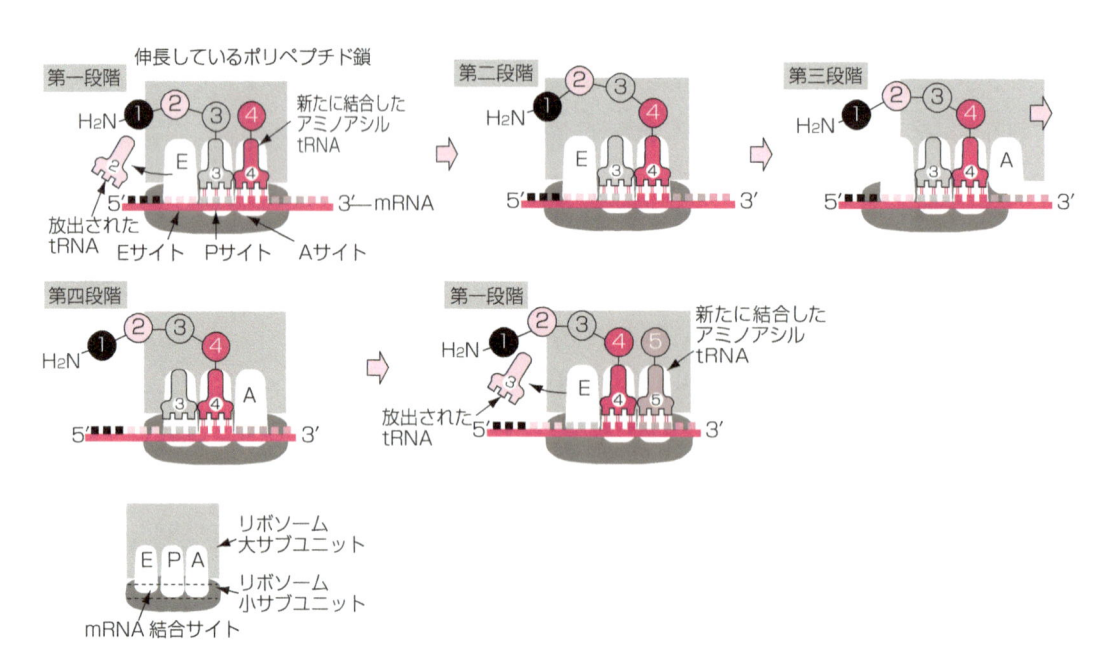

図7-3：四段階の反応の繰り返しによるタンパク質の翻訳
第一段階はリボソームの A 部位へのアミノアシル tRNA の結合と E 部位の使用済みの tRNA の放出．第二段階は新しいペプチド結合の形成．第三段階は大サブユニットの mRNA の 3′ 側への 1 コドン分の移動．第四段階は小サブユニットの mRNA の 3′ 側への 1 コドン分の移動．そして，第一段階に戻り，これら四段階を繰り返す．

は大サブユニットのPサイトと小サブユニットのAサイトに結合し，他方のtRNAは大サブユニットの**Eサイト**（exit site）と小サブユニットのPサイトに結合する．第四段階では小サブユニットがmRNA分子上をコドン一つ分だけ3′側に移動する．その結果，次のアミノアシルtRNAが結合できるようにリボソームは"リセット"される．mRNA分子は5′→3′方向に翻訳されるので，タンパク質はN末端が最初に作られ，1回のサイクルごとにポリペプチド鎖のカルボキシ末端にアミノ酸が1個ずつ加わっていく．

◆ペプチド伸長因子TuとGの働き

ペプチド伸長因子Tu（elongation factor-Tu；EF-Tu）と**ペプチド伸長因子G**（EF-G）は，リボソームにおける翻訳作業を補助する．EF-TuはGTP結合タンパク質であり，GTPが結合したEF-TuはアミノアシルtRNAがAサイトに結合する第一段階に作用する（図7-3）．

そこでは，EF-TuはアミノアシルtRNAのアンチコドンとmRNAのコドンの正確な結合を確認し，間違っている場合にはアミノアシルtRNAを取り除く．確認作業後，結合しているGTPが加水分解して，GDP結合型になったEF-Tuはリボソームから離れる．その結果，アミノアシルtRNAがAサイトに間違いなく結合できる．

一方，別のGTP結合タンパク質であるEF-Gは，第三段階から第四段階へいくとき，つまり小サブユニットがmRNA上を3′側に1コドン分だけ移動するところで作用する．

◆翻訳の開始

翻訳の開始のためには3種類の**翻訳開始因子**（elongation initiation factor），すなわちeIF2，eIF4E，eIF4Gが必要である（図7-4）．メチオニン（Met）と結合した開始tRNAとともに，翻訳開始因子eIF2がリボソームの小サブユニットに結合する．一方，mRNAでは5′キャップに翻訳開始因子eIF4Eが結合し，mRNAの3′側のポリAにはポリA結合タンパク質が結合する．翻訳開始因子eIF4GはポリA結合タンパク質とeIF4Eとを結びつけることで，mRNAをU字状にする．

一般的にmRNAの翻訳はAUGコドンから始まる．そのため，開始tRNAと翻訳開始因子eIF2を結合したリボソームの小サブユニットは，5′キャップを目印としてmRNAに結合し，mRNAに沿って5′→3′方向に移動してAUGコドンを探す．AUGに出会うと，翻訳開始因子eIF2が解離し，空いた場所には大サブユニットが結合することでリボソームが完成する．開始tRNAはPサイトに結合しているので，アミノアシルtRNAがAサイトに結合するとタンパク質合成（図7-3）が開始される．アミノ末端のMetは，タンパク質合成が完成した後，特異的プロテアーゼで切り離される．

■■ **開始tRNA**
タンパク質合成の開始を引き起こすtRNA分子．原核生物では，N-ホルミルメチオニルtRNAとして開始コドンに結合し，真核生物ではメチオニルtRNAとして結合する．

■■ **開始コドン**
コドンAUG．タンパク質合成のため開始tRNAと結合するコドン．

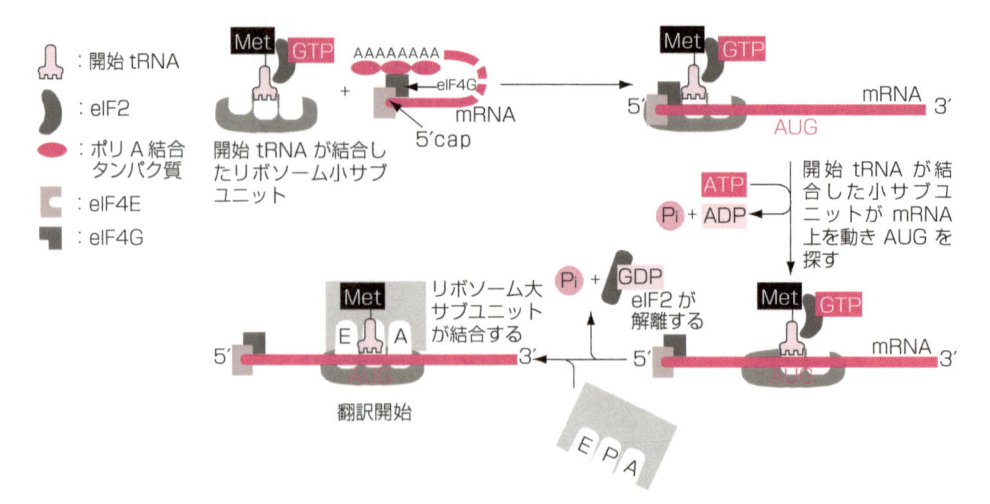

図7-4：タンパク質合成の開始
mRNAの5′キャップに開始因子4Eが3′ポリAにはポリA結合タンパク質が結合し，さらに両タンパク質をつなぐように開始因子4Gが結合して，mRNAはU字型になる．このmRNAに開始因子と開始tRNAが結合したリボソームの小サブユニットが結合し，翻訳開始コドンAUGを探す．AUGを探し当てると，リボソーム大ユニットが結合して，翻訳がスタートする．

◆翻訳の終了

　翻訳の終了は，mRNAの翻訳領域の終わりにある終止コドン（UAG，UAA，UGA）によって指令される．リボソームのAサイトに終止コドンのいずれかが入ると，終結因子（release factor）が結合する（図7-5）．その結果，ペプチジル基転移酵素活性が変化して，ペプチジルtRNAにアミノ酸ではなく水分子を付加する．この付加反応によって伸長中のポリペプチド鎖末端はtRNAから離れる．そしてリボソームからmRNAは外れ，大サブユニットと小サブユニットは解離する．

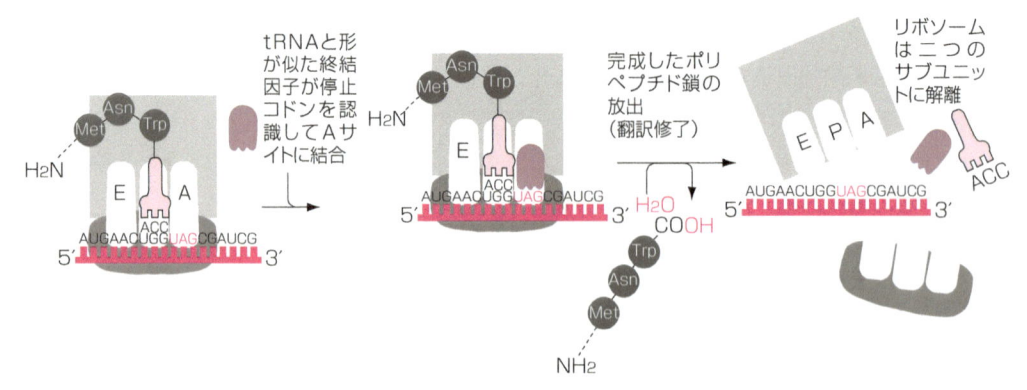

図7-5：タンパク質合成の終了
A部位に終結因子が結合し，ペプチドを結合したtRNA（ペプチジルtRNA）にアミノ酸の代わりに水分子が結合し，完成したタンパク質が放出され翻訳が終了する．リボソームは二つのサブユニットに解離して，mRNAも放出される．

7−2 タンパク質の品質管理

新規合成されたタンパク質は適切にたたみこまれて，細胞内の特定の場所へと輸送され，機能する．このタンパク質のたたみこみを**フォールディング**（folding）という．

合成途中のポリペプチド鎖は，疎水性領域が露出しておりさまざまなストレスに対して脆弱である．そのため，新規合成タンパク質の約30％はフォールディングの失敗によって分解される．

このような新規合成タンパク質のフォールディング，障害を受けたタンパク質のリフォールディングおよび分解を総称して，タンパク質の品質管理という．

◆タンパク質の構造

DNAの情報はmRNAに転写され，そしてポリペプチドに翻訳される．このポリペプチド鎖が高次構造を形成したものがタンパク質であり，その構造によってさまざまな機能が発揮される．

タンパク質の高次構造は主にアミノ酸配列によって規定される．このポリペプチド鎖のアミノ酸配列を**一次構造**（primary structure）という．ポリペプチド鎖内のペプチド結合はカルボニル炭素原子とアミド窒素原子間で自由度のない平面を形成するが，アミド窒素原子とα炭素原子間，α炭素原子とカルボニル炭素原子間の2カ所は比較的自由に回転できる．

このポリペプチド鎖は，ペプチド骨格のアミド基とカルボニル基の水素結合によって安定な**二次構造**（secondary structure）を形成する（図7-6）．その代表的な構造は**αヘリックス**（α-helix）と**βシート**（β-sheet）である．αヘリックスでは，アミノ酸のカルボニル酸素原子がその4残基カルボキシ末端側に位置するアミノ酸残基のアミド水素原子と水素結合する．この関係が連続することで，約3.6アミノ酸で一巻きする円筒状の構造を作る．アミノ酸の側鎖はこの円筒構造の外側を向き，これがαヘリックスの性質を決める．一般にαヘリックスの親水性の側鎖はタンパク質の外側表面に位置し，疎水性領域はタンパク質の内側に折りたたまれる．一方，βシートは，約5〜10アミノ酸の長さの複数のポリペプチド鎖が互いに平行または逆平行に並んで，アミド水素原子とカルボニル酸素原子が水素結合したものである．アミノ酸残基の側鎖はシートの表面または裏面に並び，これがβシートの性質を決める．その他の二次構造には，折れ曲がりを作る**βターン**（β-turn）がある．そして，特に構造をとらない柔軟な領域を**ランダムコイル**（random coil）という．

ポリペプチド鎖の二次構造（αヘリックス，βシート，βターンなど）は，さらにアミノ酸側鎖の非極性残基間の疎水性結合や，極性残基間の水素結合そしてファンデルワース相互作用などによって安定化され，**三次構造**

■ **タンパク質の分解**
タンパク質は，さまざまなストレスによって障害を受けると選択的に分解される．

■ **ペプチド結合**
カルボニル基とアミノ基が脱水縮合してできる化学結合であり，アミノ酸のαアミノ基がカルボニル基と縮合したものをペプチド結合という．リジン残基側鎖εアミノ基との結合はイソペプチド結合ともいう．

図7-6：αヘリックス，βシート

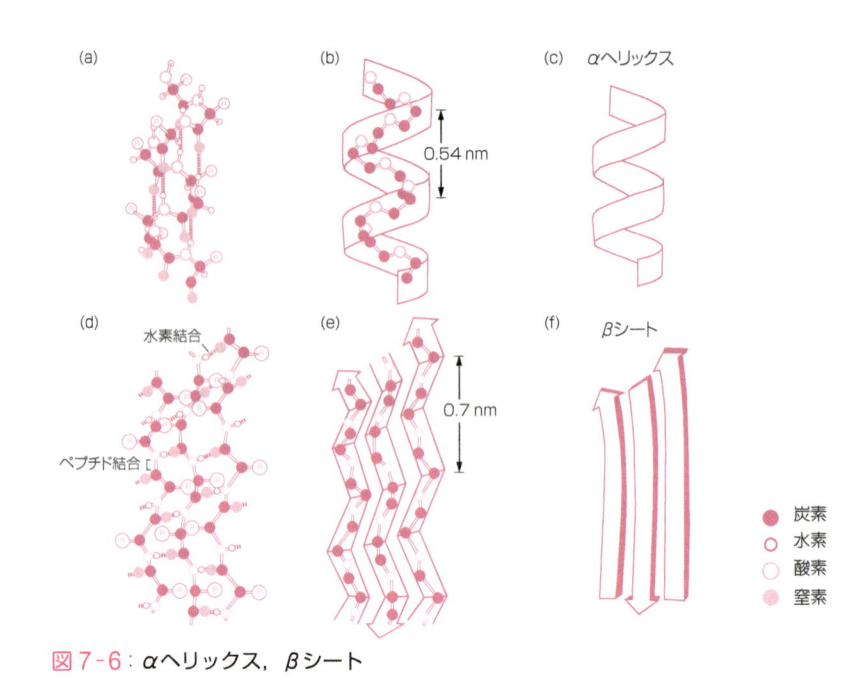

(tertiary structure)を形成する．タンパク質は生体内で他のタンパク質とも相互作用する．この相互作用が**四次構造**(quarterly structure)である．このタンパク質間の相互作用により，三次構造や二次構造も影響を受ける．

◆タンパク質のフォールディング

アンフィンセン(C. B. Anfinsen, Jr., 1916〜1995．アメリカの生化学者)はRNA分解酵素(RNase)を用いた実験によって，変性したポリペプチド鎖が自発的かつ適切に高次構造を形成しうることを示した．

RNaseは8個のシステイン残基が正しい組み合わせでジスルフィド結合(disulfide bond)しないと活性をもたない．八つのシステイン残基の組み合わせは105通りあるが，どのようにして正しい組み合わせが選択されるのだろうか．

RNaseを尿素とメルカプトエタノールで処理すると水素結合がゆるみ，そしてジスルフィド結合が切断され，完全に失活する．そして透析により尿素とメルカプトエタノールを除くと，変性したRNaseの活性は復活する．すなわち，RNaseは一度変性してヒモ状の構造になるものの，変性剤が除去されるとその一次構造に基づいて安定な構造をとり，自然に正しい組み合わせのジスルフィド結合を形成するのである．その後，他のタンパク質でも同様の実験が行われ，タンパク質は自然に最も安定な構造をとり，その決定に必要な情報は一次構造に含まれていることが示された．

ポリペプチドはその一次構造のエネルギー地形に従って，より低い点に遷移していくと考えられ，それはあたかも漏斗形をしたくぼみの最低点に移動

■ **ジスルフィド結合**
チオール基どうしの酸化によってできる結合．タンパク質のシステイン残基側鎖どうしで起こり，三次構造や高次構造の形成・維持に大事である．

していくのでファネルモデルと呼ばれている．現在では，タンパク質は複数の安定構造を取りうることが知られている．これについてファネルモデルでは，エネルギー地形には最低地点以外にもところどころにくぼみがあり，どの道筋を辿るかでタンパク質が異なる構造をとりうると解釈できる．

◆分子シャペロン：フォールディングを補助する因子

　細胞内では多様なタンパク質が高濃度に存在しており，それが変性するとそれぞれ疎水性領域を露出し，無秩序な疎水性結合が形成され凝集化してしまう．このような状態からはタンパク質は天然構造に戻ることはできない．茹でた卵が生卵に戻ることができないのもこの理由である．

　細胞内のタンパク質はさまざまなストレスに曝されているので，細胞にはタンパク質の凝集化を回避する仕組みが必要である．それを行うのが分子シャペロン（Chaperon）というタンパク質のフォールディングを補助する因子である．分子シャペロンは変性タンパク質の疎水性領域に結合して，疎水性領域が無秩序に凝集しないようにタンパク質を保護し，適切にフォールディングを補助する．分子シャペロンの多くは熱ストレスによって誘導されるため，ヒートショックタンパク質（heat shock protein；Hsp）と命名されている．代表的なものには，新生タンパク質のフォールディングを補助するHsp70/Hsp40ファミリーやHsp60，タンパク質キナーゼや核内受容体を不活性な状態で保つHsp90ファミリーがある．これらはATPの加水分解によって構造を変え，タンパク質をフォールディングさせる．

　たとえばHsp70のATP結合型は開いた形であり，ミスフォールドしたタンパク質に結合する．そしてADP結合型になると閉じた形になり，この過程でタンパク質がフォールドする．その後，ADP/ATP交換因子が働き，開いたATP結合型に戻り，基質を遊離する．Hsp60は分子量60 kDaのサブユニットが7個集まったリング構造が二段に重なった樽型の配置をとる．そのHsp60の入り口にはHsp10が結合してフタのような機能をしており，ADP結合型のHsp10はHsp60の入り口を開き，変性したタンパク質の結合を促進する．ATP結合型のHsp10はHsp60の入り口を閉めた構造にし，Hsp60内部のタンパク質をフォールディングする．そしてADP結合型になるとフタは開き，フォールディングの完了した基質は放出される．このATPとADPの結合サイクルを繰り返すことでタンパク質はフォールディングする．

◆タンパク質を分解する二つの方法

　生体内で新規合成されたタンパク質は常に障害を受けており，フォールディングに失敗してリフォールディングされないタンパク質は分解される．細胞内のタンパク質は，主にプロテアソーム（proteasome）またはリソソー

ム（lysosome）によって分解される．

　プロテアソームは，細胞質ゾルと核内に存在するプロテアーゼ複合体であり，細胞質ゾルタンパク質と核タンパク質，そしてフォールディングに失敗して細胞質ゾルに逆行輸送された小胞体タンパク質を分解する．

　一方，リソソームは多様な加水分解酵素（プロテアーゼ，ヌクレアーゼ，リパーゼ，グリコシダーゼなど）を含む細胞内小胞であり，エンドサイトーシス（第9章参照）されたタンパク質や，オートファゴソームで囲まれたタンパク質など，小胞輸送されたタンパク質を分解する．

◆ **プロテアソーム**

　プロテアソームは複合体型のプロテアーゼであり，その沈降係数から20Sプロテアソームと26Sプロテアソームに分けられる．20Sプロテアソームは，7個のαサブユニットからなるαリングと7個のβサブユニットからなるβリングが，$\alpha\beta\beta\alpha$の順に四層重なったものである（図7-7）．この樽状の構造の中にタンパク質が送り込まれると分解される．

　タンパク質分解の活性中心はβリングの内腔に面しており，トリプシン活性，キモトリプシン活性，カスパーゼ様活性の3種類のペプチダーゼ活性をもつ．βリングの外側にあるαリングの中央は通常は閉ざされており，20Sプロテアソームはタンパク質を分解できない仕組みとなっている．

　このαリングのフタを開閉するのが**プロテアソーム活性化因子**（proteasome activator）である．プロテアソーム活性化因子には，約20種類のサブユニットからなるPA700，28 kDaのサブユニットが7個集まったPA28，200 kDaの単一サブユニットからなるPA200がある．20Sプロテアソームの両端にPA700が結合したものが，26Sプロテアソームである（図7-7）．

　PA700内には，ユビキチン結合サブユニット，リングを形成する6個のATPaseサブユニット，脱ユビキチン化活性サブユニットが含まれており，プロテアソームによるユビキチン化タンパク質の捕捉，解きほぐし，分解基質からのユビキチン鎖の除去・再利用を行う（ユビキチンについては次項を参照）．

📖 **ペプチダーゼ活性**
ペプチド結合はきわめて強固であるが，これを加水分解できるさまざまな酵素（ペプチダーゼ）が生体内に存在する．各ペプチダーゼの基質特異性は触媒部位の特性によって異なり，塩基性アミノ酸のカルボキシ末端，酸性アミノ酸のカルボキシ末端を切断するものなどがある．

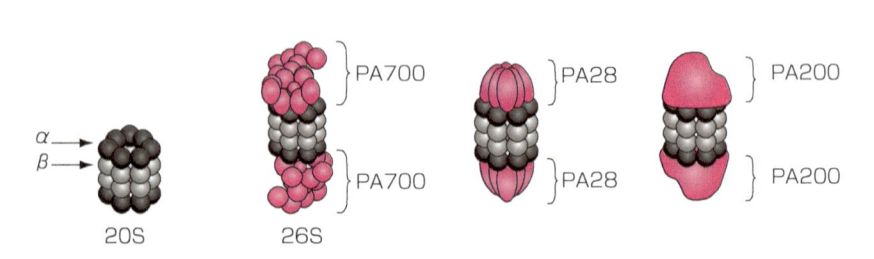

図7-7：プロテアソームとその制御因子

PA700 とは対照的に，PA28 および PA200 はユビキチンを識別できず，そして ATP 非依存性にプロテアソームを活性化する特徴がある．そのうち PA28 α/β は免疫刺激によって誘導され，プロテアソームが切り出す MHC クラス I 抗原ペプチドの産出効率を促進する．PA28 γ は，核内タンパク質の分解に関与する．また PA200 は細胞質と核の両方に存在し，PA28 と同様にタンパク質分解に関与する．

◆ ユビキチン修飾：分解される基質を選ぶ

　プロテアソームおよびリソソームで分解される基質はどのように選別されているのだろうか．それを制御しているのがユビキチンである．

　ユビキチンは真核生物に保存された 76 アミノ酸の小さなタンパク質であり，複雑な反応でタンパク質を修飾する．ユビキチン修飾されたタンパク質は，その性状および場所によって，プロテアソームまたはリソソームによって分解される．細胞質ゾルおよび核質ゾルのタンパク質，あるいは細胞質ゾルに逆行輸送された小胞体タンパク質は，ユビキチン化によって主にプロテアソームによって分解される．

　一方，細胞膜タンパク質はユビキチン化によってエンドサイトーシスされ，そしてエンドソームにてユビキチン化タンパク質は ESCRT タンパク質に認識され，多胞体（multivesicular body；MVB）経路に入る．多胞体がリソソームと融合すると，多胞体内部の小胞は丸ごと分解される．この他，ユビキチン化されたオルガネラや細胞質タンパク質はオートファジー経路でリソソーム分解される．このようにユビキチンは，プロテアソームあるいはリソソームに対して分解の目印として機能する．リソソームによる分解とオートファジーに関しては第 9 章で解説する．

　ユビキチン遺伝子は少なくとも 3 種類存在し，そのうちの一つ（UBI4 遺伝子）は，ユビキチンが数分子（典型的には 4 分子）融合したタンパク質をコードしている．UBI4 タンパク質が生合成されると，脱ユビキチン化酵素によって切断され，成熟したユビキチン分子が一度に 4 分子産出される．この遺伝子はストレス応答など，大量のユビキチンが必要なときに誘導される．

　その他のユビキチン遺伝子は，それぞれ（タンパク質合成にかかわる）リボソームの小サブユニットタンパク質 S40 と大サブユニットタンパク質 L27 の N 末端にコードされている．これらは生合成されると，N 末端領域がユビキチンで C 末端領域がリボソームサブユニットである前駆体タンパク質が生成される．その後，脱ユビキチン化酵素によって N 末端のユビキチンが，76 番目のグリシン残基で切断されて，それぞれ 1 分子のユビキチンとリボソームサブユニットタンパク質になる．

　切断によって露出したユビキチンの 76 番目グリシン残基のカルボキシ基は，ユビキチン活性化酵素 E1 によってアデニル化され，次いで E1 の活性

■ MHC クラス I 抗原ペプチド

プロテアソームによって 9 ～ 11 アミノ酸長に分解された産物は，TAP トランスポーターによって小胞体内腔に輸送され，MHC クラス I に提示される．

■ ESCRT タンパク質

Endosomal Sorting Complex Required for Transport. ESCRT タンパク質はエンドソームにあるタンパク質を多胞体にエスコートする一連のタンパク質であり，ESCRT-I，-II，-III 複合体を形成している．

中心システイン残基とチオエステル結合する．この反応には次に示す通り，2分子のATPと2分子のユビキチンがかかわる．

$$E1 + ATP + Ub_1 \rightleftharpoons E1.AMP\text{-}Ub_1 + PPi \rightleftharpoons$$
$$E1.AMP\text{-}Ub_1 + ATP + Ub_2 \rightleftharpoons E1\substack{\text{-}S\sim Ub \\ AMP\text{-}Ub_2} + PPi$$

　E1によって活性化されたユビキチンは，ユビキチン結合酵素（E2）のシステイン残基にチオエステル結合で転移し，その後ユビキチンリガーゼ（E3）の働きによって，標的分子のリジン残基εアミノ基にアミド結合する．ユビキチン分子の表面には七つのリジン残基があり，上記の反応を繰り返すと，ユビキチンにユビキチンが結合してポリユビキチン鎖を形成する．すると，ポリユビキチン鎖はプロテアソームなどのユビキチン結合タンパク質によって識別されるようになる．

　近年，多くのタンパク質がユビキチン結合ドメインをもっていることが明らかになり，ユビキチン修飾は必ずしもタンパク質分解だけの目印ではないことが判明した．主に48番目のリジン残基を付したポリユビキチン鎖がタンパク質分解のシグナルとして働き，その他のポリユビキチン鎖は異なる機能をもつ．

◆分解基質を選別するユビキチンリガーゼ

　ユビキチンリガーゼ（E3）は分解するべきタンパク質を識別する働きがある．その分子機能は，二つの活性に分けて考えることができる．一つ目は，分解するべき基質を捕捉する活性である．二つ目は，E2からユビキチン分子を解離させて近傍のアミノ基（基質のリジン残基と相互作用し，その側鎖など）にアミド結合させる活性である（図7-8）．この二つの活性によって，E3は補足した基質にユビキチンを付加する．単分子で両方の活性をもち合わせているE3もあるが，多くは基質識別と触媒活性を別のサブユニットに分担させている複合体型E3である．

　たとえばUbr1やSan1は単分子として異常タンパク質を認識し，それらをユビキチン化する．それに対して，次項で述べるCHIPは，基質識別を分子シャペロンに任せている．また，最も典型的な複合体型E3であるCullin型E3は足場となるCullinファミリータンパク質に，基質識別を担当するサブユニットがN末端側に，触媒サブユニットRoc1/Rbx1がC末端側に結合した構造をもつ（図7-8）．Cullinファミリータンパク質はそれぞれ固有の基質識別サブユニットと複合体を形成し，その基質識別サブユニットの総数は1000種類を超える．これらの基質識別サブユニットの多くは基質上の特定のアミノ酸配列の翻訳後修飾（リン酸化，水酸化，糖鎖付加など）を識別しており，特定の状態にある基質タンパク質のみをユビキチン化する機能をもつ

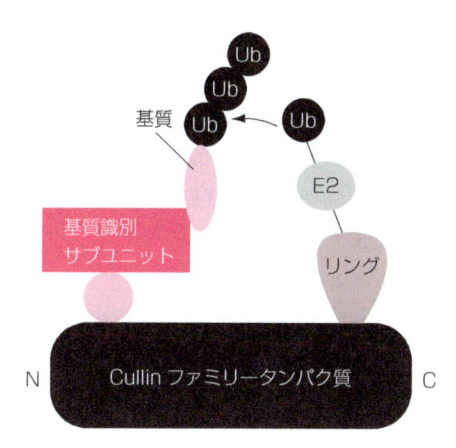

図7-8：SCF複合体

（表）．またタンパク質ではなく変異DNAを識別するユビキチンリガーゼもある．さらに，基質識別サブユニットの構造変化が基質結合を制御する場合もある．

このような基質識別機構によるユビキチン修飾はシグナル伝達や細胞周期進行のあらゆる過程で起こっており，Cullin型E3で制御される生命現象は細胞周期進行，転写制御，ホルモンのシグナル伝達，細胞運動，代謝制御，免疫，概日周期など多方面に渡る．

◆ 異常タンパク質のユビキチン化

細胞質ゾルおよび核質で異常となったタンパク質はまず分子シャペロンによって認識され，そしてリフォールディングされる．しかし，リフォールディングが困難なタンパク質は，ついにはユビキチン化され分解される．

分子シャペロンはどのようにリフォールディングと分解を決めているのだろうか．この機構は，災害医療において治療の優先度を決定するトリアージ（triage）になぞらえて分子トリアージ（molecular triage）と呼ばれる．

分子トリアージにおいて，分子シャペロンと共役するユビキチンリガーゼ（E3）はCHIPである．CHIPは，Hsp90やHsp70と相互作用し，これらの分子シャペロンの捕捉した異常タンパク質をユビキチン化する．分子シャペロンの発現量は非常に多いが，それに対してCHIPの発現量はわずかである．そのため，異常タンパク質が分子シャペロンによって素速くリフォールディングされた場合はユビキチン化されないが，リフォールディングに時間がかかるとCHIPによって識別され，Hsp70に捕捉された基質はユビキチン化される．その後，プロテアソームと相互作用するシャペロン補助因子BAG1が作用して，ユビキチン化されたタンパク質はHsp70から解離し，プロテアソーム分解される．また，一部のBAGファミリータンパク質はユビキチン化タンパク質をプロテアソームではなく，オートファジー分解へと誘導す

■ 分子トリアージ
分子トリアージの詳細な機構は未解明であるが，リフォールディングにかかる時間が重要な決定因子であるとされている．

る．

◆小胞体タンパク質の品質管理

　小胞体内におけるタンパク質のフォールディングは，糖鎖修飾，ジスルフィド結合などによって複雑に制御されている．細胞膜タンパク質や分泌タンパク質の品質管理は厳重であり，適切にフォールディングされたタンパク質のみが，小胞体からゴルジへ選別輸送される．

　一方，フォールディングに失敗した小胞体タンパク質は選別輸送されない．このようにフォールディングに失敗して異常となったタンパク質が小胞体内に蓄積すると，小胞体ストレスとなり細胞はやがて死んでしまう．これに対応するため，細胞は三段階の小胞体ストレス応答を誘導する．それは，分子シャペロンの発現誘導，小胞体タンパク質の翻訳停止，そして小胞体関連分解(ER-associated degradation；ERAD)である(図7-9)．これらの経路は独立にはたらき，小胞体内の異常タンパク質を除去する．

　まず初めの応答として，異常タンパク質のフォールディングを補助するために，小胞体分子シャペロンの発現を誘導する．その分子シャペロンを発現誘導する転写因子は，ATF6とXBP-1である．ATF6は小胞体膜を貫通する転写因子であり，通常は小胞体内腔でシャペロンBipと複合体を形成して，不活性の状態で待機している．しかし，小胞体ストレスによって異常タンパク質が蓄積すると，ATF6に結合している分子シャペロンが異常タンパク質と結合するようになり，ATF6は分子シャペロンから解放されて，ゴルジへ輸送される．この過程でATF6は，プロテアーゼS1P，S2Pによる二段階の切断を受け，細胞質に面したの転写因子ドメインが細胞質ゾルに放出される．その後，ATF6は核内移行し，転写プロモータ(ERSE配列；ER-stress response element)に結合して，分子シャペロンの遺伝子発現を誘導する．

　もう一つの転写因子XBP-1は特殊な制御を受ける．哺乳動物のXBP-1 mRNAは内部に26塩基のスペーサーが入っており，通常は不活性型の転写因子をコードする．小胞体には分子シャペロンと相互作用する膜貫通型のRNA分解酵素Ire-1があり，異常タンパク質が蓄積すると分子シャペロンが解離して，Ire-1は二量体を形成し活性化される．活性化したIre-IはXBP-1 mRNA内部の26塩基を切り出し，フレームシフトの結果，XBP-1 mRNAは活性型のXBP-1を産生する．その後，XBP-1はERSE配列およびUPRE配列(unfolding protein response element)に結合して，標的遺伝子の発現を誘導する．

　小胞体分子シャペロンの遺伝子発現誘導と並行して，細胞は小胞体タンパク質の翻訳を停止させ，新規合成される小胞体タンパク質の流入を止める．この翻訳停止は小胞体膜に存在するキナーゼPerkによって制御される．Perkも小胞体分子シャペロンと結合しており，異常タンパク質が蓄積する

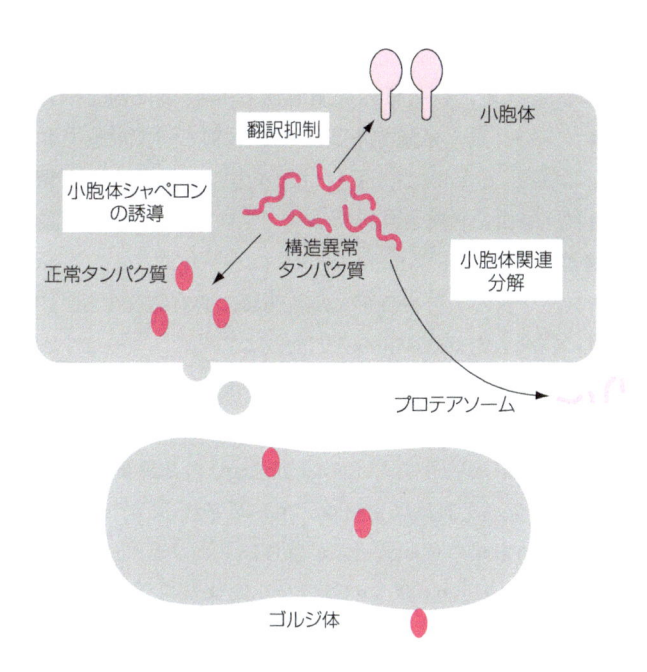

図7-9：小胞体タンパク質の品質を管理する三つの経路

と分子シャペロンが解離し，Perk は活性化される．活性化された Perk は翻訳開始因子 eIF2 をリン酸化し，タンパク質の翻訳を抑制する．

　上記によっても小胞体ストレスが改善されない場合は，いよいよ異常タンパク質を細胞質ゾルに逆行輸送する小胞体関連分解 ERAD が誘導される．この ERAD は，その異常の種類によって ERAD-L（Lumen），ERAD-M（Membrane），ERAD-C（Cytosol）に分けられる．ERAD-L では Lumen 内の糖鎖を認識するタンパク質 OS-9 が関与する．OS-9 は異常タンパク質に特徴的な N 型糖鎖を認識し，それを ERAD-M と共通のユビキチンリガーゼ複合体 Hrd へ運ぶ．Hrd 複合体には，OS-9 が結合する Hrd3，膜貫通型ユビキチンリガーゼ Hrd1，逆行トランスロコンを形成する Derlin などが存在する．さらに，その細胞質ゾル面には Cdc48 などの AAA 型分子シャペロンが存在し，膜タンパク質のサイトゾル画分への引き出しに関与する．Hrd1 のユビキチンリガーゼ活性ドメインは細胞質ゾルに面しており，逆行輸送されたポリペプチド鎖をユビキチン化する．ERAD-M は小胞体タンパク質の膜内の異常を感知し，これには Hrd1/3 複合体が関与する．ERAD-C は小胞体タンパク質のサイトゾルに面した異常に対応する機構であり，一部の ERAD-C には Hrd1/3 だけではなく Doa10 などのユビキチンリガーゼがかかわる．これらによってユビキチン化された膜タンパク質は逆行トランスロコンを通じて細胞質ゾルへ引き出され，プロテアソーム分解される．

📖 **逆行トランスロコン**

小胞体膜にあるチャネル．通常のトランスロコンは新規合成タンパク質が小胞体内腔に入るチャネルを形成するが，小胞体関連分解の場合はタンパク質が逆向きに小胞体内腔からサイトゾルへと排出されるため，逆行トランスロコンまたはレトロトランスロコンという．

◆**小胞体タンパク質の品質を管理する糖鎖**

N型糖鎖は小胞体タンパク質の品質管理に重要な役割を果たす（図7-10a）．小胞体タンパク質を修飾するN型糖鎖は前もって合成された前駆体オリゴ糖（Glc3Man9GlcNac2）が一度に付加する．前駆体オリゴ糖は，小胞体膜上の細胞質ゾル面で合成され，フリップフロップの機構で細胞質から小胞体内腔に輸送される．Glc3Man9GlcNac2は小胞体内に入ると新規合成された小胞体タンパク質のアスパラギン残基側鎖に共有結合する．

タンパク質に結合したGlc3Man9GlcNac2はグルコシダーゼIおよびIIの働きによって段階的にGlc1Man9GlcNac2まで末端グルコースが切断される（図7-10b）．グルコースが1分子結合したGlc1Man9GlcNac2は**カルレティキュリン**（calreticulin）と**カルネキシン**（calnexin）の2種類のシャペロンによって認識され，タンパク質はフォールディングされる．正しくフォールディングされると，糖鎖末端のグルコースがさらにグルコシダーゼによって切断されてMan9GlcNac2となり，タンパク質は小胞体からゴルジへ輸送される．一方，脱グリコシル化されたものの，適切にフォールディングされていなかったものは，グルコース転移酵素（UGGT）の審判を受けて，再度グルコース付加され，カルネキシン・カルレティキュリンのサイクルに戻る．

しかし，フォールディングに時間がかかると，やがてレクチンタンパク質であるOS-9のMannose-6-phosphate receptor homology（MRH）ドメインに認識され，HRD複合体へ運ばれる．そこでマンノシダーゼによって，Man8BGlcNac2からMan7AGlcNac2までマンノースが刈り込まれると，不可逆的に細胞質ゾル画分へ放出されることとなる．このようにして細胞質ゾ

コラム1　代謝のダイナミズム

新進気鋭の栄養学者であったシェーンハイマー（Schoenheimer，1898〜1941）は1930年代半ばに重水素で標識した脂肪酸をリンシード（亜麻仁油）とともにマウスに与え，脂肪酸の代謝を解析した．その結果，マウスは体重減少したにもかかわらず脂肪組織への標識脂肪酸の蓄積は同じであった．すなわち，脂肪酸は余剰なものとして脂肪組織に蓄積しているのではなく，活発に代謝されていることが証明された．

彼は体内の構成成分がダイナミックに代謝されていることの重要性に気づき，1937年に窒素の安定放射性同位元素が開発されると，さっそくタンパク質の代謝を解析した．その結果，予想通り生体内のタンパク質も常に合成・分解されていることが明らかになった．当時，食事として得た栄養素は主にエネルギーとして消費され，体内の構成成分としては取り込まれていないと考えられていたが，彼の成果はその概念を大きく変えた．この業績は彼の死後に弟子が遺稿をまとめたものである．

Rudolf Schoenheimer, "*The Dynamic State of Body Constituents*," Cambridge, MA: Harvard University Press (1942).

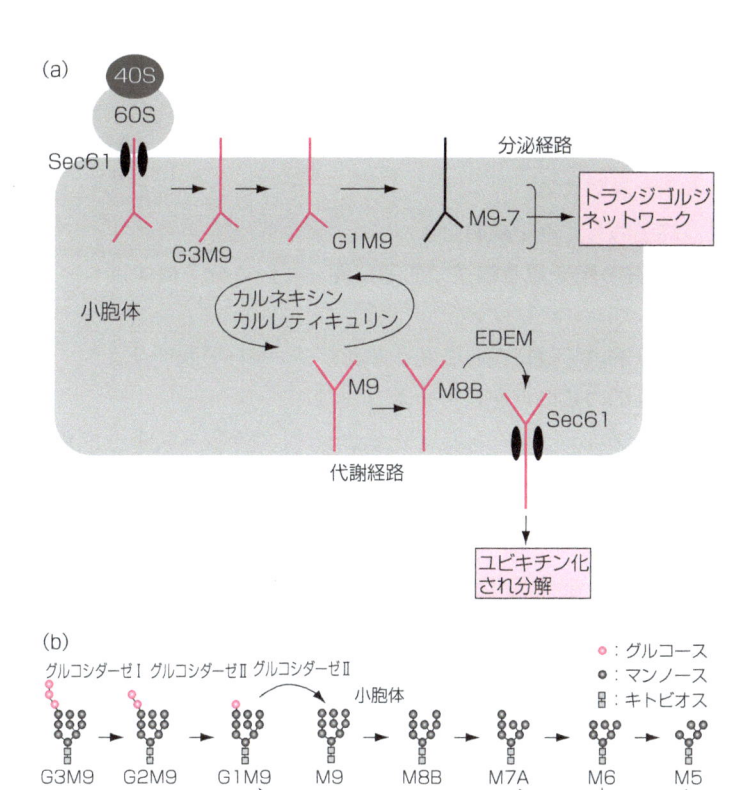

図7-10：糖鎖修飾によるタンパク質品質管理

ルへ一部飛び出た小胞体タンパク質はHrd1の活性によってユビキチン化され，そしてCdc48やプロテアソームに識別されて分解される．

また高等脊椎動物ではN型糖鎖の根本にあるキトビオース構造(Nac2)を識別するF-boxタンパク質があり，Cullin1と複合体を形成することで，ERAD基質を特異的にユビキチン化する．N型糖鎖の結合したタンパク質は本来細胞質ゾルに存在しないため，このユビキチンリガーゼは小胞体から逆行輸送されたタンパク質に特化したE3である．

◆章末問題◆

1. 真核生物のリボソームにおけるタンパク質翻訳において tRNA の数は節約されており，コドンの縮合と呼ばれている．このしくみを説明せよ．
2. タンパク質翻訳の開始，伸長，終了のしくみを説明せよ．
3. タンパク質の品質保証とタンパク質の膜を通る輸送で共通に働いている分子機構について説明せよ．
4. リソソーム分解とプロテアソーム分解の特徴について異なる点を三つ挙げて説明せよ．
5. ユビキチン化反応とペプチド伸張反応の類似点を説明せよ．
6. ユビキチン化されたタンパク質は，プロテアソームだけでなくオートファジーによっても分解される．プロテアソーム分解されなくてはならない事例を挙げ，その理由を説明せよ．

◆参考文献◆

B. Alberts ほか著,『細胞の分子生物学 第5版』, ニュートンプレス (2010).
H. Lodish ほか著,『分子細胞生物学 第6版』, 東京化学同人 (2010).

第8章 タンパク質の選別と小胞輸送

【この章の概要】

　細胞はさまざまな生化学反応を時空間的にコントロールすることで，複雑な生命活動を可能にしている．この観点からすると，酵素を中心としたタンパク質が細胞空間のどこに位置して働くかはきわめて重要な問題である．mRNAから合成されたタンパク質は，合成直後は細胞質に浮遊している．ところが，タンパク質合成の約7割を担う遊離型リボソームで合成されたタンパク質には，核，ミトコンドリア，色素体，ペルオキシソームなどの細胞小器官に運び込まれて働くものも多い．これらの細胞小器官にタンパク質を輸送するために，特別な仕組みが存在する．

　一方，リボソームが結合した粗面小胞体上では，細胞外に分泌されるタンパク質やリソソームなどの細胞小器官で働くタンパク質が合成される．小胞体からこれらの単膜系の細胞小器官へのタンパク質の輸送はタンパク質を取り込んだ直径50〜150 nm程度の輸送小胞によって行われる．

　本章では，細胞質で合成されたタンパク質が細胞小器官に選別される仕組みと，輸送小胞の形成とそれらが目的の細胞小器官に間違いなくタンパク質を運ぶ仕組みについて解説する．

この章のKey Word

シグナル配列
小胞体
被覆小胞
クラスリン
COP I
COP II
SNARE
Rab

8-1　細胞内タンパク質輸送

　細胞小器官で働くタンパク質は，適切な場所へ届けてもらうために，そのポリペプチド鎖にシグナル配列（signal peptide）などの分子情報を内包している．たとえば，小胞体に輸送されるタンパク質のアミノ末端には疎水性の残基が連続したシグナル配列が存在する．このシグナル配列を除去すると，タンパク質は小胞体に入れずに細胞質に残る．逆に，本来は細胞質に残るタンパク質のアミノ末端にこのシグナル配列をつけて発現させると，小胞体内に運ばれる．

　タンパク質の細胞小器官への輸送の仕組みは大きく三つに分けられる．第一は核膜孔を通る核内へのタンパク質輸送である．第二は膜を通り抜けるタ

ンパク質の輸送である．これには，粗面小胞体上で合成されたタンパク質がその内腔に入る過程や，細胞質からミトコンドリア，葉緑体，ペルオキシソームなどへのタンパク質の選別輸送がある．第三は小胞を介したタンパク質の輸送であり，小胞体からゴルジ体，ゴルジ体から細胞表層やリソソームなどへの経路がある．

◆核と細胞質間のタンパク質輸送

単離した核膜を電子顕微鏡で眺めると，孔が無数にあることがわかる．核と細胞質の間の物質輸送は，この核膜孔を通して行われる．核膜孔は多数のタンパク質が会合したサブユニットがリング状に並んだ構造をしており，その細胞質側には微細繊維が，核側にはかご状構造が伸びている(第2章参照)．一般的に，分子量が3万以下のタンパク質などは，核膜孔を比較的自由に通過できるが，それ以上の大きさのものについては，特別な輸送機構を必要とする．その特別な輸送機構の一つが，NLSやNESによる輸送である．

核と細胞質を行き来するタンパク質には**核移行シグナル**(nuclear localization signal；NLS)や**核外移行シグナル**(nuclear export signal；NES)と呼ばれる配列がある．NLSはリジンやアルギニンなどの塩基性アミノ酸残基が複数集まった配列からなる．一方，NESはロイシンなどの大型の疎水鎖をもつ残基が集まった配列を特徴とする．

これらのシグナル配列の両方をもつタンパク質も珍しくはない．両方のシ

📖 シグナル伝達と核移行

免疫応答を司るT細胞におけるNF-AT (nuclear factor of activated T-cells)の挙動を例にあげよう．NF-ATは，核移行シグナルと核外移行シグナルの二つを併せもつ転写制御因子である．抗原により細胞が活性化される前は，NF-ATは細胞質に存在する．核移行シグナルが機能せず，核外移行シグナルのみが働くためである．ところが活性化された細胞では，細胞内Ca^{2+}濃度が上昇し，カルシニューリン(タンパク質脱リン酸化酵素の一種．Ca^{2+}により活性化する)がNF-ATに結合して核外移行シグナルをマスクする．そして同時に，NF-ATを脱リン酸化する．その結果，NF-ATの核移行シグナルが機能し，NF-ATとカルシニューリンの複合体は核内に移行する．そして，NF-ATはT細胞の免疫応答に必要な遺伝子群の転写を誘導する．

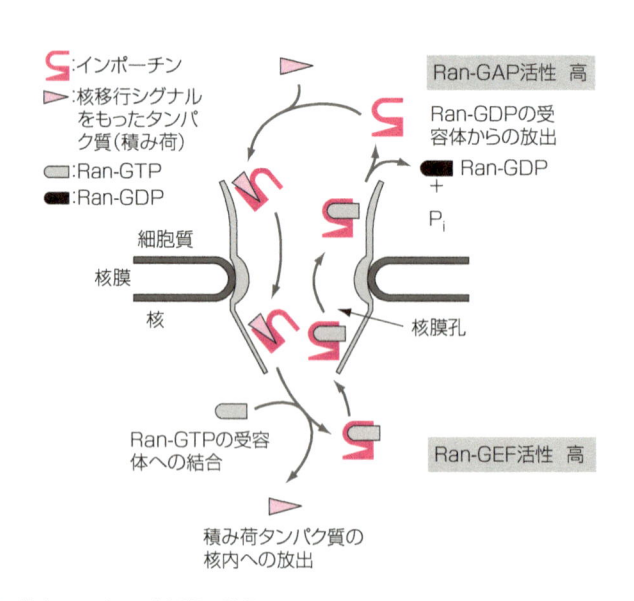

図8-1：核内へのタンパク質の移行
核移行シグナルをもったタンパク質(積み荷)が核移行受容体と結合し核膜孔の内壁を伝わって核内に入る．核移行受容体はRan-GTPと結合することにより積み荷を核内に放出する．Ran-GTPと結合した核移行受容体は細胞質に戻り，Ran-GAPによってGTPがGDPになると核移行受容体とRan-GDPは解離して，核移行受容体は新たな積み荷と結合し，これを核内に運ぶ．

グナルをもつタンパク質には，リン酸化や他のタンパク質との結合により，状態に応じてどちらかのシグナル配列がマスクされることで輸送方向が切り替わる．

次に，核と細胞質のタンパク質輸送の分子機構について解説する．タンパク質の核移行にかかわる重要なタンパク質は，低分子量 GTP アーゼである **Ran** と核移行受容体である**インポーチン**（importin），および核排出受容体である**エクスポーチン**（exportin）である．

Ran は GTP 結合状態が活性型，GDP 結合状態が不活性型である（図 8-1）．つまり，ヌクレオチドの結合状態により，その活性のオン，オフが制御される．Ran には内在性の GTP アーゼ活性があり，Ran-GAP（GTPase-activating protein）はその加水分解活性を促進することで Ran を不活性化する．一方，Ran-GEF（guanine nucleotide-exchange factor）は Ran から GDP を解離させることで，Ran が再び GTP 型になるのを促進する．これらの制御因子の局在は空間的に異なる．すなわち，細胞質には Ran-GAP が，核内にはクロマチンに結合した Ran-GEF が分布する．そのため，Ran-GTP は核内に多く，Ran-GDP は細胞質側に多く存在し，不均等な分布が形成される．なお，Ran は小型タンパク質であるため，それ単独では核膜孔を自由に通過できる．

NLS をもったタンパク質はインポーチンに認識されて結合し，それらの複合体は核膜孔を通過する．核内では，活性化型 Ran がインポーチンに結合することで，運ばれてきたタンパク質を核内に放出する．そして，Ran と

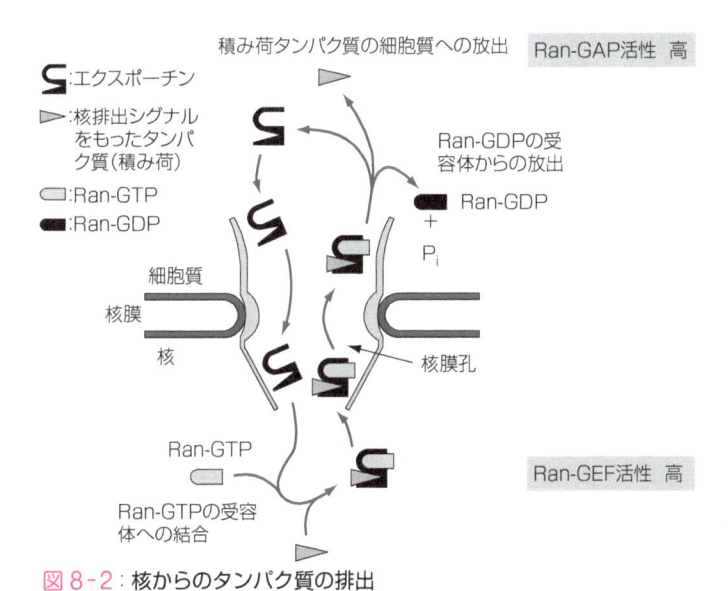

図 8-2：核からのタンパク質の排出
核排出シグナルをもった積み荷と Ran-GTP は核排出受容体と結合して核膜孔を通り細胞質に出る．Ran-GAP によって GTP が GDP になると核排出受容体，積み荷，Ran-GDP は解離し，核排出受容体は核内に戻る．

結合したインポーチンは細胞質へと排出される．細胞質では，Ran に結合したGTPが加水分解されるため，Ran が不活性化してインポーチンから離れる．その結果，空になったインポーチンは新たに NLS を認識し，核内へとタンパク質を輸送する（図8-1）．

これに対して，核内から核外への運搬の場合は，タンパク質の NES を目印にしてエクスポーチンおよび活性化型 Ran が会合体を形成し，その結果，これらは核膜孔を介して細胞質へと排出される．細胞質側では Ran のヌクレオチド加水分解活性が高まる結果，この会合体は解離し，NES をもったタンパク質は細胞質に放出される．一方，遊離したエクスポーチンは再び核膜孔を通って核内に戻り，上記の反応を繰り返す（図8-2）．

◆ミトコンドリアへのタンパク質輸送

ミトコンドリアには外膜と内膜があるため，その内部へのタンパク質輸送には，タンパク質の構造をいったんほどいて巻き戻す必要がある．まず，ミトコンドリア移行シグナル配列（mitochondria transport signal sequence）をもつ前駆体タンパク質は，細胞質の Hsp70 によって三次構造がほどかれて，ミトコンドリアの外膜上に存在する TOM 複合体中の受容体と結合する（図8-3）．そして，前駆体タンパク質と結合した TOM 複合体は，ミトコンドリアの内膜と外膜が接触している部分に移動し，そこにある TIM23 複合体と接着する．その結果，前駆体タンパク質は TIM23 複合体を通して，ミトコンドリアのマトリックスへと入りはじめて，マトリックス内にあるシグナル配列切断酵素により前駆体タンパク質のミトコンドリア移行シグナル配列が切断される．前駆体タンパク質がマトリックス内にひきずり込まれながら，ミトコンドリアにある Hsp70 が作用することで三次構造を再形成して成熟

■ ミトコンドリア移行シグナル配列
アミノ末端側にある塩基性アミノ酸残基と疎水性アミノ酸残基からなる両親媒性のαヘリックス配列など．

■ Hsp70
細胞が高温に曝されたときに発現する熱ショックタンパク質（heat shock protein）の一つで，分子シャペロン作用を担う．熱以外のストレスによっても発現誘導される．ATPアーゼ活性に伴う構造変化を介して，変性（あるいは未成熟な）タンパク質の露出した疎水性部分に結合と解離を繰り返す．結果的に，疎水性部分がタンパク質の内部に折りたたまれて入ることで，正しい構造をとらせる．

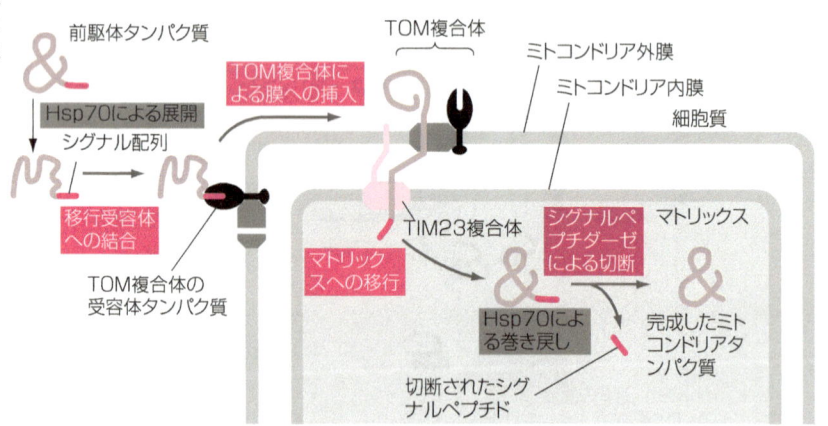

図8-3：ミトコンドリアへのタンパク質の取り込み
ミトコンドリア前駆体タンパク質はシャペロンによって巻き戻され，ミトコンドリア外膜にある受容体と結合し，TOM 複合体と TIM23 複合体の働きでミトコンドリア内に転送される．シグナル配列はシグナルペプチダーゼで切断され，シャペロンによって巻き戻され，成熟タンパク質が完成する．

型タンパク質へと変化する．

　一方，ミトコンドリアの内膜に局在する電子伝達系に関係するタンパク質では，前駆体タンパク質がいったんマトリックスに入り込んでアミノ末端側の1番目のミトコンドリアシグナル配列が切られる．すると，2番目のシグナル配列が露出し，OXA 複合体を通して，内膜に取り込まれる．また，マトリックスの中には入らずに内膜に留まるタンパク質も知られている．

◆葉緑体へのタンパク質輸送

　葉緑体へのタンパク質輸送の仕組みは，ミトコンドリアの場合と似ている．葉緑体のチラコイドに入り込むタンパク質前駆体には，色素体移行シグナル配列とチラコイドシグナル配列が並列している．前駆体タンパク質が葉緑体のマトリックスに入ると，色素体移行シグナル配列が切断される．その結果，チラコイドシグナル配列が露出し，チラコイドへと移行する（図 8-4）．

◆小胞体へのタンパク質輸送

　細胞外へ分泌されるタンパク質やリソソームなどの単膜系細胞小器官内で機能するタンパク質は，粗面小胞体上で合成され，小胞体の内腔でフォールディングし，**小胞輸送**（vesicular transport）により運搬される．

　小胞体へのタンパク質の輸送の第一段階は，タンパク質のアミノ末端にあ

> **■ OXA 複合体**
> 出芽酵母のミトコンドリアの呼吸鎖のシトクロム c 酸化酵素の複合体形成が不能な突然変異株の原因遺伝子として *oxa1*（cytochrome c oxidase assembly）が同定された．この遺伝子がコードするタンパク質はミトコンドリアの内膜に局在し，マトリックスにあるリボソームや他のタンパク質と結合し，呼吸鎖複合体の会合に働く．なお，*oxa1* と相同な遺伝子は細菌や色素体の DNA にも存在する．

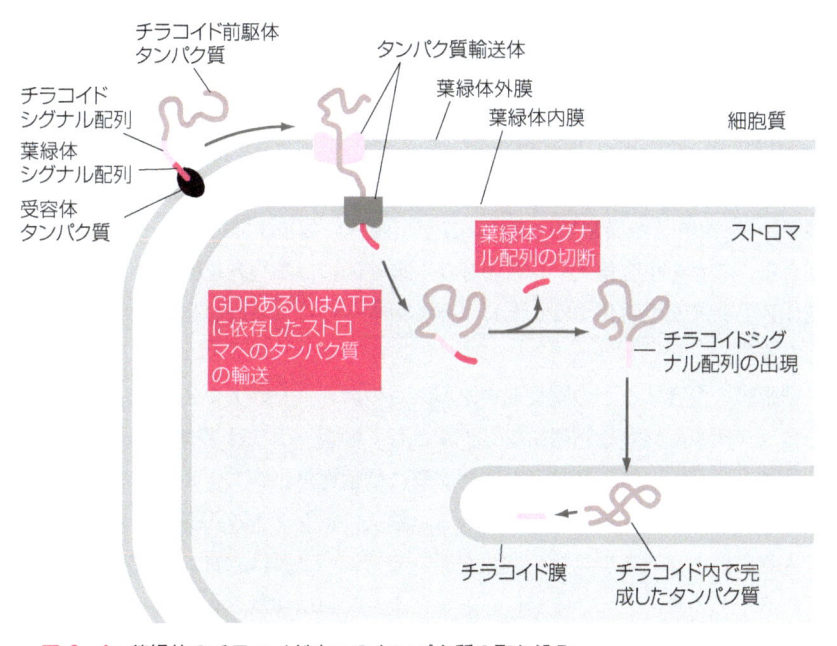

図 8-4：葉緑体のチラコイド内へのタンパク質の取り込み
チラコイド前駆体タンパク質が受容体タンパク質に結合し，タンパク質輸送体を介して葉緑体内に取り込まれる．葉緑体シグナル配列が切り出された後，チラコイドシグナル配列が出現し，タンパク質はチラコイド膜を通ってチラコイド内に取り込まれる．

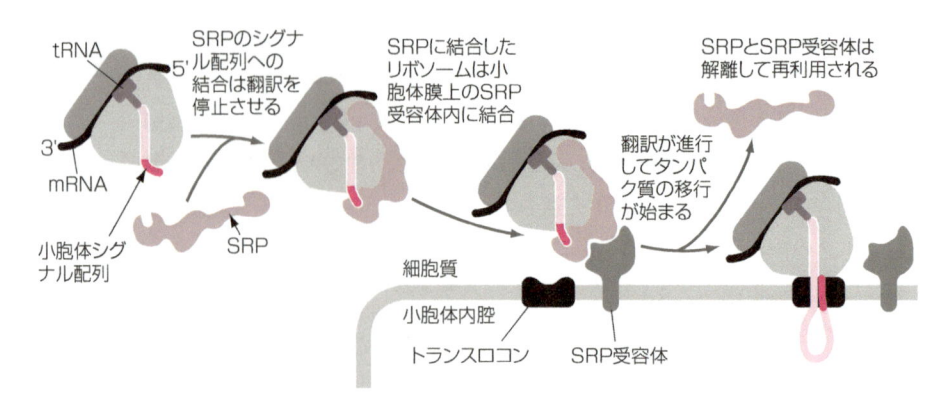

図8-5：タンパク質の翻訳と連動したタンパク質の小胞体への取り込み
翻訳中の小胞体シグナル配列を持つタンパク質にシグナル識別粒子(SRP)が結合し翻訳を一時停止させ，リボソームごと小胞体膜上にある SRP 受容体に結合する．リボソームはタンパク質転送チャネルであるトランスロコンに渡され，翻訳が再び進行して，タンパク質は小胞体内に送り込まれる．

る小胞体シグナル配列に シグナル識別粒子(signal recognition particle；SRP)が結合することである(図8-5)．この反応は，リボソーム上でペプチド鎖が合成されている間に起こり，SRP-リボソーム複合体は小胞体膜にある SRP 受容体に結合する．そして SRP は解離し，リボソームは小胞体膜にあるトランスロコンと結合する．そして，トランスロコンがポリペプチド鎖を小胞体膜に挿入させる(脂質二重層を通過するタンパク質輸送の開始である)．タンパク質を小胞体の中に送り込む駆動力は，リボソームで翻訳されたペプチド鎖が伸長する力である．タンパク質が小胞体の中に送り込まれると，小胞体シグナル配列がシグナルペプチダーゼによって切断されて，トランスロコンは閉じる．さらに，切断された小胞体シグナル配列は分解される．

小胞体の内腔におけるタンパク質の三次構造の管理は重要である(第7章参照)．三次構造が異常なタンパク質が小胞体に蓄積すると細胞へ悪影響を与える．これを小胞体ストレスと呼び，最終的には細胞死を引き起こす．小胞体ストレスが恒常化することによって引き起こされる細胞死は疾患の原因となる．

細胞膜の受容体などの膜貫通タンパク質の場合，そのアミノ末端にある小胞体シグナル配列が輸送開始シグナルとして働き，ポリペプチド鎖の輸送が開始される(図8-6)．膜貫通タンパク質には輸送停止シグナルとなる第二の疎水性のアミノ酸配列が備わっている．輸送停止シグナルがトランスロコンに入ると，トランスロコンの側面が開いてタンパク質は脂質二重層内に放出される．その後，アミノ末端にあるシグナル配列は切断される．一方，細胞質側ではタンパク質が完成するまでポリペプチド鎖の合成が続けられる．その結果，小胞体膜に埋め込まれた膜貫通タンパク質が作られる．

二つの膜貫通領域をもつタンパク質の場合は，その内部にある輸送開始配

トランスロコン

タンパク質転送チャネルとして働く小胞体膜貫通タンパク質．細胞質側と小胞体内腔ではイオン濃度などが異なるため，普段はトランスロコンの小孔は小胞体分子シャペロン BiP が内腔側から蓋をしている．リボソームがトランスロコンに結合すると，BiP が外れてシグナル配列が小孔を通じて運び込まれる．

抗体の産生

免疫系で働く抗体分子はリンパ球の B 細胞から分泌される．抗体分子が小胞体とゴルジ体を経由して成熟化・分泌される過程で，その品質管理を行っているのは小胞体分子シャペロン GRP78/BiP というタンパク質である．

列により,小胞体膜に組み込まれる(図8-7).輸送開始配列はSRPと結合し,リボソームは小胞体膜に留められ,ポリペプチド鎖の輸送が始まる.輸送開始配列は脂質二重膜に留まり,そこから続くアミノ酸配列が小胞体内に入り,輸送停止配列がトランスロコン内に進むと,トランスロコンは両方の配列を脂質二重層内に放出する.輸送開始配列と輸送停止配列はともに切断されず,ポリペプチド鎖全体が膜を2回貫通した状態となる.それ以上の膜貫通領域

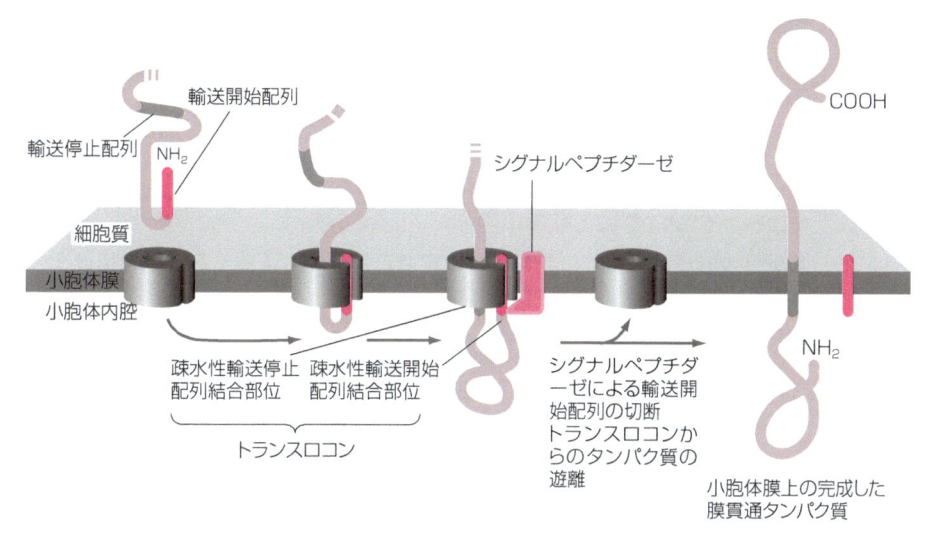

図8-6:膜貫通タンパク質の小胞体への取り込み
タンパク質のN末端に輸送開始配列がありタンパク質の中ほどに輸送停止配列がある.この配列がトランスロコンに入ると,その側面が開きタンパク質は小胞体膜に放出され,輸送開始配列は切断され,膜貫通タンパク質が完成する.

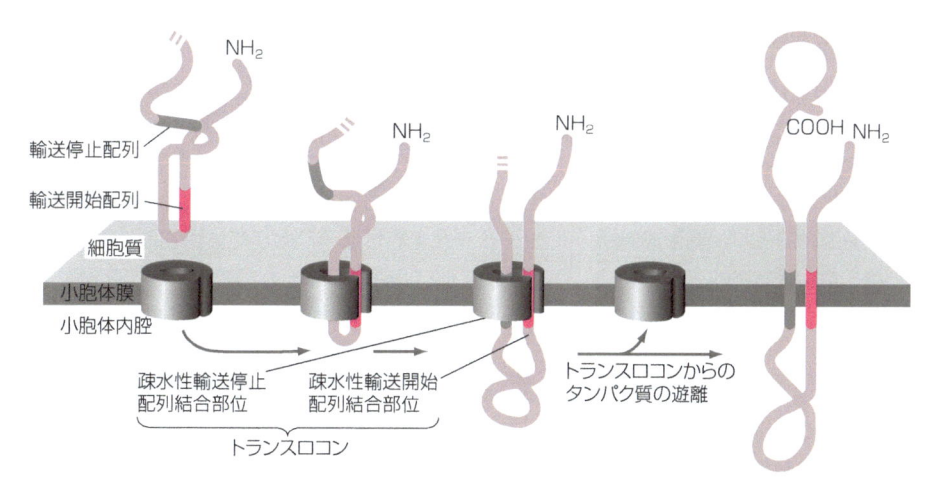

図8-7:膜を2回貫通するタンパク質の小胞体膜への取り込み
タンパク質の内部にある輸送開始配列がトランスロコンに入るとポリペプチド鎖の輸送が始まり,輸送停止配列がトランスロコン内に入るとタンパク質は小胞体膜に放出される.輸送開始配列も輸送停止配列もともに切断されず,膜を2回貫通したタンパク質が完成する.

をもつタンパク質の場合(7回膜貫通型受容体など)，輸送停止-開始配列のペアがさらに多数含まれ，上記と同様のプロセスが繰り返される．

8-2 小胞輸送

　小胞体は，単膜系細胞小器官(リソソームなど)の中や細胞の外で働くタンパク質が合成される場である．小胞体からこれらの単膜系細胞小器官や細胞外への物質輸送は小胞(vesicle)によって行われる．小胞は，脂質二重層で包まれた直径50～150 nm程度の構造であり，コートタンパク質(coat protein)の作用により膜が出芽することで形成される．小胞には，タンパク質の届け先と，正しい住所で積荷をおろすための情報が備わっている．

◆コートタンパク質と被覆小胞

　小胞の形成に際して，脂質膜は限定された領域で湾曲する．膜を構成する

コラム1　ペルオキシソーム

　ペルオキシソーム(ミクロボディーともいう)は，真核細胞全般に見られる直径0.3～1 μmほどの単膜系小器官で，内包する複数のオキシダーゼがさまざまな生体内物質の酸化反応を行い，発生する過酸化水素をカタラーゼが処理する．たとえば，ミトコンドリアと並行して長鎖脂肪酸をβ酸化し，さらにプラスマローゲン(ミエリン鞘の大部分を占めるリン脂質)の合成などに重要である．

　ペルオキシソームの機能が欠損したツェルヴェーゲル症候群は，重篤な先天性代謝異常症の一つであり，中枢神経系でのミエリン鞘形成異常と血中の極長鎖脂肪酸の増加が特徴的である．この患者では，強い筋力低下が新生児期から現れ，肝障害，精神運動発達の遅れが生じ，乳幼児期に死に至る．

　細胞内でペルオキシソームが形成されるには二つの経路がある．一つは，小胞体膜が，ペルオキシソームに特有の酵素などを取り込むための膜タンパク質とともにちぎれることで，ペルオキシソームの前駆体となる小胞が形成されるものである．この前駆体は，細胞質中から脂質やタンパク質を取り込み，ペルオキシソームへと発達する．ペルオキシソームへのタンパク質の取り込みは，カルボキシ末端のSer-Lys-Leuという保存されたアミノ酸配列が細胞質中の受容体に認識され，その複合体がペルオキシソーム膜上の輸送装置を通過することで起こる．もう一つの形成方法は，ペルオキシソーム自体が分裂するものである．

　グルコース存在下で培養した酵母は小さいペルオキシソームをもつが，炭素源としてメタノール(あるいは脂質)のみを与えると，それを酸化してエネルギーを取り出すために大きなペルオキシソームを発達させる．この反応は可逆的である．細胞内にはペルオキシソームの数や大きさを管理するための制御機構が備わっており，オートファジーと重複した分子群の機能により解体が行われている(ペキソファジーという)．また，植物のペルオキシソームは，発生段階や組織に応じて，大きく機能転換することが知られている．発芽の際には，種子に貯蔵される脂肪酸からグルコースを産生するために，グリオキシソームとして働く．一方，光合成組織の細胞にある緑葉ペルオキシソームは光呼吸に働く．

脂質の分布の不均一化や，湾曲を促すコートタンパク質の働きがその原動力である．コートタンパク質は，脂質膜に直接（あるいはアダプタータンパク質を介して）結合する．コートタンパク質に覆われた小胞を，被覆小胞という．

よく知られているコートタンパク質として，クラスリン（clathrin），COP Ⅰ，および COP Ⅱ がある（COP は coat protein complex の略）．コートタンパク質の種類により，形成される被覆小胞の大きさが規定されるが，積荷の種類によってもある程度の柔軟性が見られる．たとえば，小胞体からゴルジ体への輸送に働く COP Ⅱ の場合，コートタンパク質だけでは直径 60 nm 程度の被覆小胞を形成するが，コラーゲン（collagen）の前駆体のような大きな積荷を搭載する場合は，その大きさはその数倍にもなる．

また，コートタンパク質と輸送経路には密接な関係がある．すなわち，COP Ⅰ はゴルジ層板間の輸送や逆行輸送における被覆小胞の形成に働く．また，クラスリンはゴルジ体，原形質膜，そしてエンドソームからの小胞輸送にかかわる．それぞれの被覆小胞が供与側の膜から離脱すると，コートタンパク質は小胞膜から解離して再利用される．

◆クラスリン被覆小胞による輸送

クラスリン被覆小胞（clathrin-coated vesicle）は，電子顕微鏡を用いた細胞構造の観察により，古くからその存在が知られていた．ラテン語の格子構造を指す言葉にちなんで「クラスリン」と命名したのは，生化学的にその構成タンパク質を同定したピアスである．その後，クラスリンは重鎖と軽鎖が三つずつ会合した分子であり，3 本の折れ曲がった脚が突き出たようなトリスケリオン（triskelion）構造をとることが明らかになった（図 8-8）．それぞれの脚は重鎖の α らせん構造を基盤とし，脚先は重鎖のアミノ末端側，根元はカルボキシ末端側である．軽鎖はその脚が会合している根元に結合している．数十個のトリスケリオンどうしが会合することで，格子状の構造が組み上げられる．重鎖のひざに相当する中間領域の曲がり具合で，構築される格子の大きさは異なる．細胞内で作られる小胞の大きさに柔軟に対応するためであろう．

供与側の細胞膜上でのクラスリン被覆小胞の形成は，次のように進行する（図 8-8）．まず，積荷タンパク質と結合した積荷受容体は，アダプタータンパク質によって捕捉される．アダプタータンパク質は，膜の細胞質側表面にクラスリン分子を集積させ，トリスケリオン構造の会合を促す．そして，小胞を支える格子構造が構築されるのに伴い，小胞は出芽する．出芽した小胞の根元には，ダイナミン（dynamin）が自己会合してコイルのように巻きつく．ダイナミンは，自身に結合した GTP を加水分解することで構造変化し，膜を絞り込む．さらにダイナミンの結合タンパク質が脂質二重層の融合を促すことで，クラスリン被覆小胞は供与膜から離脱する．その後，クラスリンの

■ B. M. F. Pearse
イギリス分子生物学研究所でブタ脳からチューブリンを精製していた彼女は，調製に失敗した試料の中に含まれる「スライスしたトマト」のような球状の構造を電子顕微鏡で発見した．すでに過熱していた微小管の生化学研究よりも，その構造体の成分の追求に没頭し，それがクラスリンの同定へとつながった．

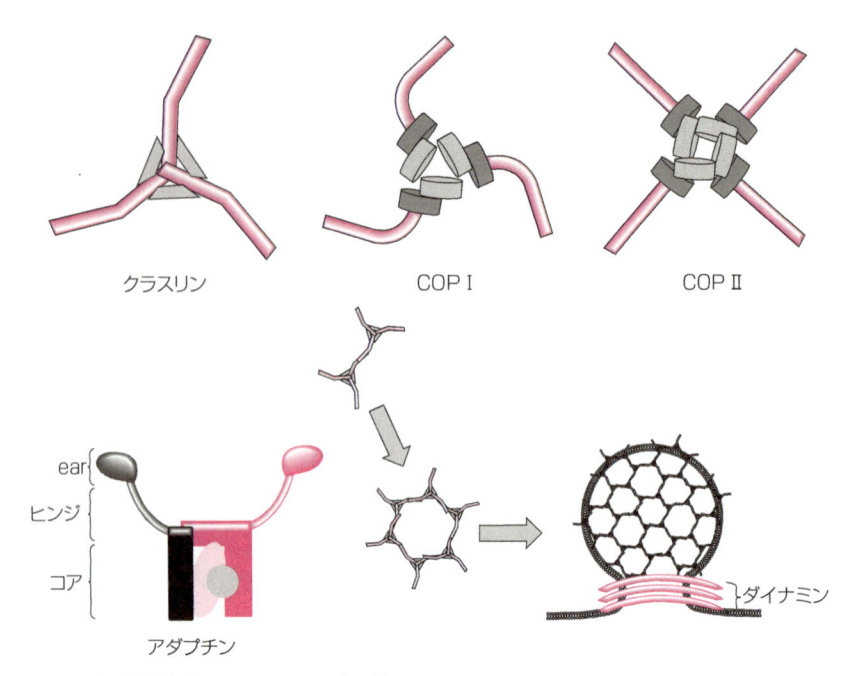

図8-8：被覆小胞とコートタンパク質
上段は，クラスリン，COP I，COP IIの模式図．中心から外側に向けて突き出た脚は，各タンパク質複合体が被覆を形成するのに大切なαソレノイド構造である．COP IとCOP IIはβプロペラ構造（円盤で示す）で会合する．下段に，クラスリン被覆小胞の形成に重要なアダプタータンパク質複合体（アダプチン）と，被覆小胞の形成過程を模式的に示した．アダプチンは，コア領域でARFやリン脂質と，ヒンジ領域でクラスリンと会合する．earドメインには，アダプチンとクラスリンの会合を制御するアクセサリータンパク質が結合する．ARFの活性化により，アダプチンがクラスリンの会合を誘導し，被覆小胞が形成される．被覆小胞の根元にはダイナミンが集積して，供与膜からの離脱を促す．

格子構造はシャペロンタンパク質の作用により小胞から解離する．被覆の外れた輸送小胞は標的膜と融合できる状態になる．

アダプタータンパク質には，4種類のアダプチン複合体（AP-1〜AP-4：それぞれは二つの大サブユニット，一つの中サブユニット，および一つの小サブユニットの四量体）とGGA（Golgi-localized, gamma ear-containing, ARF-binding protein）が知られている．これらは小胞が形成される供与膜ごと（つまり，ゴルジ体，エンドソーム，原形質膜など）に異なるものが用いられている．そうすることで，供与膜ごとに異なる積荷タンパク質に結合した受容タンパク質を小胞内に取り込むのに対応しているのだろう．アダプタータンパク質を供与膜にリクルートするのは，低分子量GTPアーゼであるARF（ADP-ribosylation factor）である（ARFについては次項を参照）．

■ **J. E. Rothman**
アメリカの生化学者．イェール大学医学校教授．SNAREの生化学を基軸に，メンブレントラフィックの研究を押し進める中心的人物の一人である．p.121のコラムを参照．

◆ **COP I 被覆小胞の発見とその機能**

ロスマンらは，ゴルジ層板間のタンパク質輸送を無細胞系で測定する方法を確立し，それを用いてクラスリン被覆小胞とは異なる小胞を同定した（ゴルジ層については第9章参照）．

彼らは，ある反応系（コラムを参照）にGTPγSを加えると，被覆小胞が蓄積してくることを見出した．このゴルジ体由来の被覆小胞を調べると，クラスリンとは異なるコートタンパク質で覆われていることが判明した．そのため，これをCOP小胞（COP coated vesicle）と命名した（後に同定された別の被覆小胞と区別するため，COP Ⅰという）．

COP Ⅰの被覆はコートマーと総称される7種類のタンパク質の複合体であり，最近の研究からクラスリンのようにトリスケリオン構造をとることが判明した（図8-8）．そして，この小胞には低分子量GTPアーゼであるARFが含まれていた．ARFはCOP Ⅰ被覆小胞の形成制御因子である．

最近の研究から，ヒトには5種類のARF遺伝子があり，一次配列の類似性から三つのクラスに分類されている．上述のクラスリンやCOP Ⅰなどの小胞の形成にはクラスⅠのものが働いている．クラスⅡの機能については不明な点も多いが，コートタンパク質の形成制御やゴルジ体を中心にしたメンブレントラフィックの制御に関与するようである．一方，クラスⅢのARFはエンドサイトーシスやアクチン細胞骨格の再構築に働く．

◆ COP Ⅱ被覆小胞とSecタンパク質

COP Ⅱ被覆小胞の形成には，Sec23/24タンパク質複合体およびSec13/31タンパク質複合体がかかわる．

COP Ⅱ小胞の形成は次のように進行する．小胞体の膜貫通タンパク質Sec12は，GEF（guanine-nucleotide exchange factor）ドメインを細胞質側に向けている．

📖 GTPγS

GTPの非加水分解性のアナログ．GTPの代わりにタンパク質に取り込まれるが，加水分解されない．そのため，タンパク質はGTP型にロックされる．

📖 SEC突然変異株

SECというネーミングは，シェックマン（Schekman）とノーヴィック（Novick）により単離された出芽酵母の一連の温度感受性の分泌異常突然変異株sec（secretion-defective）に由来する．アルファベットに続く番号は，変異株を整理する際の便宜的なもので，特別な意味はない．彼らの功績により，数多くのメンブレントラフィックにかかわる因子の機能が明らかになった．

コラム2　ロスマンの実験

ロスマンらは，チャイニーズ・ハムスター卵巣細胞由来のCHO-K1細胞株とその変異株である15B細胞株を用いた．この変異株はメディアルゴルジ体に局在するGlcNAcトランスフェラーゼⅠを欠損している．そのため，15B細胞株に感染した水疱性口内炎ウイルス（vesicular stomatitis virus；VSV）に由来して合成される糖タンパク質は，GlcNAcの転移を受けずに細胞表層に分泌される．VSVに感染した15B細胞株より調製したゴルジ体画分（供与側）と，非感染のCHO-K1細胞株由来のゴルジ体画分（受容側）を，細胞質画分のタンパク質と放射線標識したUDP-GlcNAc，およびATPの存在下で保温する．そして，VSV-Gタンパク質を免疫沈降して放射活性を調べると，VSV-Gタンパク質の一部に放射線標識されたGlcNAcが転移されることがわかった．つまり，VSV-Gタンパク質が，15B細胞株由来のゴルジ体からCHO-K1細胞株由来のゴルジ体へ輸送されたのである．この実験系は，タンパク質の化学修飾剤であるN-エチルマレイミド（NEM）の添加により阻害されることから，後述するSNARE複合体による膜融合の分子機能の解明にも貢献した．

GEF ドメイン

低分子量GTPアーゼ(Ras, Rho, Rab, Arf, Ranなど)に結合して，ヌクレオチドを放出させる活性をもつドメイン．細胞内は，GDPよりもGTPの濃度が高いため，作用を受けた低分子量GTPアーゼはGTP結合型となる．

出芽領域の選択

細胞内においては，小胞体膜上から小胞が出芽する領域はランダムではなく，出口部位と呼ばれる特定の膜領域で起こるらしい．出口部位には，COP Ⅱ小胞形成のための足場となる情報が備わっていると推定されているが，その分子機構はよくわかっていない．

　Sar1は，ARFに近縁の低分子量GTPアーゼで，GTP結合・加水分解活性をもち，GTP結合型は活性化状態，GDP結合型は不活性化状態である(図8-9)．細胞質中に多く含まれるGDP型のSar1は，そのアミノ末端の両親媒性ヘリックスは分子内に内包されているが，Sec12の作用でGTP結合型に変換されると露出する．その結果，両親媒性ヘリックスが脂質膜に結合し，GTP結合型のSar1が小胞膜上に集合する．活性化したSar1は小胞体からゴルジ体へ向かって選別輸送される積荷タンパク質(あるいは，それと受容体との複合体)とSec23/24タンパク質複合体の会合を促す．

　Sec23/24タンパク質複合体は曲率をもっており，酸性リン脂質を含む脂質膜に結合することができる．そのため，Sec23/24タンパク質複合体が小胞体膜と相互作用することで直径60 nmのCOP Ⅱ小胞の球面の湾曲が誘導されると考えられている．さらに，Sec23/24タンパク質複合体にSec13/31タンパク質複合体が会合することで小胞体膜からの出芽が促される．図8-8に示したCOP Ⅱの構造のβプロペラの大部分はSec13サブユニットに由来し，αらせんは主にSec31サブユニットに由来する．Sec13/31タンパク質複合体は，それ自身で格子状構造を形成できるが，生理的に形成される小胞のサイズよりも小さい．つまり，Sar1，Sec23/24タンパク質複合体，およびSec13/31タンパク質複合体の会合により，脂質膜の出芽は促進される．このことは，精製したタンパク質と脂質を混合すると小胞が形成されるという見事な実験で確かめられた．

　COP Ⅱ小胞により輸送される積荷タンパク質の種類は多様である．そのため，それらが小胞内に濃縮される分子機構は一通りではない．たとえば，

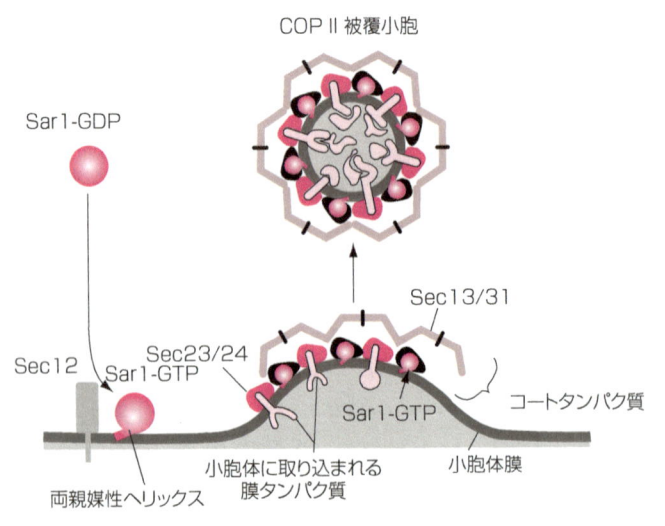

図8-9：COP Ⅱ小胞の形成の仕組み

積荷が膜貫通型タンパク質の場合は，その細胞質側に突き出した輸送シグナルがSec24サブユニットと相互作用することが大切なようである．一方，可溶性タンパク質の場合は，膜貫通型の積荷タンパク質受容体を介してSec24サブユニットと相互作用することが知られている．しかし，現在までにすべての積荷とその受容体の関係は明らかになっていない．多様な積荷や受容体との相互作用に適応するかのように，Sec24サブユニットには3カ所の積荷（あるいは受容体）結合ドメインが設けられている．また，出芽したCOP II小胞が小胞膜から切り離される仕組みもよくわかっていない．

8－3　小胞の輸送と分泌の時空間的な制御機構

◆輸送小胞が標的の膜に間違いなく到達する仕組み

小胞が目的地に到達するためには，いくつかの細胞では，細胞骨格のレール（微小管やアクチン繊維）の上をモータータンパク質の働きにより輸送されることが知られている．目的地に到達した後に，標的の膜と間違いなく融合して積荷をおろす．特異性を決定する仕組みで最も重要なのは，SNARE複合体とその関連因子である（前述したロスマンらの無細胞系の膜融合の実験を利用して同定された）．

SNARE複合体は，平行に並んだ4本のαヘリックスが束ねられた構造をとる．αヘリックスのうちの1本は，小胞膜上にあるv-SNAREから，3本はt-SNAREから提供される（図8-10）．

神経終末での神経伝達物質の放出におけるシナプス小胞とシナプス前膜の融合の場合，シナプス小胞の膜貫通タンパク質であるシナプトブレビン（synaptbravin；v-SNARE）が1本のαヘリックスを，前膜に局在するシンタキシン（syntaxin）とSNAP25がそれぞれ1本と2本のαヘリックスを供して，SNARE複合体が形成される．t-SNAREとv-SNAREのαヘリックスが会合すると，二つの小胞の脂質二重膜層の距離が接近し，膜が融合する．膜融合後に，AAA型ATPaseの一つであるNSF（NEM-sensitive fusion protein）が，ATPの加水分解エネルギーを利用してSNARE複合体を脱会合し，それらのリサイクルを促す．

> **■ SNARE複合体**
> SNAREとは，soluble NSF attachment protein（SNAP）receptor（可溶性NSF結合タンパク質受容体）の略．タンパク質のSH基修飾剤である*N*-エチルマレイミド（NEM）は膜融合反応を抑制する（コラム2参照）．かつて，この過程で機能阻害を受ける未知の因子をNSFと呼んだ．NSFの作用するタンパク質がSNAPであり，v-およびt-SNAREだったわけである．vはvesicle（小胞），tはtarget（標的）の意．

> **■ AAA型ATPase**
> 内在性のATPの加水分解活性に伴ってその構造を変形させることで，他のタンパク質に作用するタンパク質スーパーファミリーの一つ．微小管切断活性をもつカタニンやスパスチン，モータータンパク質であるダイニンなどもAAA型ATPaseである．

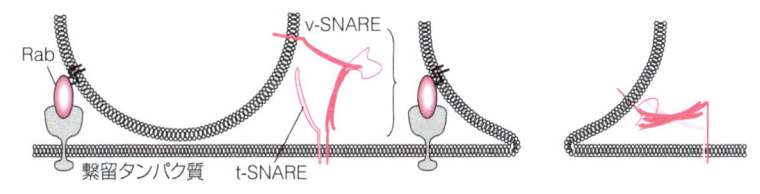

図8-10：膜融合の仕組み
融合する膜どうしは，Rabとその標的タンパク質（繋留タンパク質）の結合を介して，つなぎとめられる．そして，特異的なSNARE複合体を形成し，そのαヘリックス構造が密着することで，膜の融合が促される．

コラム2で触れたロスマンらの実験系においてNEM処理で膜融合の機能が損なわれていた原因は，この過程がブロックされたからである．つまり，SNARE複合体が会合して膜融合した後に，それらが解離してリサイクルされることが，小胞輸送に重要である．供与側と受容側の膜で特異的なSNARE分子の組み合わせを利用することで，細胞小器官の間の物質のやり取りを説明できるというアイデアを SNARE仮説 という．

しかし，メンブレントラフィック経路の多様性を満たすうえで，t-SNAREとv-SNAREの遺伝子の種類は十分に多いとはいえない．また，それぞれのSNAREの細胞内局在性を調べると，同一の分子が複数の細胞小器官に局在する事例も見つかり，1対1対応の厳密性が疑われた．このようなギャップを補完すべく，SNAREによる輸送小胞と標的膜との融合を制御するのが Rabファミリー の低分子量GTPアーゼである．ヒトには，発生段階や組織特異的な発現性を示すものを含めて合計で約60種のRabがある．それぞれRabが，小胞とモータータンパク質を連絡して輸送経路を特定したり，t-SNAREとv-SNAREが融合する前段階での受容膜と供与膜の接着や小胞の繋留を制御するなどの役割を担う（図8-10）．つまり，Rabは訪問先まで案内して部屋番号を確認しインターホンを押してくれるナビゲーションシステムで，SNAREはドアを開くシステムとたとえられる．代表的なRabには，小胞体-ゴルジ体間の小胞輸送に働くRab1，シスゴルジネットワークで働くRab2，エキソサイトーシスに働くRab3やRab8，初期エンドソームで働くRab4，エンドサイトーシスに働くRab5がある．

細胞内のRabの活性は，他の低分子量GTPアーゼと似た仕組みで制御されている（図8-11）．細胞質中で不活性状態のGDP結合型Rabは，RabGDIと複合体を形成している．Rabは，アミノ末端側がミリスチル化されるARFとは異なり，膜に局在するためにカルボキシ末端がイソプレニル化修飾されている．RabGDIは，常に分子から突き出したままのイソプレニル基

Rab
ras gene from rat brainの意．神経伝達物質の放出が活発な脳では，多量の膜融合反応が起きている（第13章参照）．脳に発現するGTP結合タンパク質を探索した結果，発見されたのがRabである．その後，体内のさまざまな細胞，あらゆる生物種からRabが同定されている．

シスゴルジネットワーク
ゴルジ体では，その内部で活発に物質をやり取りするため，小胞のやり取りや，ゴルジ体膜の変形・融合が生じている．そのうち，シス槽側で起こっている膜のダイナミクスを指して，シスゴルジネットワークという．

GDI
guanine-nucleotide dissociation inhibitorの略．おもにGDP結合型の低分子量GTPアーゼに結合して，ヌクレオチドの解離を抑制する．さらに，GDIには低分子量GTPアーゼを細胞質中に隔離する役割もある．

脂質修飾
低分子量GTPアーゼは脂質修飾を受けることで，それらが働くべき場所（標的膜）に局在する．脂質修飾には，カルボキシ末端のシステイン残基にイソプレニル基が結合したものや，アミノ末端側にミリスチル基がつくものがある．

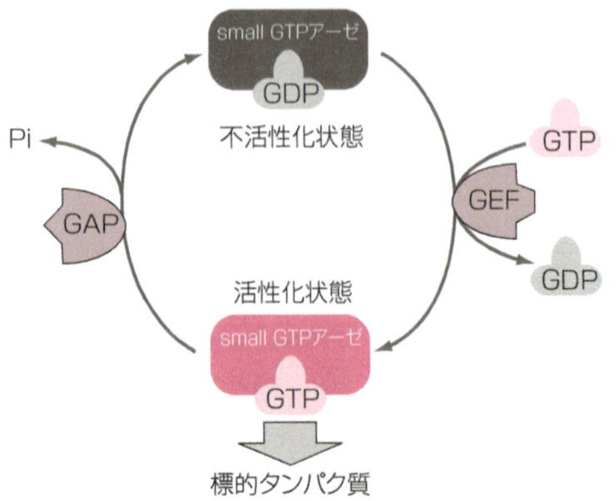

図8-11：低分子量GTPアーゼの活性制御機構

をマスクすることでRabと脂質膜の相互作用を抑制している．

　輸送小胞上にはRabを活性化するGEFがあり，Rabに結合したGDPをGTPに交換する．活性型されたRabはそれぞれに固有の標的分子(つまり，モータータンパク質やその関連因子，あるいは小胞繋留因子など)と特異的に結合し，たしかなメンブレントラフィックを保証する．役目を終えたRabはGAPの作用でGTPを加水分解してGDP型となり不活性化し，そしてGDIにより膜から細胞質へ抜き取られる．

◆章末問題◆

1. タンパク質の輸送は郵便の配達と似ている．タンパク質の輸送で郵便番号に対応する働きをしている構造について説明せよ．
2. 小胞体へのタンパク質輸送とミトコンドリアへのタンパク質輸送の相違点を説明せよ．
3. 真核生物の細胞内に見られる被覆小胞の種類を三つ挙げ，それぞれの機能が深く関係する輸送経路を説明せよ．
4. ヒトの細胞には60種類のRabが存在する．なぜこのように多くの種類のRabが存在するのか，理由を述べよ．

◆参考文献◆

B. Albertsほか著，『細胞の分子生物学　第5版』，ニュートンプレス(2010).
M. E. Taylor, K. Drickamer著，『糖鎖生物学入門』，化学同人(2005).
森道夫 著，『新細胞病理学』，南山堂(1988).
高エネルギー加速器研究機構構造生物学研究センター・加藤龍一　編，『入門構造生物学―放射光X線と中性子で最新の生命現象を読み解く―』，共立出版(2010).
田中啓二・大隅良典　編，『ユビキチン―プロテアソーム系とオートファジー―作動機構と病態生理』，共立出版(2007).
大野博司・吉森保　編，『メンブレントラフィックの奔流―分子から細胞，そして個体へ―』，共立出版(2009).
T. D. Pollardほか著，『Cell Biology 2nd ed.』，Saunders (2007).
S. R. Goodman編，『Medical Cell Biology 3rd ed.』，Academic Press (2007).

第9章 エキソサイトーシスとエンドサイトーシス

【この章の概要】

真核生物では，ミトコンドリアや色素体などの外膜と内膜の二重膜で覆われる細胞小器官の他に，図9-1に示した単膜系の細胞小器官がよく発達している．それらの中でも代表的な小胞体(endoplasmic reticulum；ER)は，細胞外や単膜系細胞小器官で働くタンパク質が合成される場である．大量の消化酵素を合成・分泌する膵臓の細胞では，小胞体は特によく発達し，細胞を構成する膜に占める割合は60%にも及ぶ．原形質膜の割合が5%程度なのだから，その多さは際立っている．

その他の単膜系の細胞小器官には，タンパク質の糖鎖修飾や輸送先の選別をするゴルジ体(ゴルジ装置，Golgi apparatus)，細胞外から取り込んだ物質を管理するエンドソーム(endosome)，生体高分子を分解するリソソーム(lysosome)などがある．植物細胞では，リソソームに相当する液胞(vacuole)がよく発達していて，細胞内の空間に大きな割合を占める．これらの細胞小器官の含有量や性状は細胞種ごとに異なる．細胞小器官が細胞機能を特徴づけているのだ．

本章では，上述した細胞小器官が相互に連携することで多様な生命現象が発揮されることについて解説する．なお，単膜系細胞小器官は直接的あるいは間接的に内容物を交換しているにもかかわらず，その構造が入り交じって混沌となることはない．この点にも注意して読み進めてもらいたい．

> **この章の Key Word**
>
> 小胞体
> ゴルジ体
> エンドソーム
> リソソーム
> 液胞
> エンドサイトーシス
> エキソサイトーシス

9-1 エキソサイトーシス経路

動物の組織や器官形成にはコラーゲンなどの細胞外基質の細胞外への分泌が欠かせない．さらに，個体全体の統合された営みには，ホルモンや神経伝達物質の体内での授受が必要である．

単細胞生物でも，同種間で接合因子をやりとりすることで種の存続をはかる．また，栄養源を獲得するために，細胞外に加水分解酵素を分泌して細胞内に取込みやすくする．

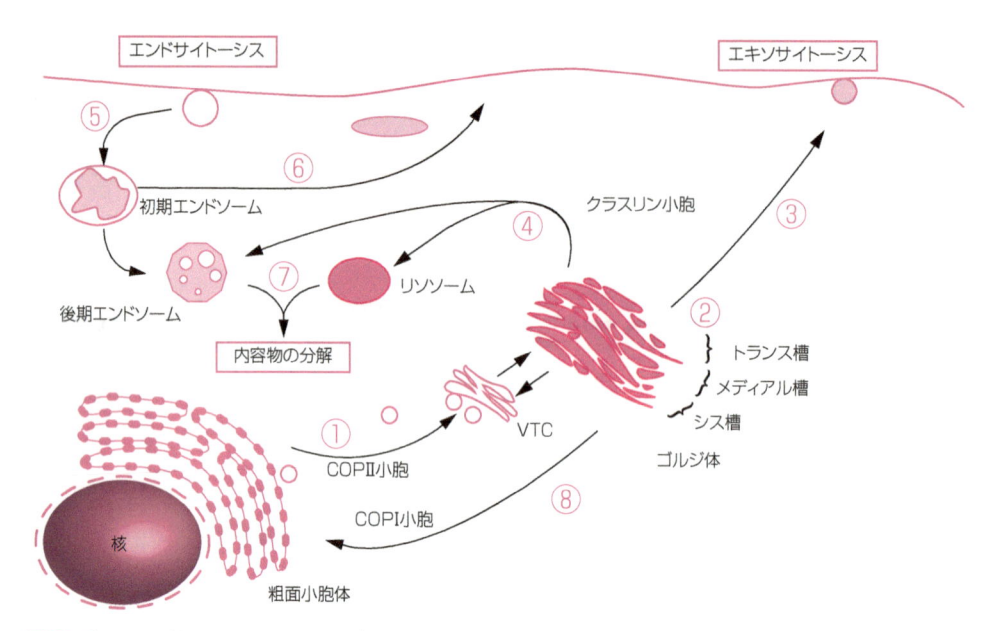

図 9-1：メンブレントラフィックの概要
小胞体から細胞表層へ向けて輸送する外向き経路(エキソサイトーシス経路)と細胞表面から内側に向かう経路(エンドサイトーシス経路)の二つがある．①粗面小胞体で合成されたタンパク質は，品質検査に合格すると(第8章を参照)，小胞膜から出芽したCOPⅡ小胞に乗ってゴルジ体へ運ばれる．②ゴルジ体ではタンパク質の糖鎖に修飾が施され，さらに細胞外やリソソームへいく経路が選別される．③ゴルジ体からクラスリンの働きで形成された分泌小胞により，細胞外へ輸送される．④修飾糖鎖のマンノースにリン酸基がついた加水分解酵素などはリソソームに運ばれる．あるいは後期エンドソームに運ばれてリソソーム化を促す．⑤原形質膜が細胞内に貫入して形成された小胞が集まり，初期エンドソームを形成する．⑥受容体などの再利用されるタンパク質は，直接，あるいはリサイクリングエンドソームやゴルジ体のトランス槽を経由して，細胞表面に戻される．⑦エンドサイトーシス経路の終点は，リソソーム内での加水分解である．⑧ゴルジ体の層板間，およびゴルジ体から小胞体に向かうCOPⅠ被覆小胞を介した逆行輸送．

　以上に挙げた現象は，さらに，エキソサイトーシスと呼ばれる機能により執り行われる．エキソサイトーシスとは，細胞外に物質を運搬・分泌する細胞機能である．さらに，リソソームや液胞の中に酵素などを物質運搬するのもエキソサイトーシスとみなせる．これらの細胞小器官の内腔は，細胞基質から見ると細胞外に相当するためである．

◆小胞体からゴルジ体への輸送

　細胞外に分泌されるタンパク質が粗面小胞体で合成されることは第7, 8章で述べた．ここでは，その後の流れを見ていく．

　小胞体内腔で糖鎖付加を受けて正常にフォールディングしたタンパク質は，COPⅡコートタンパク質の働きで小胞体膜上に出芽した小胞に取り込まれて，ゴルジ体へと輸送される．ほ乳類細胞では，ゴルジ体に向かって運ばれていくCOPⅡ小胞どうしが融合して，不定形の中空の構造(VTC；vesicular tubular cluster，あるいはERGIC；ER-Golgi intermediate compartment)となり，これが逆行輸送されてきたCOPⅠ小胞とだんだん融合してゴルジ

体に変化する．一方，出芽酵母などでは，個々のCOP II小胞がゴルジ体に融合する．

　動物細胞のゴルジ体は，多い場合は数十の層板構造からなる．ゴルジ体の層は，小胞体に近い側からシス(cis)槽(囊)，メディアル(medial)槽，トランス(trans)槽と区分されており，内包される酵素の種類が異なる(図9-2)．さらに，図9-1には示していないが，ゴルジ体と小胞が入り交じった領域がその両端にある．これらをシス(あるいはトランス)ゴルジネットワークという．

　ゴルジ体のシス槽は小胞体に近いため，小胞体マンノシダーゼあるいはゴルジ体マンノシダーゼが含まれており，タンパク質に結合した糖鎖からマンノースが取り除かれていく(図9-2②)．一部のタンパク質は，マンノースを数個取り除いただけで修飾は完了する(高マンノース型糖鎖修飾)．一方，他のタンパク質は，その糖鎖がさらに加工される(複合型糖鎖修飾)．シス槽からメディアル槽にかけては，タンパク質の根元に近い露出したマンノースに，N-アセチルグルコサミン(GlcNAc)が付加される．さらにメディアル槽では，別の複数の種類のGlcNAc転移酵素が作用して糖鎖の分岐化が進むタンパク質もある．そしてトランス槽では，ガラクトース(Gal)転移酵素とシアル酸転移酵素の働きで，GlcNAcにガラクトースとシアル酸が付加される．最終的に糖鎖の末端は，これらの二つの糖がキャップすることになる(図9-2⑦)．その後，ゴルジ体から小胞が出芽してタンパク質が細胞外に向け

■　リソソームへの輸送

リソソームへ輸送されるタンパク質は，特別な修飾を受けて選別される．これについては，次々項で解説する．

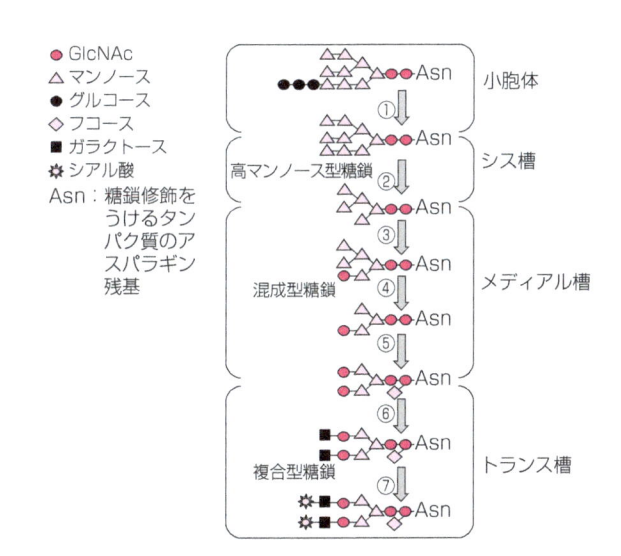

図9-2：N型糖鎖修飾タンパク質の生合成経路
ポリペプチドに結合した糖鎖は，小胞体とゴルジ体の内腔で修飾される．それぞれのステップに働く酵素を番号で表した：①αグルコシダーゼIおよびII，②α1,2-マンノシダーゼ，③N-アセチルグルコサミン(GlcNAc)転移酵素I，④αマンノシダーゼII，⑤GlcNAc転移酵素Iおよびフコース転移酵素，⑥ガラクトース転移酵素，⑦シアル酸転移酵素．

て運搬される．

◆逆行輸送：小胞体へ送り返す

　小胞体とゴルジ体，あるいはゴルジ体の各層板間は頻繁に内容物を交換しているにもかかわらず，それぞれの膜内で働く分子は住み分けられている．逆行輸送は，この膜ごとの内容物を区分するために重要である．

　小胞体から出芽するCOP II小胞には，積荷受容体などの膜貫通タンパク質や小胞体内腔の酵素なども含まれる．これらの分子はゴルジ体あるいはVTCから，COP I小胞に取り込まれて，小胞体へ送り返される．

　これらの分子を特異的に選択するメカニズムとして，膜貫通タンパク質にはKKXXモチーフやRRモチーフが保存されていることが多く，これらは直接にCOP I小胞の積荷として認識される．

　一方，可溶性タンパク質などではそのC末端のKDEL（Lys-Asp-Glu-Leu）配列（酵母ではHDEL（His-Asp-Glu-Leu）配列）を介して受容体と結合し，COP I小胞の積荷として認識される．積荷となるタンパク質と受容体は，ゴルジ体のやや酸性のpHの条件下では結合するが，中性の小胞体では解離するらしい．そのため，受容体は小胞体に積荷をおろすことができ，そしてゴルジ体へとリサイクリングされる．なお，Sec12や糖鎖修飾を受けない小

■ **KKXXモチーフ，RRモチーフ**
KおよびRはアミノ酸残基の1文字表記でKはリシン，Rはアルギニンを示す．Xは特に定まったアミノ酸残基ではない．

コラム1　ゴルジ体の層板に境界はあるか？

　輸送小胞はゴルジ体のシス槽側から入って，トランス槽側から出ていく．その方向性をもった物質輸送の仕組みには昔から二つのモデルがあり，論争となっていた．

　一つは，小胞輸送モデルで，分泌タンパク質を搭載した輸送小胞がゴルジ体の層板間を，シスからメディアル，メディアルからトランスへと運搬されるモデルである．もう一方は，槽内に取り込まれた積荷は移動することなく，槽が丸ごとシスからメディアル，メディアルからトランスへと移行していく槽成熟モデルである．

　最近，出芽酵母の生細胞を用いた精細な蛍光顕微鏡観察により，シス槽に含まれていた酵素が，数分間でトランス槽の酵素と入れ替わることが証明された．このことから，2番目の槽成熟モデルが強く支持された．

　なお槽成熟モデルでは，シス槽に局在する糖鎖修飾酵素などは，COP I小胞を介して層板間を逆行輸送されることによって常にシス槽に局在すると考えられている．しかし，COP I小胞の形成を阻害しても，上記の槽の変化のダイナミクスは遅くはなるものの停止はしなかった．もしかすると，COP I小胞以外にも逆行輸送をする仕組みが備わっているのかもしれない．

　また，ゴルジ体の層板構造は生物種ごとに違いがあり，出芽酵母のゴルジ体は明瞭な層板構造をとらずに細胞内に点在している（そのため，上記の解析において高い空間分解能が保障された…）．出芽酵母では各層板間が距離的に離れているから槽成熟方式のほうが適しているのであって，明瞭な層板構造をとる他の生物のゴルジ体でも同様かはまだ不明である．さらなる検証が待たれる．

胞体タンパク質は小胞体から漏れ出ないようになっているが，その仕組みは不明である．

細胞をブレフェルジンAで処理すると，ゴルジ体やエンドソームの形状が異常になる．この薬剤はクラスIのARF（低分子量GTPアーゼの一種．第8章参照）を活性化するGEFの働きを阻害し，COP I 小胞の逆行輸送を抑制する．したがって，ゴルジ体の層板構造の維持にもCOP I 小胞の逆行輸送が重要であることがわかる．

◆ゴルジ体からリソソームへの選別輸送

ゴルジ体で糖鎖の刈り込みや修飾が施されて成熟したタンパク質は，そのままでは細胞表層に向けて送られる．リソソームで働く60種類ほどの加水分解酵素や膜タンパク質などをリソソームへと輸送するには，特別な作業が必要である（図9-3）．

N型糖鎖修飾を受けるタンパク質のうちリソソームに輸送されるタンパク質には，シグナルパッチというアミノ酸残基の集まりがあり，このシグナルパッチがGlcNAcリン酸転移酵素に認識される．その結果，リソソームへ輸送されるタンパク質の糖鎖の末端のマンノースには，ゴルジ体のシス槽においてGlcNAcリン酸基が転移される．そして，トランス槽に運ばれると，今度はホスホジエステラーゼの働きでGlcNAc基が外されて，マンノース-6-リン酸化型糖鎖結合タンパク質となる．これらのタンパク質は，トランス槽

■ リソソーム蓄積症

遺伝的な代謝性疾患の一つにリソソーム蓄積症がある．この患者のリソソームでは加水分解酵素が枯渇し，不要となった細胞成分が蓄積してしまう．GlcNAcリン酸転移酵素遺伝子の機能欠損もその原因の一つであり，目的地に運ばれなかった加水分解酵素は，細胞外に放出されて血中に検出される．

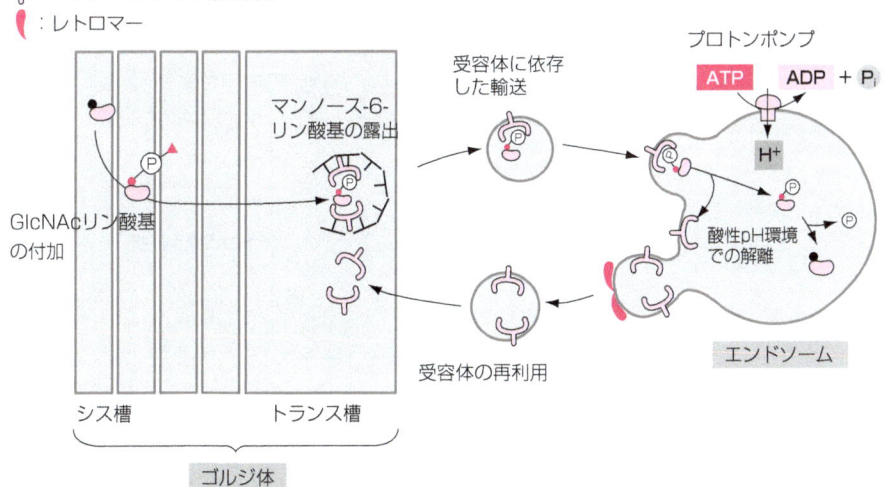

図9-3：リソソームタンパク質の輸送の仕組み

でマンノース-6-リン酸受容体と結合し，リソソームへと運ばれる．

マンノース-6-リン酸受容体は膜貫通型のタンパク質であり，膜内腔側で積荷と，細胞質側でAP-1（アダプチンの一種．第8章参照）と結合することでクラスリン被覆小胞に乗り込む（図9-3）．この過程は，ARFにより制御される．リソソームの前駆体であるエンドソームに輸送された積荷と受容体は，その酸性条件化で解離する．そして，空になったマンノース-6-リン酸受容体は，エンドソームでレトロマー（retromer；SNX1，VPS29，VPS35，VPS26のタンパク質複合体）と呼ばれるコートタンパク質複合体と結合して，ゴルジ体に送り返される．そして，次の積荷の輸送に取りかかる．レトロマーは，クラスリンやCOP Ⅱとは異なり，格子状構造をとらない．

◆ポストゴルジ：ゴルジ体を出た後の流れ

動物細胞では，ゴルジ体と細胞表層，エンドソーム，リソソームとをつなぐ小胞輸送経路が複雑化している．これは，単細胞から多細胞へ進化する際に，細胞間の情報伝達が不可欠になり，各細胞における三次元的な空間配置の厳密性が求められたためであろう．

動物の体は，細胞の表面を覆うシート（すなわち上皮細胞）と，そのシートに包まれた細胞の集まりからできている．血管や消化管，そして脳であっても，シートの両端が合わさって閉じた管とみなせる．その管に包まれるのは筋細胞や血球などである．シートを構成する上皮細胞は，お互いに側面で密着帯を形成し，外と体内を隔てるバリアを作る（図9-4）．外に向いた細胞の

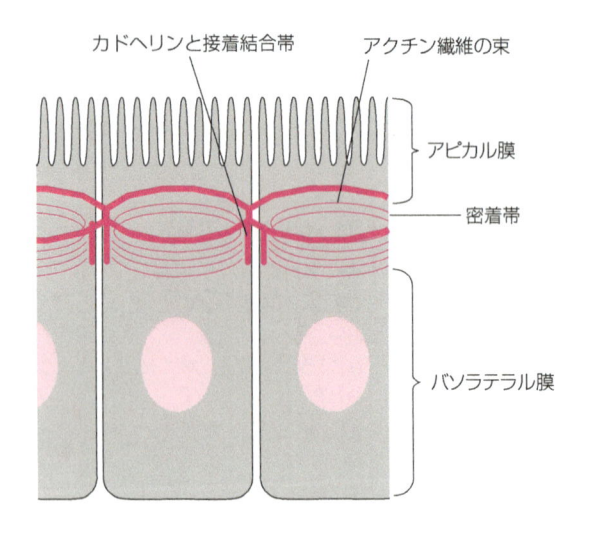

図9-4：小胞輸送と上皮細胞の極性化
動物はその体内にさまざまな器官や組織をもち，それらは他のものと物理的かつ機能的に区分されている．上皮細胞は，接着部分を境に隔てられたアピカル面とバソラテラル面を設けることで区分化されている．細胞接着とカドヘリンについては第13章で解説する．

頂端面（アピカル膜）と，密着帯より下部の細胞の側面や基底面（あわせてバソラテラル膜という）とでは，受容体やチャネル分子の局在が異なっている．

このように原形質膜は区画化されており，各区画へ分子を配送する機構や，区画間の分子のやり取りは，組織の維持と機能発現に不可欠である．原形質膜の区画化はどのように形成・維持され，そして極性をもった輸送経路が確立するのだろうか．おそらく，細胞骨格や細胞接着と連携したメンブレントラフィックの分子機構が動物細胞では特に発達しているのだろう．

また，体内ではホルモンやサイトカインなどのさまざまな物質がやり取りされている．これらの信号は細胞表層の受容体で受け取られて，細胞内で情報処理される．その制御の一つに，リガンドと結合した受容体の**ダウンレギュレーション**（down regulation）がある．このプロセスが破綻すると，いつまでも信号が入力された状態が続いてしまう．もし細胞増殖シグナルが入力されたままであれば，発がんのリスクが高まるだろう．このダウンレギュレーションにもポストゴルジネットワークが重要である．これについては，エンドサイトーシスと並べて後ほど解説する．

■ 輸送の極性
体内には，本文で紹介した上皮細胞の他にも，細胞内空間の方向性（極性）が細胞機能と密接に結びついた神経細胞などが存在する．輸送の極性の分子機構については，出芽酵母の出芽の研究から多くの知見が得られている．この生物は，母細胞の細胞表層の一部の領域から娘細胞が出芽することで増殖する．細胞成長に必要な物質や酵素を出芽部位に効率よく運ぶことができない突然変異株を解析することで，輸送の極性に必要なタンパク質をコードする遺伝子群の同定に成功した（第8章コラム「*SEC* 突然変異株」も参照）．

◆構成性分泌と調節性分泌

細胞外への小胞分泌は，**構成性分泌**（constitutive secretion）と**調節性分泌**（regulatory secretion）の二つに大別できる．前者はほぼ恒常的に，後者は必要時にすみやかに起こる．

構成性分泌が多くの細胞で見られるのに対し，調節性分泌は特別に機能分化した細胞で見られる現象である．たとえば，血中のグルコース濃度を調節するためにインシュリンを分泌する膵臓の β 細胞や，神経伝達物質を放出する神経細胞などが代表的である．どちらも細胞内の Ca^{2+} 濃度が上昇し，す

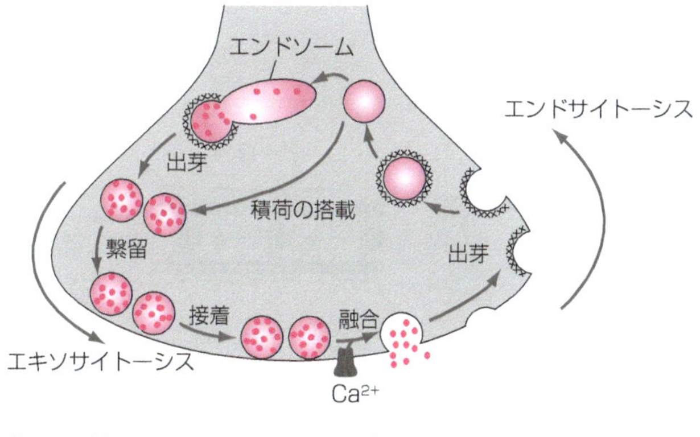

図9-5：神経伝達物質の分泌とメンブレントラフィック
分泌小胞は，シナプス前膜に接着した状態で待機する．神経刺激に伴う Ca^{2+} の細胞内への流入により，すみやかに膜融合が起こることで，神経伝達物質はシナプスへと放出される．空になった分泌小胞は，細胞内に取込まれて，積荷を直接に（あるいはエンドソームを介して）搭載して，次の分泌に備える．

みやかに小胞と原形質膜の融合が起こり，その内容物が放出される．これらの細胞では，必要時に必要量の生理活性物質を放出することが求められるため，細胞内で合成した生理活性物質をいったん貯蓄して，細胞外からの分泌刺激に応答してすみやかに放出できるような仕組みが備わっている（図9-5）．

　神経細胞を例に，調節性分泌の詳細を見ていこう．神経細胞の終末部では，シナプス小胞へ神経伝達物質が充填され，電位依存性カルシウムイオンチャネルが集積したシナプス前膜（アクティブゾーン）から200 nm以上離れたアクチン繊維のネットワーク上にいったん貯蔵される．次に，シナプス小胞は順次アクティブゾーンへ運ばれ，前膜に密着した状態で活動電位を待つ．しかし，まだ内容物が放出されないように膜どうしの完全な融合は抑制されている．その仕掛けの一つは，Ca^{2+}結合タンパク質であるシナプトタグミンによるSNARE複合体（8-3節参照）の構造変化の抑制である．神経細胞に活動電流が流れると，細胞内にCa^{2+}が流入し，シナプトタグミンの抑制機能が外される．その結果，シナプス小胞と前膜は融合し，神経伝達物質が放出される．そして，開口放出されたシナプス小胞はすみやかに細胞内に取込まれ，神経伝達物質が再充填される．神経細胞によっては，1秒間に1000回もの開口放出を行うため，1回の活動電位での開口放出は少数の小胞のみでまかなわれる．また，前膜から素早く小胞を回収し，局所的なリサイクリングを行う仕組みも重要である．なお，シナプス小胞の材料となる膜やタンパク質は，小胞体やゴルジ体が存在する細胞体で作られ，軸索輸送で神経終末まで運ばれる（図9-6）．

　一般的に，酵母などの単細胞生物では調節性分泌は見つかっていない．しかし，一部の原生生物では類似の現象が古くから認められている．たとえば天敵に襲われたゾウリムシは，その細胞表層から**トリコシスト**（tricocyst）と

■ **ゾウリムシの研究**

細胞構造や機能を異常なまでに発達させた原生生物は，生命科学の大切な研究対象である．ほ乳類細胞の培養が今ほど容易ではなかった時代には，ゾウリムシなどを用いた素晴らしい研究が数多く行われていた．トリコシストの研究もその一例であるが，最近は繊毛虫を研究者する人口が少ないためか，その分子機構の解析は，神経伝達物質の放出などに比べて滞っている．

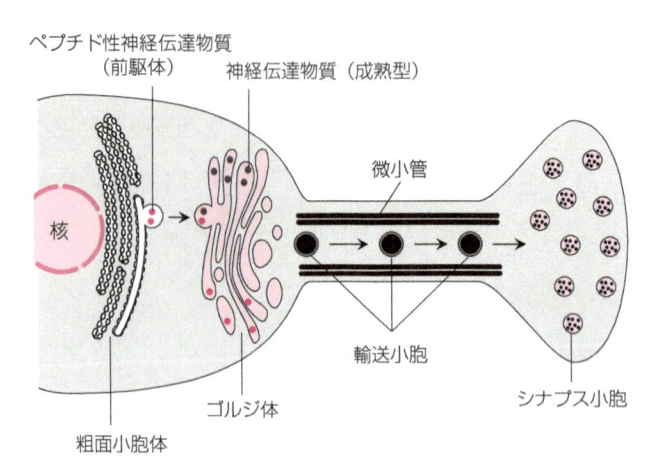

図9-6：神経細胞におけるペプチド性神経伝達物質の合成と輸送
細胞体内で合成された分泌タンパク質は，プロセッシングを受けた後に，軸索内を細胞骨格に沿って小胞輸送される．そして，神経終末部で分泌小胞に蓄積される．

呼ばれる繊維状タンパク質を槍のように放出し，捕食から逃れる．この際にはゾウリムシ細胞内のCa^{2+}濃度の上昇が引き金となる．

9-2　エンドサイトーシス経路

　原形質膜を隔て，細胞内に物質を取り込む現象をエンドサイトーシス（endocytosis）という（図9-1）．この細胞現象は，栄養源や細胞間伝達物質などの細胞内への取り込み，細胞表面で機能するシグナル伝達受容体やトランスポーターなどの活動量の調節など，幅広い役割をもつ．

　クラスリン被覆小胞（8-2参照）を伴うエンドサイトーシスの分子機構がよく解明されているが，それ以外に，カベオラ（caveola）がダイナミンによりくびり切られて起こるエンドサイトーシスもある．

　細胞内に取り込まれる物質の性状や大きさによっては，上記の分子機構とは異なるエンドサイトーシスが起こる．コロイド状の高分子や溶液を取り込む現象をピノサイトーシス（pinocytosis），直径が1 μm以上の粒子や細菌などを原形質膜が包み込むように伸展して取り込む現象をファゴサイトーシス（phagocytosis）と呼ぶ．さらに，粒子を外液ごと大きく取り入れる現象を，マクロピノサイトーシス（macropinocytosis）ということもある．ただし，これらの区分は慣習的なものであり，研究者，あるいは研究対象などによって異なる場合がある．

◆コレステロールや鉄イオンの取込み

　コレステロールは細胞膜や脂溶性ホルモンの重要な材料だが，水に溶けない．そのため，コレステロールは低分子量リポタンパク質（low density lipoprotein；LDL）と結合して，直径20 nm程度の固まりとして血液中を運ばれる．

　図9-7に示すように，コレステロールと結合したLDLは，細胞表面に数万個存在するLDL受容体と結合し，クラスリン被覆小胞に取り込まれる．細胞質中では，脱コート化された小胞どうしが融合し，さらにプロトンポンプ（V-ATPase）をもつ小胞（あるいはエンドソーム）と融合することで，その内腔のpHは低下する．このようにしてエンドソーム化した膜内の酸性環境下で，LDLと受容体は解離する．さらに，エンドソームがリソソームと融合することで（あるいはエンドソームに加水分解酵素などが運び込まれてリソソーム化することで），LDLはプロテアーゼにより分解される．遊離したコレステロールは細胞質に放出されて細胞膜の生合成などに用いられる．

　一方，エンドソーム内のLDL受容体は輸送小胞を介して細胞膜に送り返されて再利用される．このLDL受容体のリサイクリングは，コレステロール結合の有無にかかわらず認められる．細胞内に取り込まれて，再び細胞膜に戻る時間は約10分であり，タンパク質としてのLDL受容体の寿命は20

■　**カベオラ**

カベオラとは，コレステロールやスフィンゴ糖脂質，GPI-アンカータンパク質などの濃縮による局所的な脂質組成の変化の結果生じる，膜の貫入構造である．カベオリン（caveolin）という膜結合タンパク質が局在することも，その特徴の一つである．

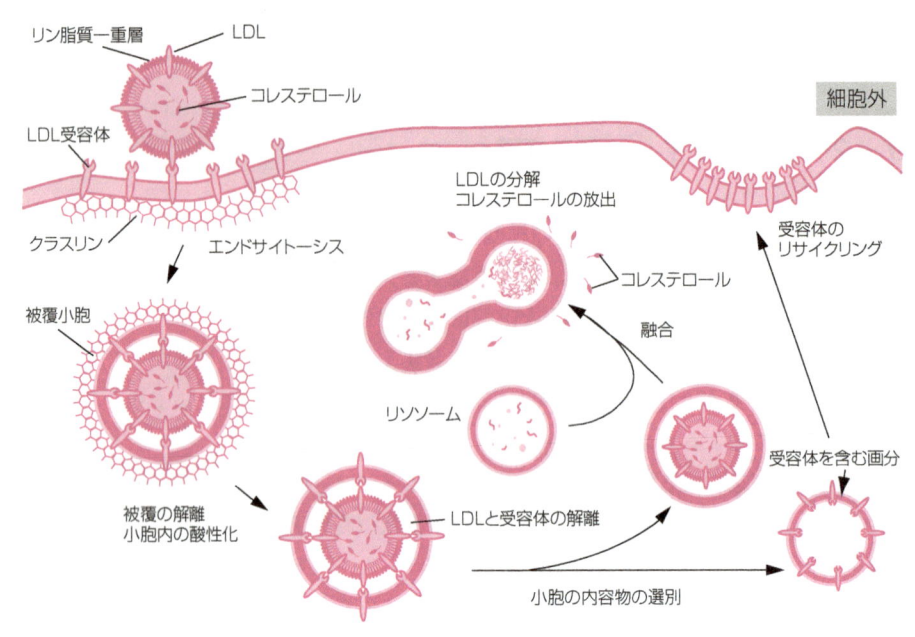

図9-7：細胞内へのコレステロールの取り込み

時間程度なので，その間に数百回もリサイクルされると見積もられる．

また，エンドサイトーシスのもう一つの例である鉄イオンの細胞への取り込みにおいても，受容体のリサイクリング輸送が重要な役割を果たしている．細胞は，遊離した鉄イオンは直接的に取り込まずに，トランスフェリン（transferin）と結合したものを細胞表層の受容体を介してエンドサイトーシスする．エンドソーム内の酸性条件下で，鉄イオンはトランスフェリンから解離し，トランスフェリンとトランスフェリン受容体は再び細胞表層にリサイクルされる．

なお，エンドサイトーシスで取り込まれた分子には，細胞表層へリサイクルされるものと，リソソームで分解されるものがあることに注意してほしい．

◆ユビキチン化と MVB

動物細胞では，上皮増殖因子（epidermal growth factor；EGF）などのさまざまな細胞間伝達物質がチロシンキナーゼ受容体を介して細胞機能を制御している（図9-8）．これらの受容体は，リガンドと結合した後にエンドサイトーシスにより取り込まれて，初期エンドソームを経て，後期エンドソームに達する．後期エンドソームは，ゴルジ体からの分解酵素の小胞輸送を受けるとリソソームへと変化し，その内容物を分解する．このダウンレギュレーションに支障が生じると，信号が常に入力された状態になり正常な細胞応答は行えず，生体機能は破綻する．初期エンドソームから後期エンドソームにかけては，その形態と機能が大きく変化する．すなわち，最終的にリソソームで

■ トランスフェリン
血清に含まれる糖タンパク質で，鉄イオンの輸送に働く．おもに肝臓で合成される．血清中の鉄イオンはこのタンパク質と結合している．

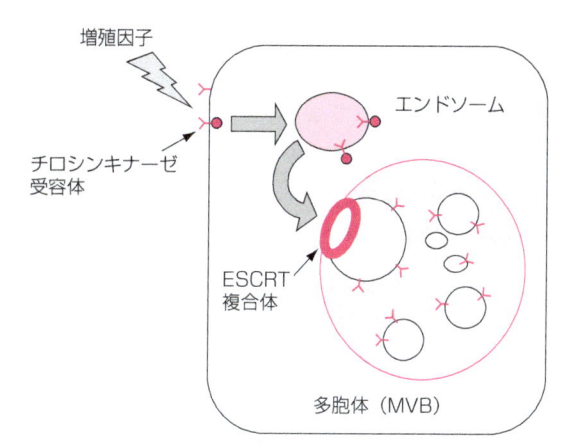

図9-8：エンドサイトーシスとシグナルの制御
赤丸（●）はユビキチン化シグナル.

分解される受容体を含むエンドソームは，その内腔に向けてエンドソーム膜が陥没し，多胞体（multivesicular body；MVB）を生じる．このMVBの形成には一連のESCRTタンパク質複合体が働く．

エンドソームに取り込まれた物質が，細胞表層に送り返されるか，リソソームで分解されるかはどのように決定されるのだろう．この制御には，タンパク質のユビキチン化がかかわっている（第7章参照）．すなわち，ユビキチン化はエンドサイトーシスされるタンパク質を小胞内に積み込むための選別シグナルとしても働くが，さらに初期エンドソームからMVBに向かう片道乗車券としても機能する．ユビキチン化されたタンパク質にはESCRT-I複合体が結合し，ESCRT-II複合体へと引き渡す．ESCRT-II複合体はESCRT-III複合体を呼び寄せる．そして，自己会合したESCRT-III複合体の作用でエンドソーム膜に貫入が生じる．最終的に，ESCRT-III複合体がVps4（AAA型ATPaseの一種）の働きで脱会合する際に，エンドソームの内腔へ貫入した膜構造はくびりきられて，MVBが形成されるのだ．

◆ ファゴサイトーシス：食胞形成の機構

ファゴサイトーシスは食胞形成（food vacuole formation）とも呼ばれており，その代表例として，自然免疫応答における食細胞による感染菌の捕食が知られている．ファゴソーム（phagosome；食胞）に取り込まれた感染菌は，活性酸素の作用や，ファゴソームがリソソームと融合することで殺菌される（コラム2を参照）．この現象は，アメーバなどの原生生物が栄養源を獲得する方法と通じるものがある．また，太古に祖先型真核生物がミトコンドリアや色素体を獲得した（αプロテオバクテリアやシアノバクテリアを取り込んだ）ときにファゴサイトーシスが関係した可能性もありうる．

免疫系における食細胞の役割は感染菌の捕殺だけではない．細胞表層やエ

■ ESCRTタンパク質複合体
細胞質中に存在するタンパク質複合体で，endosomal sorting complex required for transportの略．エンドソームでユビキチン修飾されたタンパク質を認識・分別する役割を担う．ESCRT-0，ESCRT-I，ESCRT-II，ESCRT-IIIが順序だって作用する．なお，ESCRT複合体による膜の変形とくびりきりの機能は，エイズウイルスが宿主細胞外へ飛び出る際や，動物の細胞体が二つに分裂する最終段階にも必要とされる．

■ エンドソーム膜の貫入
この貫入はタンパク質のある側から窪むため，クラスリンなどのコートタンパク質の働きで膜が出芽するのとはトポロジーが逆である．

■ 食細胞
ファゴサイトーシスは多くの種類の細胞で見られる現象であるが，特にその機能に特化した細胞を食細胞（phagocyte，あるいはプロフェッショナルファゴサイト）という．血液中の細胞では，好中球，単球，マクロファージなどの白血球を指すことが多い．

■ T細胞
Tリンパ球とも呼ばれ，その機能からヘルパーT細胞とキラーT細胞に分けられる．前者は抗原刺激によりサイトカインを分泌し，他の血球細胞に働きかけて免疫反応の促進・増強を誘導する．後者はウイルス感染細胞などを識別して攻撃・除去する役割を担う．

ンドソームにおいて，数種類の Toll 様受容体（TLR）を使い分けて異物を感知し，体内の免疫システムを作動させる．さらに，リソソームで分解した感染菌の一部（つまり抗原）を MHC クラス II 分子と結合させ，その複合体が乗った小胞を細胞表層に輸送して掲示する．T 細胞と接触した食細胞では，この小胞輸送に加えて，抗原－MHC クラス II 複合体をリソソームが細管を伸ばして直接に細胞表層に届ける．そして，抗原に関する情報と指令を受け取った T 細胞は一次免疫応答を発動する．ファゴサイトーシスは，シグナル伝達経路とあわさり，免疫反応に欠かせない生命現象なのだ．

一方，動物細胞の発生過程や多細胞体制の維持のためには，自立的な細胞死アポトーシス（apoptosis）が必要である．自死した細胞は "Eat me!" という意味のシグナルを近隣の細胞やマクロファージのようなプロフェッショナルファゴサイトーシス細胞に掲示し，組織から取り除かれる．普段は原形質膜の細胞質側にあるホスファチジルセリンの細胞表面への露出も "Eat me!" シグナルの一つである（第 1 章参照）．見方を変えると，ファゴサイトーシスによって除去されるべき細胞とそうでない細胞を区別する前段階として，アポトーシスが存在するといえる．アポトーシスとファゴサイトーシスが連携してこそ，クリーンな細胞死が達成できる．

もう一つ例を紹介しよう．ヒトの全細胞数は 60 兆個ともいわれているが，そのうちの 3〜4 割程度は血液に含まれる赤血球である．赤血球の寿命は約 120 日であり，老化した赤血球の原形質膜は硬くなり末梢の毛細血管を通過

コラム2　病原菌の身のかわし方

私たちの身体には，さまざまな病原菌の体内への侵入を阻み，また万が一に感染してしまった場合でも，その広がりを抑えて駆逐する仕組みが備わっている．

しかし，敵も驚嘆に値する術を駆使して，攻撃を繰り出してくる．たとえば，ペスト菌はマクロファージなどの食細胞に対して毒針を突き刺し，ファゴサイトーシスの誘導に必要な Rho ファミリーの低分子量 GTP アーゼの機能をかく乱し，さらにチロシンキナーゼを介したシグナル伝達経路を遮断してしまう．また，チフス菌は，NADPH オキシダーゼの活性化を阻害して，活性酸素による殺菌処理から免れる．さらに，リステリア菌や赤痢菌は宿主のアクチン細胞骨格を利用して動き回り，オートファジーによる捕獲から逃げ回る．また，リステリア菌はファゴソームに捉えられてもその膜を破壊するタンパク質を分泌して脱出する．結核菌などは，V-ATPase の機能を抑えてファゴソームの酸性化を防ぎ，リソソーム酵素による分解から逃れて増殖する．

また，上記の細胞も含めていくつかのものでは，通常はファゴサイトーシスをしないタイプの宿主細胞に対して，自ら「食べられる」ように誘導して感染する巧みな技が見られる．そうすることで，宿主の免疫系細胞の監視の目から隠れてしまうのである．これらの病原菌の特殊な能力は，人類にとってはたいへん恐ろしいものではあるが，その巧妙さには感服させられる．

するのが難しくなる．そのため，老化した赤血球は肝臓や脾臓で食細胞によりファゴサイトーシスされて分解される．その際に取り出された鉄イオンは，適宜，血液中に放出されて再び赤芽球などの細胞にエンドサイトーシスされる（鉄イオンの取り込みとして先述した）．一方，骨髄では1分間に1億個以上の赤血球が新生されると見積もられる．ほ乳類の赤血球はその形成に際して核を細胞外に放出するのだが，その数は尋常ではない．これらの核もファゴサイトーシスにより処理される．いかに細胞のメンブレンダイナミクスが私たちの生命を支えているか，実感できるだろう．

◆ **タンパク質分解とリソソーム**

リソソームは，エンドソーム，ファゴソーム，そして自食作用により形成されるオートファゴソーム（次項で解説）などと融合し，それらの内容物を異化する．リソソームの機能に異常をきたすと，われわれの体内のさまざまな組織の活動に支障が生じる．特に，形成後にほとんど入れ替わることのない神経細胞では，変成したタンパク質などが大量に蓄積して深刻な病症を呈する．

リソソームには50種類以上の酵素が含まれる．それらは核酸分解酵素（nuclease），タンパク質分解酵素（protease），糖鎖分解酵素（glycosidase），脂肪分解酵素（lipase），脱リン酸化酵素（phosphatase），硫酸エステル分解酵素（sulfatase），リン脂質分解酵素（phospholipase）などである．これらのタンパク質には糖鎖が共有結合しており，リソソーム内でそれ自身が分解されるのを防いでいる．

なお，上記の酵素には複数のアイソフォームが存在し，リソソーム内の発現パターンには組織ごとに特徴がある．リソソームの膜上には水素イオン（H^+）ポンプ（V-ATPase）があり，内腔に向けて水素イオンを取り込んでいる．そのため，細胞質（pH 7.2程度）に対して，リソソーム内のpHは5以下と非常に強い酸性である．リソソームの酵素の最適pHは酸性であるため，リソソームが壊れて酵素が細胞質に流出しても，それらの酵素活性は抑えられ，タンパク質や核酸をむやみに分解することはない．

一部の細胞では，リソソーム様の細胞内顆粒が原形質膜に融合し，その内容物を細胞外に分泌する．たとえば，細胞傷害性T細胞やナチュラルキラー細胞では，溶解顆粒を放出することでウイルスに感染した細胞やがん細胞などを抹殺する．また血管が傷ついたときに，血小板はその内部の顆粒を放出することで血栓を作り，止血する．さらに日焼けにおいては，皮下のメラニン色素形成細胞（melanocyte）は色素顆粒を細胞外に放出し，それを表皮細胞の一種である ケラチン生成細胞（keratinocyte）が取り込み，皮膚に色素が沈着する．このように動物の生体反応では，体内のさまざまな細胞が特殊なリソソーム様顆粒を形成する．

📖 **異化**
生体内で有機化合物を比較的に単純な物質に変換（分解）することで，生命活動に必要な物質やエネルギーを取り出す反応のこと（例：細胞呼吸など）．逆に相当するのが同化（例：植物の光合成など）である．詳しくは第3章を参照．

📖 **アイソフォーム**
同一の生化学反応を触媒する一連の酵素のこと．意味を広げて，同じ機能をもつ複数のタンパク質を指すこともある．

一方，アメーバや繊毛虫などの原生動物では，食胞内に取り込んだ微生物などから栄養源を吸収した後に，その未消化物を細胞外に排出する．この排出も，おそらくはリソソームと原形質膜の直接的な融合を基盤としている．しかし，原生動物のメンブレントラフィックの研究は遅れており，その分子機構は未解明である．

9-3　その他のメンブレントラフィックについて
◆オートファジー：細胞の自食作用

細胞内の新陳代謝は，特に寿命が長い神経細胞などでは重要である．生体物質の細胞内分解機構の二大巨頭は，ユビキチン化されたタンパク質に対するプロテアソーム（第7章参照）と，細胞の自食作用である**オートファジー**（autophagy）である（図9-9）．

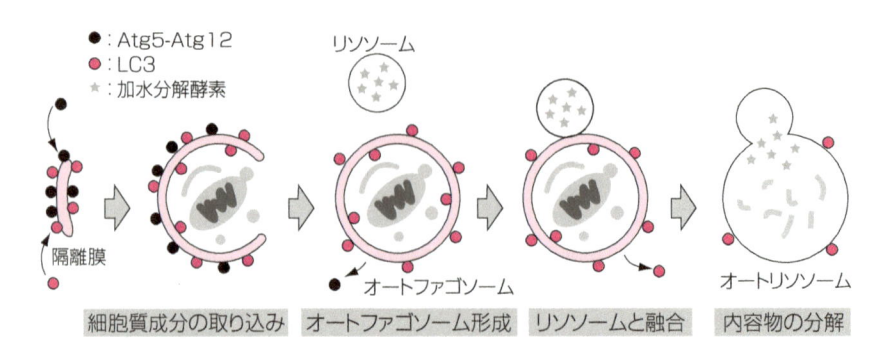

オートファジーでは，扁平な二重膜が伸展することで，原形質をがっぽりと包み込む．そして形成された**オートファゴソーム**（autophagosome）は，その外膜でリソソームに融合し，内容物を包んだ内膜ごとリソソーム内で分解される．オートファジーの機能が損われると，異常にフォールディングされたタンパク質の凝集を伴う神経細胞の変成がもたらされ，さまざまな神経系疾患の原因となることが指摘されている．また，オートファジーには，老朽化した細胞小器官を取り込んで分解する働きもある．特に，ミトコンドリアの機能管理については，マイトファジーという言葉が当てられる．

本来オートファジーは，飢餓状態におかれた細胞がその内容物を分解して生体物質を構成する材料（アミノ酸など）を獲得するための細胞現象として注目されてきた．その分子機構の解明は，一連の *ATG* 突然変異株の取得とそれらの原因遺伝子の特定によるところが大きい．

最近では，生まれたばかりのマウスが母乳を摂取するまでの間の生命活動に必要なエネルギーの供給や，細胞内に侵入した感染菌を処理するための防御機構など，オートファジーはさまざまな場面で重要な細胞現象であること

■ *ATG* **突然変異株**

飢餓状態におかれた出芽酵母は，オートファゴソームを形成してその内容物を分解する．この過程に支障を示す突然変異体を選別し，その原因遺伝子の機能を調べることで，オートファジーの分子機構が明らかになった．現在では，30種類以上の *ATG* 遺伝子が同定されている．

図9-9：オートファジー
オートファジーには複数の分子群が関与する経路が必要とされるが，一連のシグナル伝達因子の制御下において，隔離膜の伸展にはAtg5-Atg12複合体，およびLC3（Atg8ともいう）が働く．

が判明している．

◆トランスサイトーシス

細胞外物質を取り込み，原形質を横断して外に放出する現象を**トランスサイトーシス**（transcytosis）という．たとえば，ほ乳類の体表面積の大部分を占める小腸上皮は，病原菌や異物に対する防御機構の最前線であり，そこには免疫機能を司る細胞集団が常在している．

まず，腸管の主要な免疫グロブリンである IgA は，上皮細胞の基底膜側から polymeric Ig 受容体（pIgR）と結合して取り込まれて，**リサイクリングエンドソーム**（recycling endosome；RE）を経由して頂端面から腸管へ放出される．また同じ細胞でも，トランスフェリン受容体（TfR）は RE を経由して基底膜側へと送り返される．

一方，別の免疫グロブリンの分子種である IgG は Fc 受容体（FcR）と結合して，基底側から頂端面だけでなく，その逆方向にも上皮細胞を通過する．IgG-FcR と TfR は同一の RE に局在することから，おそらく異なる機能をもつ RE があるものと考えられる．細胞内で機能の異なる RE が形成される仕組みや，また RE の区画化については，まだ分子レベルでの解明が十分になされていないが，それらの制御には異なる Rab（8-3節参照）の分子種が機能するようだ．

なお，免疫グロブリンのトランスサイトーシスは，胎児が母体から免疫機能を授かる際にも重要である．また，上記の腸管免疫機能の適切な発現には，小腸上皮のバリア機能を乗り越えて，抗原となる異物が免疫担当細胞に感知されなくてはならない．この現象には，特定の細胞（M 細胞）のトランスサイトーシスを介した抗原輸送が大切である．

◆章末問題◆

1. リソソームで分解される物質は主に三つの経路をたどってリソソームに送られる．それら三つの経路を説明せよ．

2. スフィンゴ脂質はゴルジ体の脂質膜の内腔側で合成される．原形質膜に存在するスフィンゴ脂質は，その二重層の細胞質側と細胞外側のどちらに多く分布するか．その理由についても述べよ．

3. 出芽酵母のカルボキシペプチダーゼ（CPY）は粗面小胞体で合成されて，液胞で機能する酵素である．CPY のシグナルペプチドと緑色蛍光タンパク質 GFP の融合遺伝子を酵母細胞に発現させた．その結果，大部分の GFP は培養液中に検出された．液胞内に GFP のシグナルが検出されなかった理由を説明せよ．

4. ショウジョウバエの *shibire* 突然変異体は，高温下で神経伝達物質の放出に支障を生じて，痙攣して動き回ることができなくなる．このとき，突然変異体のシナプス前膜には，異常なほど多くの膜の貫入構造が認められる．*shibire* の原因遺伝子は，ダイナミンをコードしていた．なぜ，この

突然変異株では，神経伝達に支障が生じたか，その理由を述べよ．

◆参考文献◆

B. Alberts ほか著，『細胞の分子生物学 第5版』，ニュートンプレス(2010).

M. E. Taylor, K. Drickamer 著，『糖鎖生物学入門』，化学同人(2005).

森道夫 著，『新細胞病理学』，南山堂(1988).

B. Alberts ほか著，『細胞の分子生物学 第5版』，ニュートンプレス(2010).

高エネルギー加速器研究機構構造生物学研究センター・加藤龍一編，『入門構造生物学―放射光X線と中性子で最新の生命現象を読み解く―』，共立出版(2010).

田中啓二・大隅良典 編，『ユビキチン―プロテアソーム系とオートファジー――作動機構と病態生理』，共立出版(2007).

大野博司・吉森保 編，『メンブレントラフィックの奔流―分子から細胞，そして個体へ―』，共立出版(2009).

T. D. Pollard ほか著，『Cell Biology 2nd ed.』, Saunders (2007).

S. R. Goodman 編，『Medical Cell Biology 3rd ed.』, Academic Press (2007).

第10章 細胞のシグナル伝達

【この章の概要】

細胞には環境の変化に対応する能力が備わっている．ゾウリムシのような単細胞生物は餌を探し，温度の違いを感知し，重力を感知し，そして捕食者を感知することによって生き延びている．外部からの情報（シグナル）をより早く正確に感知することが生存には不可欠である．ゾウリムシを飢餓状態におくと細胞塊を形成し，異なる接合型どうしでペアを形成する．これは，細胞間の相互認識に従った，有性生殖である．

一方，多細胞生物では，多くの細胞が協調して個体の維持を行っている．受精卵が発生・分化して成体になる過程では，胚の細胞は互いに情報をやり取りすることによって，細胞の位置，細胞の役割，細胞の運命を決定していく．成体の体内でも，生理機能を維持するさまざまなシグナルが細胞間でやり取りされている．細胞の生存に必要なシグナルや増殖に必要なシグナルである．これらのシグナルを受け取れなくなると細胞はアポトーシスにより自殺する．そうすることで，多細胞体制が維持できる．

この章では細胞が情報伝達を行う仕組みを，細胞間シグナルと細胞内シグナルに分けて概説する．

この章のKey Word
シグナル分子
Gタンパク質連結型受容体
受容体チロシンキナーゼ
細胞内受容体
サイクリックAMP
三量体Gタンパク質
MAPキナーゼ

10−1 細胞間シグナル伝達
◆4種類の細胞間シグナル伝達系

細胞間の情報伝達は4種類に大別される．それらは，接触型情報伝達，局所型情報伝達，神経型情報伝達，内分泌型情報伝達である．

接触（contact-dependent）型情報伝達では，近接した情報発信細胞（signaling cell）と標的細胞（target cell）の間で，膜に結合したシグナル分子と受容体を仲介してシグナルがやり取りされる．細胞性免疫や胚発生過程の誘導現象などにおいて重要な細胞間シグナル伝達経路である．上述したゾウリムシやテトラヒメナの接合では，接合型の異なる細胞の間の接触が接合現象のひきがねとなる．

局所(paracrine)型情報伝達では，情報発信細胞が局所仲介物を出し，それが標的細胞の受容体に結合して情報が伝達される．体内に侵入したバクテリアにマクロファージが対するとき，マクロファージは局所仲介物質(マクロファージ走化性物質)を分泌し，他のマクロファージ(この場合の標的細胞)を集合させて防戦する．

一方，神経(synaptic)型情報伝達では活動電位と神経伝達物質を介して標的細胞に作用する．この伝達速度は 100 m/sec と非常に速く，遠く離れた細胞に迅速に情報を伝達できる．

そして，内分泌(endocrine)型情報伝達では，内分泌細胞が血中にホルモンを分泌することで，標的細胞に作用する．その伝達速度は神経型情報伝達よりもかなり遅いが，全身性のホメオスタシスの維持に重要である．

◆細胞外からのシグナルの重要性

単細胞生物でも，多細胞生物でも外部環境からいろいろなシグナルを受けている．単細胞生物のアメーバの運動を見ていると，不規則に仮足を出して運動している．しかし，エサを培地に入れるとエサに向かって運動を開始する．エサから出される物質(アミノ酸や糖)に向かって走性を示すのである．この物質は細胞外のシグナルとして，アメーバに働きかけているのである．

受精の際，精子は卵から出される誘引物質を感知して卵に向かって運動する．この誘引物質が細胞外シグナル分子として精子に働きかけ，精子は卵に向かって運動する．このように細胞外のシグナルは捕食や受精において重要な働きをしている．

細胞外からのシグナルが全くない状況を考えてみよう．ホルモンも成長因子も，そしてエサとなる栄養素もない状況である．細胞は生きていけるだろうか？ 生命活動を維持するための栄養がなければ細胞は生きていけない．細胞外からのシグナルは細胞の生命活動にとっては不可欠である．細胞は細胞外からのいろいろなシグナルを受容することによって増殖し，生殖活動を行っているのである．

このように動物の細胞は外環境からいろいろなシグナルを受けている．細胞外からのシグナル伝達で重要なことは，1種類の伝達物質が複数の生命現象を引き起こすことである．

たとえば，神経伝達物質のアセチルコリン(acetylcholine)は，心筋細胞の収縮の割合，頻度，力を減少させることで，心臓の動きをリラックスさせる．また，アセチルコリンが血管の内側にある内皮細胞(endothelial cell)に作用すると，受容体を介して一酸化窒素(nitric oxide；NO)合成酵素が活性化される．そして，産生されたNOは血管の平滑筋に作用し，グアニル酸シクラーゼ(guanylyl cyclase)を活性化して，GTPから環状GMP (cyclic GMP；cGMP)の合成を促す．cGMPは血管の平滑筋を弛緩させ，血管が広がって

■ 血中ホルモン
ホルモンは内分泌器官から血液中に放出されて標的器官に作用し，その働きを調節する．血中のホルモン濃度は非常に低濃度であるが，生体の調節作用のために重要である．

■ cGMP
cGMP(環状グアノシン一リン酸)はグアニル酸シクラーゼによってGTPから合成される環状ヌクレオチドで，cAMP(環状アデノシン一リン酸)と同じようにセカンドメッセンジャーとして働く．

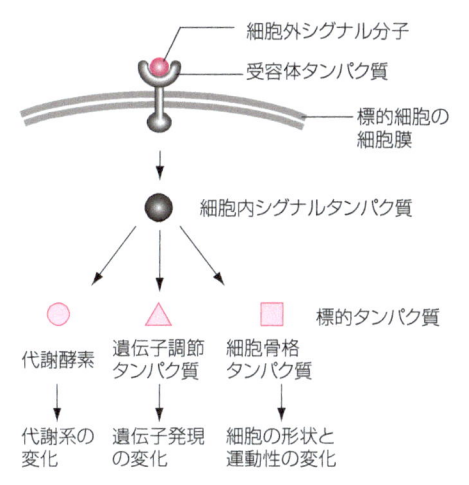

図10-1：細胞外シグナルは細胞の働きを変える
細胞外シグナル分子が細胞表面の受容体に結合するとシグナル伝達系が活性化され，代謝や遺伝子発現，細胞形態，細胞運動に変化が生じる．

血流量が上昇する．なお，NOの半減期は5〜10秒であるため，血流量は瞬間的に上がるが，すぐに戻ってしまう．心筋梗塞の患者の特効薬であるニトログリセリンは，舌の下に入れるとNOを生じる．これが舌の血管から吸収され，心臓の血管を弛緩させ血流量を増加させる．さらに，アセチルコリンには，唾液腺細胞に作用して唾液分泌を起こし，骨格筋細胞に働きかけてその収縮性を高める働きもある．このように同じアセチルコリンでも，標的ごとに異なる生命反応を誘導する．

図10-1に，細胞外からのシグナル分子を受けとった細胞に起こる反応を，模式的に示した．細胞外のシグナル分子は，受容体タンパク質（receptor protein）と結合して，細胞内シグナル伝達タンパク質の活性を制御する．そして，シグナルは複数の標的タンパク質に伝達される．標的タンパク質が酵素であれば代謝系の変化が，遺伝子調節タンパク質であれば転写制御が，さらに細胞骨格タンパク質であれば細胞の形態変化や運動性の変化が誘導される．

◆細胞外シグナル分子の受けとり方

一般的に，親水性のシグナル分子は細胞表面受容体と結合して，細胞内にシグナルを送る．たとえば，インスリン（insulin）は血液や体液に溶け込んで標的細胞に達するが，細胞膜を通り抜けることができないため，細胞表層にある受容体に結合して標的細胞に働きかける．

一方，低分子量の疎水性のシグナル分子の場合は水に溶けないため，血中や体液中では運搬タンパク質（carrier protein）と結合している．そして標的細胞に達すると，疎水性シグナル分子は運搬タンパク質から離れて，細胞膜を通り抜け細胞に入り込み，細胞内受容体（intracellular receptor）に結合し

■ **疎水性シグナル分子の例**

コーチゾルは副腎から分泌される．血圧を上昇させ，心拍数を増加させて，代謝を亢進させる．発情ホルモンは卵巣から分泌されて，女性の二次性徴の誘導と維持を行う．男性ホルモンは精巣から分泌されて，男性の二次性徴を促す．チロキシンは甲状腺から出て代謝亢進をする．ビタミンD_3やレチノイン酸は発生過程における細胞の分化誘導に働く．コーチゾルを例に挙げると，コーチゾルは拡散によって細胞膜を直接透過し，細胞質の受容体タンパク質と結合する．そして，核膜孔を通って核内に運び込まれたホルモン−受容体複合体は，DNAの特定の調節配列に結合して標的遺伝子の転写を活性化（あるいは抑制）する．なお，他のステロイドホルモンには，核の中まで直接に入り込み，DNA上に結合した受容体に作用するものもある．

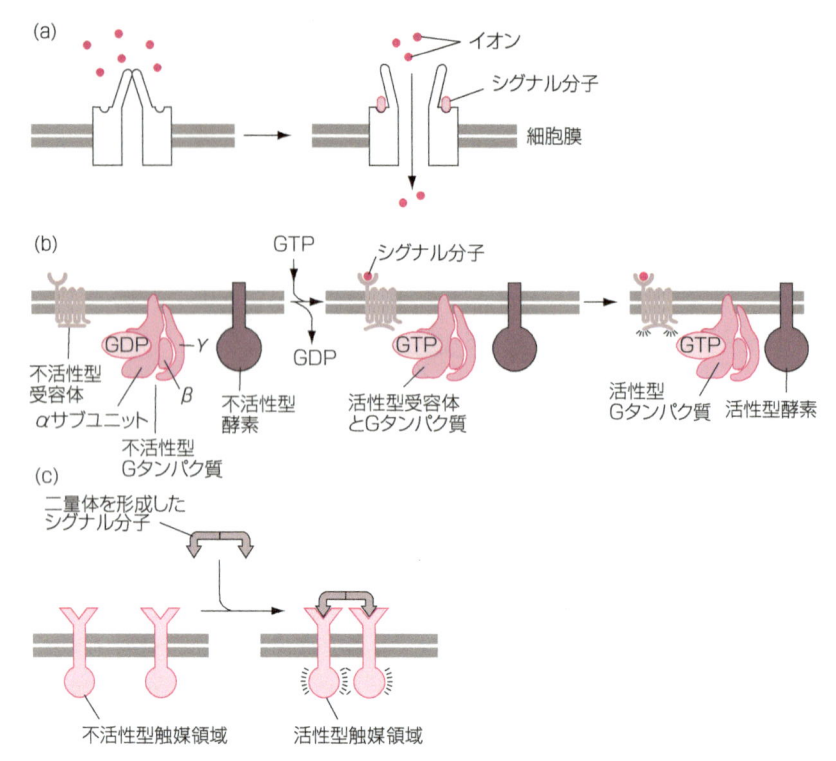

図10-2：3種類の細胞表面受容体
(a) イオンチャネル連結型受容体．シグナル分子が結合するとチャネルが開く．(b) Gタンパク質連結型受容体．シグナル分子が結合すると，三量体Gタンパク質のαサブユニットに結合していたGDPがGTPと入れ替わり，三量体Gタンパク質は活性化し，標的酵素を活性化する．(c) 酵素連結型受容体．二量体を形成したシグナル分子と結合すると酵素連結型受容体も二量体を形成して，細胞内の酵素活性領域が活性化する．

て作用する．低分子量疎水性シグナル分子には，コーチゾル(cortisol)，発情ホルモン(estradiol)，男性ホルモン(testosterone)，チロキシン(thyroxine)，ビタミン(vitamin) D_3，レチノイン酸(retinoic acid)などがあり，これらは細胞内受容体や核受容体(nuclear receptor)と結合して遺伝子発現を制御する．なお，コーチゾル，発情ホルモン，男性ホルモンはステロイドホルモンである．

10-2 細胞内シグナル伝達

◆3種類の細胞表面受容体

　細胞表面受容体とはホルモンや細胞増殖因子などの細胞外シグナル分子と結合し，細胞外のシグナルを細胞内のシグナルに変換するタンパク質である（図10-1）．

　細胞表面受容体には，イオンチャネル連結型受容体(ion-channel-linked receptor)，Gタンパク質連結型受容体(G-protein-linked receptor)，酵素連結型受容体(enzyme-linked receptor)の3種類がある（図10-2）．

イオンチャネル連結型受容体は，シグナル分子と結合するとチャネルが開く．イオンがそこを通って細胞の中に入り，シグナル伝達を行う．Gタンパク質連結型受容体は7回膜貫通領域をもっており，シグナル分子が結合するとGタンパク質が活性化して，酵素や標的タンパク質を活性化する（10-3節参照）．酵素連結受容体はシグナル分子と結合すると二量体を形成して活性化し，細胞内の基質をリン酸化してシグナルを伝達する（10-4節参照）．

◆シグナル分子と結合した受容体の不活性化

受容体は必要になったら細胞表面に出てきて，働き終わったら消失する．そうすることで，働くべき細胞が必要な時期にシグナルを受け取り，シグナルに反応する．

シグナル分子と結合した後の受容体を不活性化するには，次のような方法がある．

① シグナル分子と結合した受容体が，エンドサイトーシス（第9章参照）によって小胞内に取り込まれて，シグナル伝達が停止する．エンドサイトーシスされた受容体の運命は二つに分かれる．一つは受容体が初期エンドソームからリサイクリングエンドソームを介して再び膜表面に出現して働く場合である．もう一つは受容体を取り込んだ初期エンドソームが後期エンドソームへと成熟し，リソソームと融合してプロテアーゼによって受容体が分解される場合である．
② シグナル分子と結合した受容体の細胞質側部分がリン酸化されるか，あるいは別の制御タンパク質が結合して，不活性化する．
③ 受容体から細胞内のシグナル伝達タンパク質にシグナルが伝達された後，フィードバック機構が作動して特定のシグナル伝達経路が抑制される．

このようにすることで，シグナル分子の入力に対して，細胞は適切に反応できる．

◆細胞外シグナルは緩急両用

ホルモンや細胞増殖因子などの細胞外シグナルは緩急いずれにも作用しうる（図10-3）．

細胞外シグナルを受け取った受容体は，細胞内シグナルを出す．シグナルの作用は，酵素や構造タンパク質などの活性や細胞内機能の変更と，核での遺伝子発現の制御に大別できる．

細胞の成長や分裂の促進には，遺伝子発現の変化や細胞質での新たなタンパク質の合成がかかわるので，変化が顕在化するまでに時間を要する．一方，細胞の運動，ホルモンや酵素の分泌・代謝の変化などの場合は，核が関与せ

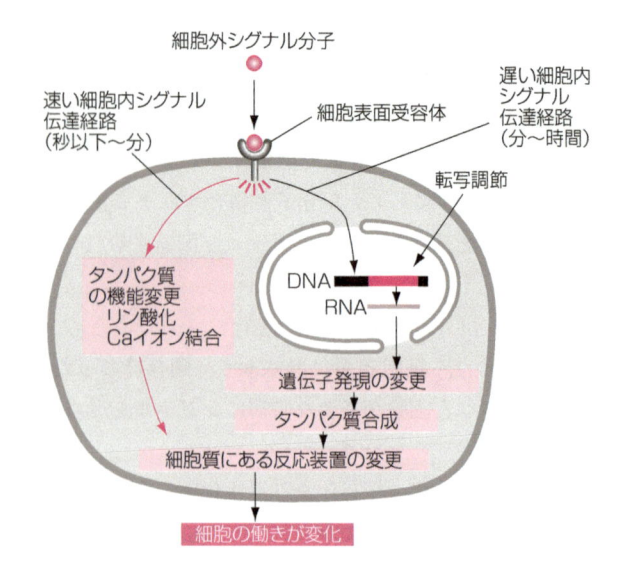

図10-3：緩急2種類のシグナル伝達機構
細胞の運動や分泌，代謝は細胞質のタンパク質のリン酸化やCaイオンの結合などで対応できるため，迅速に反応する．一方，細胞の成長や増殖は遺伝子発現とタンパク質合成がかかわるので時間がかかる．

ず，細胞質の標的タンパク質を急速にリン酸化することなどで，迅速に応答できる．

◆細胞内シグナル伝達タンパク質

　細胞表面受容体によって細胞内に伝えられたシグナルは，細胞内シグナル伝達タンパク質を介して標的タンパク質に伝えられる（図10-1）．
　シグナル伝達タンパク質の活性化の制御機構には，主に二つのパターンがある（図10-4）．一つはシグナル伝達タンパク質がタンパク質キナーゼによりリン酸化され，その活性が制御されるものである．
　もう一つは，三量体Gタンパク質（trimeric G-protein）や低分子量GTPアーゼ（small GTPase）などのシグナル伝達タンパク質に特有のものであり，グアニンヌクレオチドの結合状態により活性が制御される．つまり，GTP結合状態が活性化型で，GDP結合状態が不活性化型である．
　三量体Gタンパク質はα, β, γの三つのサブユニットから構成されている．αサブユニットにGTPが結合すると，αサブユニットと$\beta\gamma$ヘテロダイマーは解離し，それぞれが標的タンパク質に作用する．
　一方，後述するRasのような低分子量GTPアーゼは，活性化すると細胞膜に移行して標的タンパク質と結合し，その酵素活性や細胞内局在性を制御する．低分子量GTPアーゼの標的分子は，タンパク質キナーゼやホスファターゼなどのシグナル伝達因子や，細胞内でタンパク質が複合体を形成する

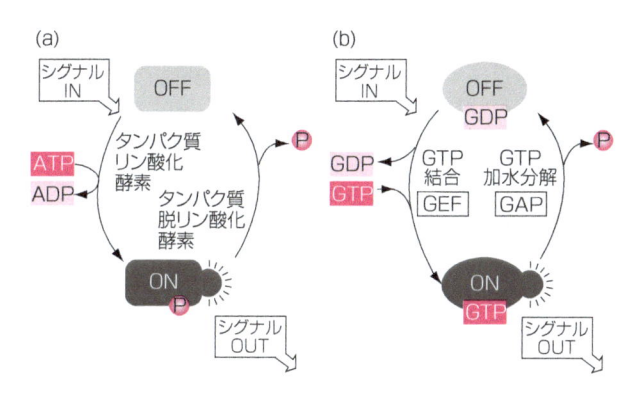

図10-4：分子スイッチとして働く2種類の細胞内シグナルタンパク質
(a) リン酸化によるシグナル．タンパク質リン酸化酵素（タンパク質キナーゼ）によるリン酸化で活性化し，タンパク質脱リン酸化酵素による脱リン酸化で不活性となる．(b) GTP結合によるシグナル．GTP結合タンパク質はGTPと結合して活性化し，GTPが加水分解してGDPになると不活性化する．

ための足場を提供する因子など多岐にわたる．その細胞内活性は，GTP結合型からGDP結合型への変換を促進するGAP（GTPase-activating protein），および結合しているヌクレオチドを引き離すGEF（guanine-nucleotide exchange factor）により制御されている（図10-4）．細胞内ではGDPよりもGTPの濃度が高いため，ヌクレオチドを引き離された低分子量GTPアーゼはGTPと優位に結合する．低分子量GTPアーゼの種類によっては，GDP型の分子と強く結合して細胞膜に移行するのを引き留めるGDI（guanine-nucleotide dissociation inhibitor）の働きも，その活性制御に重要である．

10-3 イオンチャネル連結型受容体

　イオンチャネル連結型受容体は特定のシグナル分子と結合するとチャネルが開き，特定のイオンを細胞内に透過してシグナル伝達を行う（図10-2a）．シグナル分子としてはアセチルコリン，グリシン，GABA（γ-アミノ酪酸），グルタミン酸，イノシトール三リン酸（IP_3）などがある．

　アセチルコリン受容体にはイオンチャネル連結型受容体のニコチン性アセチルコリン受容体と，Gタンパク質連結型受容体のムスカリン性アセチルコリン受容体がある．ニコチン性アセチルコリン受容体はニコチンがアセチルコリンと同様の作用を持つのでこのように呼ばれる．筋肉の収縮はニコチン性アセチルコリン受容体を介して行われる．運動神経の興奮によって運動神経の終末のシナプスより放出されたアセチルコリンは筋細胞膜にあるニコチン性アセチルコリン受容体に結合，チャネルを開きNa^+が細胞内に流入して脱分極を引き起こし，筋収縮の引き金を引く．

グリシン受容体は神経伝達物質であるグリシンと結合してチャネルを開き塩素イオン(Cl^-)を透過する。GABA受容体は抑制性である神経伝達物質であるGABAと結合し、塩素イオン(Cl^-)を透過し、その結果膜電位が下がり、過分極となり活動電位が出にくくなる。

グルタミン酸受容体は神経伝達物質であるグルタミン酸と結合してチャネルを開き陽イオン、ナトリウムイオン(Na^+)、カリウムイオン(K^+)、カルシウムイオン(Ca^{2+})などを透過する。

イノシトール三リン酸(IP_3)受容体は小胞体上にあり、IP_3と結合して、チャネルを開き小胞体内にあるCa^{2+}を細胞質に放出する。IP_3受容体は図10-6に示したようにIP_3-調節Ca^{2+}-放出チャネルとも呼ばれている。

10-4　Gタンパク質連結型受容体

◆三量体Gタンパク質

Gタンパク質連結型受容体は100種類以上あるといわれており、それぞれが特異的なシグナル分子と結合し、その近傍にあるGタンパク質に作用する（図10-2b）。GTPと結合し活性化したαサブユニットと、$\beta\gamma$ヘテロダイマーがそれぞれ標的タンパク質（図では酵素）にシグナルを伝達する。αサブユニットがそれ自身のヌクレオチド加水分解活性によりGTP結合型からGDP結合型へと変化すると、再びαサブユニットは$\beta\gamma$ヘテロダイマーと会合して、不活性なGタンパク質に戻る。

この一連のサイクルは数秒以内という非常に短い時間で終了する。つまり、このシグナル伝達は一過的である。コレラ毒素が作用したαサブユニットでは、そのGTPの加水分解活性が阻害されることで、活性化状態が継続する。その結果、αサブユニットの標的タンパク質であるチャネル分子が塩素イオンと水を細胞外に排出し続け、下痢の症状を呈する。一方、百日咳毒素はαサブユニットをGDP結合状態に留めることでシグナル伝達を攪乱する。

◆$\beta\gamma$複合体による心筋細胞の弛緩

心筋細胞にアセチルコリンが作用すると、心筋の収縮の割合、頻度、力が減少することを上述したが、この過程には三量体Gタンパク質が関与する。

アセチルコリンがムスカリン性アセチルコリン受容体へ結合することにより、αサブユニットがGTP型に変化する。その結果、αサブユニットから$\beta\gamma$ヘテロダイマーが解離し、心筋細胞の膜上にあるK^+チャネルを開放し、細胞外へのK^+の流出を引き起こす。それにより、細胞内の静止電位が下がって過分極状態となり、心筋には活動電流が流れずに弛緩した状態になる。そして、αサブユニットがGTPを加水分解して不活性になると、$\beta\gamma$複合体と再結合して不活性型状態に戻し、K^+チャネルは閉じて、静止電位は回復する。

■ 百日咳毒素
百日咳毒素は百日咳菌が産生する毒素で、三量体GTP結合タンパク質のαサブユニットの働きを阻害して、情報伝達を遮断する。

■ コレラ毒素
コレラ毒素はコレラ菌が産生する腸管毒素である。αサブユニットに作用して標的タンパク質であるアデニル酸シクラーゼを活性化し、cAMP量を増加させる。

■ ムスカリン性アセチルコリン受容体
アセチルコリン受容体の一つで、ムスカリンがアセチルコリンと同じ作用をするのでムスカリン性アセチルコリン受容体と呼ぶ。Gタンパク質連結型受容体の一種である。副交感神経の神経終末に存在し、副交感神経の作用に関与する。

◆αサブユニットとcAMPが仲介する細胞内シグナル伝達

　Gタンパク質の活性型αサブユニットが酵素を活性化して細胞内二次メッセンジャーを大量に合成した時点で，シグナルは大きく増幅する．この二次メッセンジャーとして重要な分子は，環状AMP（cyclic AMP；cAMP）である．

　cAMPはアデニル酸シクラーゼ（adenylyl cyclase）によってATPから合成される．そして，cAMPの環状部分がcAMPホスホジエステラーゼ（cAMP phosphodiesterase）によって切断されると，5′-AMPとなり不活性化する．

　眠気を覚ますためにコーヒーを飲む人は多い．コーヒーに含まれるカフェインには，cAMPホスホジエステラーゼを阻害する活性がある．その結果，cAMPの分解が抑えられることで，眠気が覚めると考えられている．

　cAMPが二次メッセンジャーとして仲介する細胞応答は多岐に及ぶ．た

> **細胞内二次メッセンジャー**
> 細胞外シグナル分子が受容体に結合すると細胞内シグナルタンパク質によって新たな情報伝達物質が作られ，細胞の働きに影響を及ぼす．この二次的に産生される情報伝達物質を細胞内二次メッセンジャーと呼ぶ．環状AMP，環状GMP，IP_3が相当する．

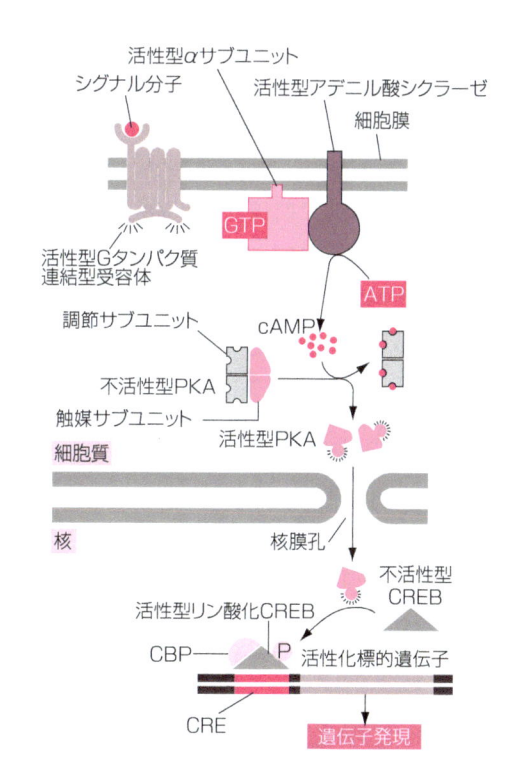

図10-5：サイクリックAMPによる遺伝子発現制御
シグナル分子がGタンパク質連結型受容体に結合するとGタンパク質のαサブユニットを活性化し，活性型αサブユニットはアデニル酸シクラーゼを活性化する．その結果，サイクリックAMPが多量に合成され，サイクリックAMPはサイクリックAMP依存タンパクキナーゼ（PKA）の調節サブユニットに結合し，PKAの触媒サブユニットを活性化する．活性化した触媒サブユニットは核内に入り，遺伝子調節タンパク質であるサイクリックAMP応答配列結合タンパク質（CREB）をリン酸化する．CREBはCREB結合タンパク質（CBP）と結合した後，サイクリックAMP応答配列（CRE）に結合し標的遺伝子の転写を促進する．CBPはCREBのコアクチベーター（活性化因子）である．

とえば，アドレナリンが心臓に作用して心拍数と収縮力が増加するとき，筋肉に作用してグリコーゲンの分解が起こるとき，そして脂肪細胞に作用して脂肪の分解が生じるときなどである．副腎皮質刺激ホルモン（ACTH）が副腎に作用してコルチゾールが分泌される際にもcAMPが働く．

図10-5に，cAMPが仲介するシグナル伝達経路を示した．シグナル分子が受容体に結合してGタンパク質のαサブユニットが活性化すると，αサブユニットは膜に結合しているアデニル酸シクラーゼを活性化する．合成されたcAMPは，cAMP依存型タンパク質キナーゼ（protein kinase A；PKA）に作用する．PKAは二つの触媒サブユニットと二つの調節サブユニットから構成されており，各調節サブユニットにcAMPが二分子ずつ結合すると，触媒サブユニットから調節サブユニットが離れて，触媒サブユニットのタンパク質リン酸化酵素活性が著しく上昇する．そして，触媒サブユニットは核の中に入り，cAMP応答配列結合タンパク質（cAMP response element binding protein；CREB）をリン酸化することで，活性化する．CREBはDNA上のCREB結合配列に結合し，さらにCREB結合タンパク質（CREB-binding protein；CBP）と会合することで，特定の遺伝子の転写を促す．

このように，cAMPは速効型のシグナル伝達系の二次メッセンジャーとして働くだけでなく，遺伝子発現に関係するような遅延型のシグナル伝達系も制御する．そういう点では，cAMPの働きは非常に多岐にわたっており，複雑な仕組みで生理作用を調節している．

◆αサブユニットとイノシトールリン脂質による細胞内シグナル伝達

細胞膜の成分であるPI（ホスファチジルイノシトール，1-1節参照）は，シグナル伝達に重要なリン脂質である（図10-6）．PIはホスファチジルイノシトールリン酸化酵素群により，そのイノシトール環のヒドロキシ基がリン酸化されることで，いくつかの分子種へと変化する．

そのうちの一つが**ホスファチジルイノシトール 4,5-二リン酸**（PI 4,5-bisphosphate；PI(4,5)P$_2$）である．PI(4,5)P$_2$はGタンパク質のαサブユニットによって活性化されたホスホリパーゼC-β（phospholipase C-β）の働きで，ジアシルグリセロール（diacylglycerol；DIG）とイノシトール1,4,5-三リン酸（inositol 1,4,5-trisphosphate；IP$_3$）へと分解する．IP$_3$は滑面小胞体膜に存在する**IP$_3$調節Ca^{2+}放出チャネル**（IP$_3$-gated Ca^{2+}-release channel）を開き，Ca^{2+}を細胞質中に放出させる．そして，Ca^{2+}はDIGとともにprotein kinase C（PKC）を活性化する．

活性化したPKCは細胞増殖を促進する．DIGによく似た物質に，細胞をがん化させるホルボールエステルが知られている．ホルボールエステルはDIGとは異なり壊れにくいが，PKCを活性化する能力がある．そのため，

■ アデニル酸シクラーゼ
ATPの環状AMP（cAMP）とピロリン酸への変換を触媒する酵素．

■ PKA
cAMP依存性タンパク質キナーゼで，標的タンパク質のセリンとスレオニン残基をリン酸化する．cAMPを介した細胞内シグナル伝達系で中心的な役割を果たす．

■ 日本人の活躍
Ca^{2+}がPKCを活性化させる反応の分子機構を明らかにしたのは，御子柴である．また，PKCの発見者は西塚である．このように，この反応経路の解明においては，日本人研究者が大きく貢献した．

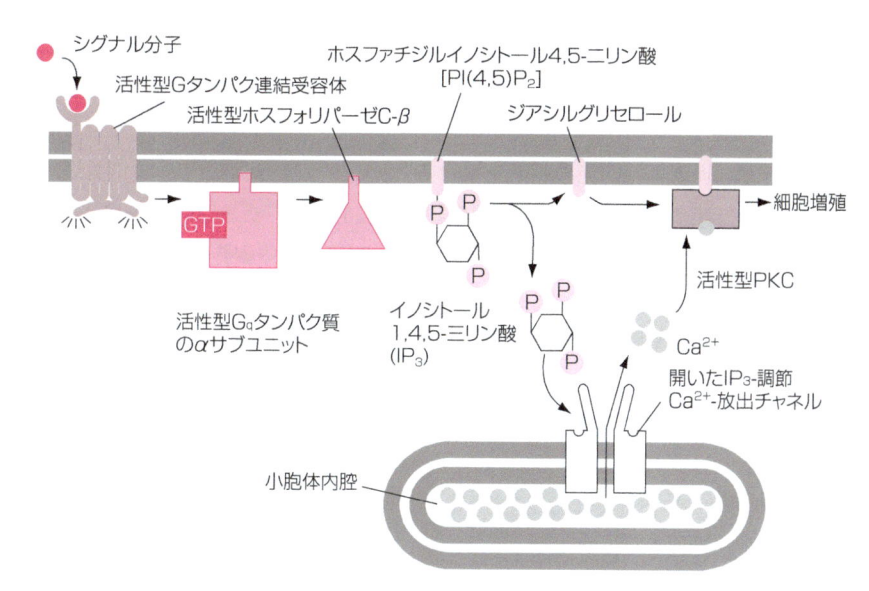

図10-6：Gタンパク連結型受容体による細胞内カルシウムイオンの上昇とPKCの活性化
シグナル分子によって活性化されたGタンパク連結型受容体はG_qタンパク質を活性化する．活性型G_qタンパク質はホスフォリパーゼC-βを活性化し，活性型ホスフォリパーゼC-βは$PI(4,5)P_2$をジアシルグリセロールとIP_3に分解する．IP_3は小胞体上のIP_3調節Ca^{2+}-放出チャネルを開き，小胞体からカルシウムイオンを放出させる．カルシウムイオンとジアシルグリセロールは細胞質から細胞膜に移動するタンパクキナーゼC（PKC）を活性化する．PKCはPKAと同じような機能をもつが，標的となるタンパク質は異なる．

ホルボールエステルによってPKCが恒常的に活性化されるので，細胞増殖は継続し，細胞のがん化が誘導される．

◆細胞内シグナル伝達におけるCa^{2+}の重要性

滑面小胞体から放出されたCa^{2+}はPKCを活性化するだけではなく，さまざまな作用を担う．

たとえば，骨格筋，心筋，および平滑筋の収縮はCa^{2+}により誘導される（第13章参照）．また，ウニの受精において，卵からの誘引物質の作用によって，精子内へのCa^{2+}流入が生じ，シグナル伝達系が活性化して精子ベン毛運動の速度が上昇する．さらに，受精した卵では，精子が侵入した部分からCa^{2+}濃度が上がり，波のように細胞質内に広がっていく．この受精波は卵細胞の膜を変化させて，他の精子の侵入を阻止するとともに，胚発生を開始させる．

◆網膜の桿体光受容細胞のシグナル伝達

網膜の桿体光受容細胞は光に非常に敏感である．光を吸収する**ロドプシン**（rhodopsin）は，桿体光受容細胞の外節の中にある小胞（円板）膜に埋め込まれている．神経伝達物質は細胞の反対の端から分泌され，網膜の神経細胞が発火し，脳へシグナルを送る．

暗所では，桿体細胞のロドプシンは不活性状態でNa^+チャネルは開いて

桿体光受容細胞
眼の網膜に存在する光受容細胞（視細胞）には明所で機能する錐体と暗所で機能する桿体がある．桿体は視物質ロドプシンをもち，色の違いは区別できない．

■ 脱分極・過分極
細胞膜は静止膜電位（-70 mV）で定常状態であり，膜の内側は外側に対して負の電位をもつ．この状態を膜が分極しているという．静止膜電位からプラス方向に膜電位が変化することを脱分極，マイナス方向に変化することを過分極と呼ぶ．

いるため，細胞内に Na^+ が流れ込み，脱分極している．活動電流が流れることで，放出された神経伝達物質はシナプスのうしろに位置する視神経の働きを抑制している．

一方，桿体細胞が光の刺激を受けると，シグナルは円板内のロドプシン分子から外節の細胞質を通り，外節の細胞膜にある Na^+ チャネルへ伝達される．シグナルに応答して Na^+ チャネルが閉じると，桿体細胞の膜電位は過分極する．その結果，神経伝達物質の放出は停止し，シナプスのうしろにある視神経の抑制は解除され，興奮した視神経から光刺激のシグナルが脳に伝達される．

この一連の反応に介在するのは，三量体Gタンパク質のαサブユニットである**トランスデューシン**（transducin）によるcGMPの調節である．すなわち，暗所では，cGMPは Na^+ チャネルに結合して，チャネルを開かせている．光刺激を受けると，ロドプシンがトランスデューシンを活性化し，トランスデューシンがcGMPホスホジエステラーゼを活性化してcGMPを分解する．その結果，Na^+ チャネルは閉じる．

◆桿体細胞における光シグナルの大幅な増幅

桿体細胞では光シグナルの大きな増幅が生じる．光量子のエネルギー 2.5 eVとして，次のように考えることができる．

1分子のロドプシンが1個の光量子のエネルギー（2.5 eV）を吸収すると，500個のトランスデューシンが活性化されて，さらに同数のcGMPホスホジエステラーゼを活性化する．その結果，10^5（= 10万）分子のcGMPが加水分解される．そして，250個の Na^+ チャネルが閉じて，1 pA の電流が流れる．1 pA の電流のエネルギーは 2×10^5 eV に相当することから，シグナルは 8×10^4 倍に増幅されると見積もられる．

このように，眼の網膜の桿体細胞におけるシグナル伝達系は非常に感度よく，そこには三量体Gタンパク質が関係している．

■ pA
pico A のこと．
10^{-12} A を意味する．

◆嗅覚受容体

視覚と同様に嗅覚でもGタンパク質が重要な働きをしている．嗅細胞にある嗅覚受容体はGタンパク質連結型受容体の一種である．匂い分子が嗅覚受容体に結合すると細胞内の三量体Gタンパク質を活性化する．その結果，αサブユニットである G_{olf} はアデニル酸シクラーゼを活性化してcAMPを合成し，cAMPは Na^+ チャネルを開き Na^+ が細胞内に流入して脱分極が起きる．そして活動電位が生じ，脳へと匂いの情報を送るのである．ヒトの嗅覚受容体遺伝子は300種類以上あり，多くの匂いをかぎ分けることを可能にしている．

このように，視覚や嗅覚において三量体Gタンパク質がかかわるシグナ

ル伝達系が重要な役割を担っているのである．

10-5 酵素連結型受容体
◆受容体チロシンキナーゼ

　酵素連結型受容体は，その細胞質側ドメインが**チロシンキナーゼ**（tyrosine kinase）活性をもつ．シグナル分子と結合した受容体は二量体を形成し，それぞれのキナーゼドメインが接触相手の受容体のチロシン残基をリン酸化する．リン酸化されたチロシン残基には細胞内シグナルタンパク質が特異的に結合し，下流の反応が進行する．

　ここでは，Ras/MAPキナーゼシグナル伝達系について解説する（図10-7）．受容体のリン酸化チロシン残基にはアダプタータンパク質が結合し，さらに代表的な低分子量GTPアーゼであるRasのGEFを引き寄せる．その結果，RasはGDP結合型からGTP結合型となり活性化し，その下流にあるMAPキナーゼカスケードに作用する．

　活性型RasはMAPキナーゼキナーゼキナーゼ（MAPKKK），MAPキナーゼキナーゼ（MAPKK），そしてMAPキナーゼ（MAPK）の三つからなるMAPキナーゼカスケードを活性化する（図10-8）．その結果，遺伝子調節タンパク質や種々のタンパク質がリン酸化される．遺伝子調節タンパク質の活性化によって遺伝子発現が変化すると，細胞増殖や細胞分化に大きな影響が生じる．Rasの最下流にあるMAPキナーゼは，複数の標的タンパク質をリン酸化することでタンパク質の機能や遺伝子発現を調節する．

■ **キナーゼカスケード**
キナーゼカスケードとは，上位にあるタンパク質リン酸化酵素が下流のタンパク質リン酸化酵素をリン酸化することで活性化する反応のことであり，細胞内のシグナルを増幅し，さらに他のシグナル伝達経路へとシグナルを分岐させるのに重要である．まさに，水が滝（＝カスケード）から勢いよく流れ落ち，下流で広がるような状況である．

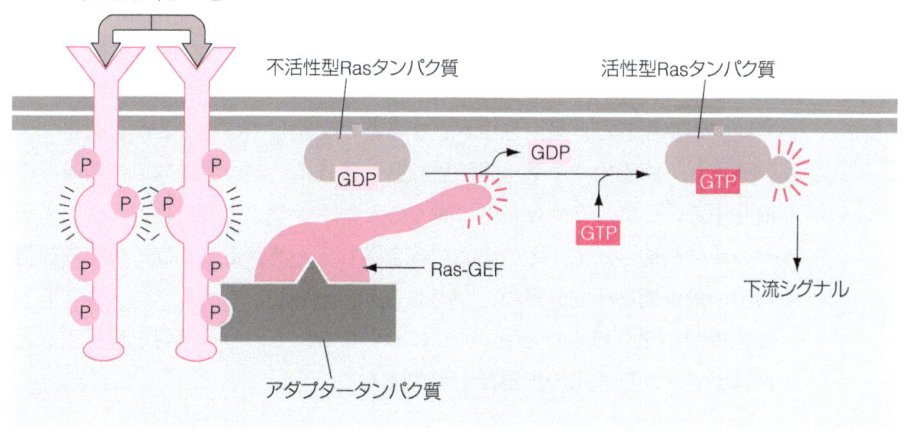

図10-7：受容体チロシンキナーゼによるRasの活性化
二量体シグナル分子が結合することによって活性化された受容体チロシンキナーゼは交互にチロシンをリン酸化する．リン酸化チロシンの一つにアダプタータンパク質（Grb2）が結合し，RasのGDPをGTPに交換するRas-GEF（Sos）を活性化する．その結果，GTPを結合して活性化したRasはシグナルを下流に伝達する．

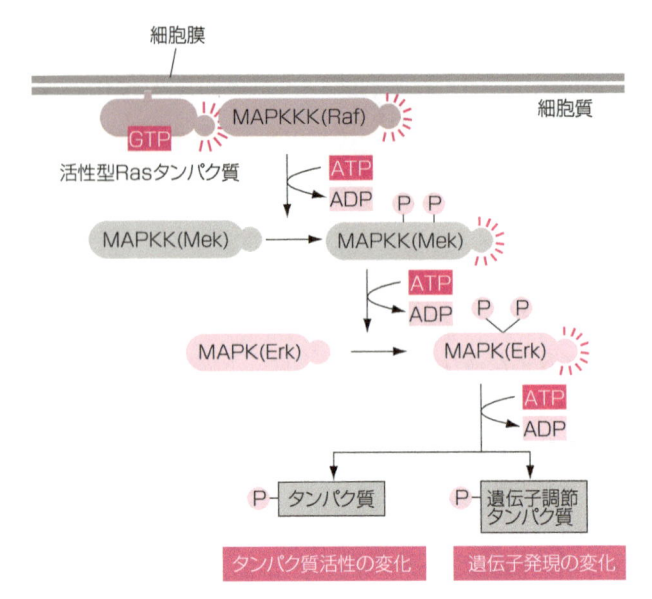

図10-8：Ras は MAP キナーゼカスケードを活性化する

　Ras の発見の歴史を見ると，がんウイルス由来の遺伝子として v-Ras がまず発見された．その後に正常細胞に発現している c-Ras が発見され，細胞増殖や細胞分化に重要な役割を担っていることが判明した．がん化した細胞では，突然変異により c-Ras のヌクレオチド加水分解活性が損失しており，恒常的に活性化状態にあるケースが多く見つかっている．細胞増殖のシグナルが入り続けてしまうとたいへんなことになるのである．

◆シグナル伝達系は相互連絡している

　Gタンパク質連結型受容体と酵素連結型受容体のシグナル伝達経路をたどってみると，その下流は交差している（図10-9）．シグナル伝達経路について研究が進展した結果，さまざまな経路が交差していることが判明してきた．つまり，細胞内でシグナル伝達経路が複雑に，かつ縦横無尽に情報をやり取りすることで，細胞は正常に働くことができる．そのため，シグナル伝達がいかに制御されて，どのように統合されるか調べることは，現在の細胞生物学の最重要な研究分野の一つである．
　細胞のがん化や個体の発生・分化においても，その分子機構を理解するためにはシグナル伝達系の理解は不可欠である．

10-5 ◆酵素連結型受容体

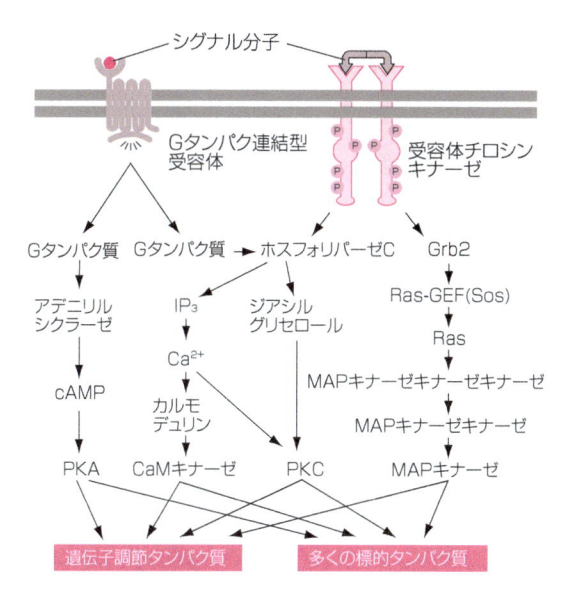

図10-9：シグナル伝達系の複雑なネットワーク
活性型Gタンパク質連結型受容体はGタンパク質を活性化し，ホスホリパーゼCを活性化する．一方，受容体チロシンキナーゼもホスホリパーゼCを活性化する．IP_3によって小胞体から放出されたCaイオンはジアシルグリセロールとともにPKCを活性化する．また，Caイオンはカルシウム結合タンパク質であるカルモデュリンを活性化してカルモデュリン依存キナーゼ(CaMキナーゼ)を活性化する．異なる受容体がホスホリパーゼCの下流のシグナル伝達系を活性化しているのである．

◆章末問題◆

1 以下の物質の類似点と相違点について述べよ．
(1) 三量体Gタンパク質と低分子量GTPase
(2) PKAとPKC
(3) cGMPとcAMP
(4) ジアシルグリセロールとイノシトール 1,4,5-三リン酸(IP_3)
(5) Gタンパク連結型受容体と受容体チロシンキナーゼ

2 酵素連結受容体を介したシグナル伝達系に関する次の文を読み，以下の問いに答えよ．
　がん遺伝子のv-Rasは強い発がん活性をもっている．驚くべきことにわれわれの細胞はRasをもっており，Rasが細胞増殖に重要な働きをしていることが明らかになっている．v-Rasは正常なRasに突然変異が起きたものであると考えられている．
(1) Rasが関与するシグナル伝達系について説明せよ．
(2) v-Rasはどのような変異を起こしたものと予想されるか，説明せよ．
(3) v-Rasによる発がんの仕組みについて説明せよ．

3 細胞外シグナル分子が複数の異なる現象を引き起こすことがある．例をあげて説明せよ．

4 細胞外シグナル分子の受容体は細胞表面にある場合と細胞質にある場合がある．どのような条件で受容体の場所が異なるのか説明せよ．

◆**参考文献**◆

B.Albertsほか著,「細胞の分子生物学　第5版」, ニュートンプレス(2010).
B.Albertsほか著,「Essential細胞生物学　原書第3版」, 南江堂(2011).

第11章

細胞分裂

【この章の概要】

　細胞分裂は，生物の最たる特徴である「自立的な自己増殖能」の中心にある生命現象である．細胞は遺伝情報を複製し，それを細胞小器官や細胞膜などの細胞構造とともに娘細胞に分配し，そして増殖する．細胞分裂の分子機構の理解において重要なことは，染色体や細胞骨格などの細胞構造の性状の変化と，それを時間的，空間的に制御するシグナル伝達を結びつけることである．

　本章では，主に分裂期に特徴的な細胞内現象について，タンパク質の機能と相互作用を主軸において解説する．ただし，細胞の形状やサイズ，細胞のおかれた環境などで，細胞の分裂様式は異なってくる．さらに，動物の発生段階では，細胞の機能分化を目的とした不均等あるいは非対称な細胞分裂が見られる．このように，生物にとって根源的な細胞分裂を普遍性の面から捉えることも大切ではあるが，他の細胞現象と同様にその分子メカニズムの多様性についても見逃さないでいただきたい．そうすれば，生物のもつ深遠さが実感できるだろう．

この章の Key Word
紡錘体
動原体
中心体
収縮環
ミッドボディー

11-1　動物細胞の有糸分裂

　細胞分裂は，細胞が核を分裂させる**有糸分裂**(mitosis，核分裂(karyokinesis)ともいう)と細胞質を分裂させる**細胞質分裂**(cytokinesis)の二つのプロセスからなる．本節では，まず有糸分裂の仕組みを解説する．

◆細胞分裂の流れ

　研究によく用いられるヒトの培養細胞株は約24時間ごとに分裂する．まず，クロマチンが6時間ほどかけて複製され，数時間おいてから分裂期を迎える．分裂期は1時間程度で完了し，きわめてダイナミックな変化が見られる(図11-1)．

　最初の段階である**分裂前期**(prophase)には，核小体は消失し，クロマチ

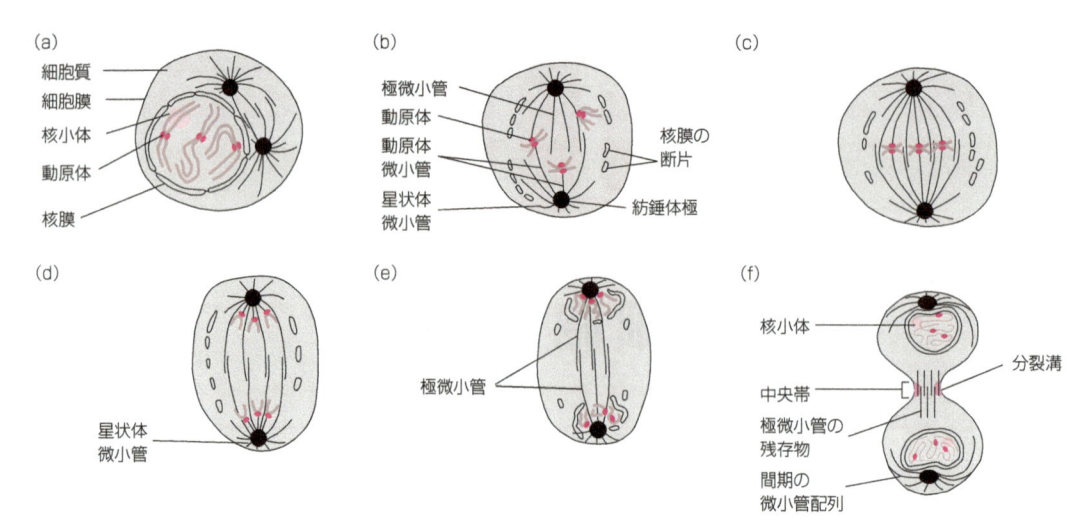

図11-1：動物細胞の有糸分裂

(a) 分裂前期．染色体は凝集し始めるが，セントロメアでくっついている．中心体が分離して紡錘対極となる．(b) 分裂前中期．染色体は活発に動いており，いろいろな位置にある．(c) 分裂中期．両極の中間にある赤道面に染色体が並ぶ．(d) 分裂後期．極の間の距離が長くなり，極微小管も長くなる．逆に，動原体微小管は短くなる．(e) 分裂終期．動原体微小管が消え，染色体の凝集もほどける．核膜が再形成される．(f) 細胞質分裂．核小体が再び現れ，それを取り囲むように核膜ができる．中央では収縮環が現れ，分裂溝を作る．

ンが凝集して染色体の形成が起こる．そして**分裂前中期**(prometaphase)には，核膜は崩壊し，同時に染色体は微小管(紡錘糸)と連結して運動を始める．そして，**分裂中期**(metaphase)には，**紡錘体**(spindle)と呼ばれる微小管を主成分とした**分裂装置**(mitotic apparatus)が完成し，染色体は紡錘体の中央領域(赤道面あるいはmetaphase plateと呼ぶ)に配列する．さらに，この時期には，核の性状の変化と並行して，細胞は基質から離れるように浮き上がって丸みを帯び，細胞質分裂へと備える．紡錘体の形成が完了すると，細胞は**分裂後期**(anaphase)へと進行する．

この中期から後期への進行は，ゲノム情報を二つの娘細胞に均等に分配するという，細胞にとってきわめて重要なイベントであり，いったん開始すると後戻りはできない．ヒトの染色体は$2n = 46$本であり，複製して対をなしている姉妹染色体は，いっせいに細胞の両端へ向かって引き離され，それらは均等に分配されていく．この過程はきわめて動的で見事であり，ほんの数分間で完了する．そして**分裂終期**(telophase)には，分配された娘染色体を包み込むように核膜が再形成され，細胞中央部の原形質膜は細胞内に向かってくびれ込む．細胞体は原形質膜により二つに隔てられ，最後には分離する．このようにして，細胞の遺伝情報や構造は確実に娘細胞へと伝承される．

◆紡錘体の構造

間期の細胞内では，微小管は，核膜近傍に位置する中心体から細胞の周辺部に向かって放射状に伸びているが，分裂期に進行すると消失する．代わっ

て，細胞内には分裂の方向軸に沿って紡錘体あるいは分裂装置と呼ばれる構造体が形成される（図11-2）．

紡錘体は，相同な円錐が底面どうしで合わさった対称性のある形状をしている．紡錘体の中央部を赤道面といい，細胞の分裂面と一致する．分裂期に凝集した染色体は赤道面に並んだ後で，いっせいに紡錘体の両極に向かって引き離される．その結果，複製された染色体のそれぞれは紡錘体の長軸に沿って均等に分配される．そして，赤道面に向かって原形質膜の陥入が生じて最終的に細胞体は二つにくびれ切れて，独立した二つの娘細胞に分離する．

紡錘体を構成する微小管（紡錘糸ともいう）は二つに大別できる．それらは，紡錘体の端部（紡錘体極）から染色体へと連結する動原体微小管（kinetocore fiber；K-fiber）と，それ以外の極間微小管（polar microtubule，非動原体微小管ともいう）である．さらに極間微小管には，紡錘体中央領域で重ね合わさる集団とそうでないものがある．

一方，紡錘体極からは，星状体微小管（astral microtubule）が細胞表層へ向かって放射状に伸びている．この星状体微小管は，細胞内空間に紡錘体を適切に配置させ，染色体の分配方向を決めるのに重要である．紡錘体および星状体の微小管の方向は揃っており，紡錘体極側には微小管のマイナス端が向いている．そして紡錘体微小管の方向性が赤道面に対して対称であることが，以降で起きる染色体の配置や両極方向への分配に重要である．

なお，分裂中期に形成が完了した紡錘体内では，動原体微小管の長さはほとんど変わらないのに，プラス端では重合し，マイナス端では脱重合するため，微小管を構成するチューブリンサブユニットの流れ（フラックス）が観察される．フラックスが起こる要因として，微小管サブユニットのトレッドミルや，紡錘体極領域での積極的な微小管の脱重合が挙げられる．

> **紡錘**
> 紡錘とは回転力を利用して糸をつむぐための道具である．棒に巻き付いた糸は中央が最も多く，その両端にいくにつれて少なくなる．

> **フラックス**
> フラックスは，紡錘体微小管の一部分に紫外光を照射して部分的に複屈折が異なる領域を作りだし，その領域の細胞内での動態を調べた実験により発見された．標識された領域は，時間経過とともに極方向へと移動したことから，紡錘体極（＝微小管のマイナス端側）では脱重合が恒常的に起こっていることが示唆された．

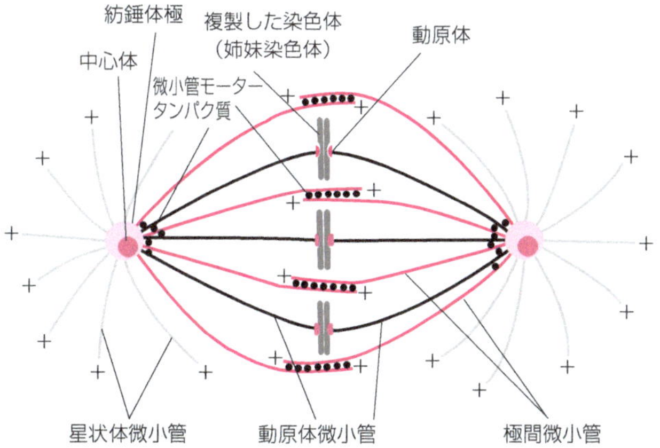

図11-2：分裂装置と微小管

◆紡錘体形成の仕組み

次に，紡錘体形成の分子機構について解説する．微小管の重合については4-2節，キネシンについては5-2節も参照していただきたい．

分裂前期から中期にかけて，細胞内では微小管重合中心（microtubule organizing center；MTOC）から活発に微小管が重合される（第4章の図4-8参照）．微小管重合中心から染色体までの距離が短い場合は，MTOCあるいはSPBから伸長した微小管が直接に動原体を捕捉することが容易であるが，そうでない場合は分裂装置の形成の効率化が必要である．そのために，後述するような，染色体依存的な微小管の重合や，紡錘体内の微小管の重合活性を上げる仕組みがある．

重合した微小管から紡錘体構造が形成される際のポイントは二つある．まず，重合した微小管どうしを逆平行にキネシン-5ファミリーの微小管モータータンパク質が束ねて，それらが滑り合わさることで紡錘体中央領域が形成される過程である（図11-3）．キネシン-5は，キネシンダイマーが尾部どうしで会合したホモ四量体を形成している．背中合わせに突き出したモータードメインが別々の微小管に作用して，キネシンに対して微小管をマイナス端方向に滑らせることで（キネシンは微小管の上をプラス端方向に移動する），プラス端どうしが重ね合わさった逆向きの微小管束が形成される．この過程には，染色体に結合したキネシン-4やキネシン-10などによる微小管の滑り出しも重要である．さらに微小管束は，Prc1などの架橋因子により安定化される．

キネシン-5の働きと並行して，紡錘体極側には細胞質ダイニンやキネシン-14ファミリーの微小管モータータンパク質が集積し，微小管を密集化さ

■ **微小管重合中心**
動物細胞では主に中心体，酵母やカビなどではspindle pole body；SPBと呼ばれている．

■ **キネシン-5ファミリー**
このファミリーのキネシンは，2組の重鎖二量体が尾部どうしで会合するのが特徴である．会合体から反対方向に突き出した二つずつのキネシンの頭部が別々の微小管に作用するため，逆平行の微小管の束を形成することができる．詳細は5-2節を参照．

■ **キネシン-14**
キネシン-14はC末端側にモータードメインをもつ風変わりなキネシンで，微小管上をマイナス端方向に移動する．

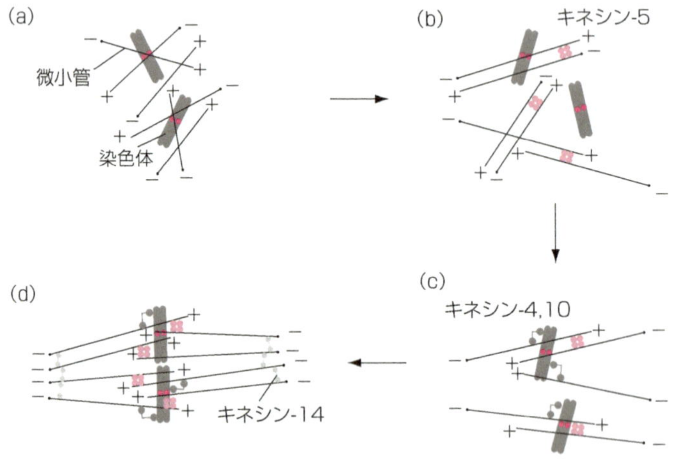

図11-3：分裂装置の形成とモータータンパク質
(a) 微小管の重合，(b) 逆平行の微小管の束化，(c) 微小管のスライディング，(d) 微小管のマイナス端のフォーカシング．この図では中心体から重合した微小管は省かれている．

せる．以上の二つの機構が連携することで，紡錘体構造は形成される（図11-3）．また紡錘体形成に伴い，中心体やSPBは紡錘体の両極へと分離されて，その紡錘体極へと移動する．

モナストロール（Monastrol）というキネシン-5の機能阻害剤を用いた実験がある．この薬剤を用いて分裂期の細胞を処理すると，マイナス端を内側にした微小管のブーケ構造が作られる．この細胞では，微小管のプラス端の相互作用と束化が起こらないので，双極性の紡錘体は形成されない．結果として，中心体の分離が起こらずに単極性の紡錘体が形成される．中心から放射状に伸びた微小管の先に染色体が配置した様子は，あたかも花が咲いたように見え，見事であるが，細胞にとってはただごとではない．

◆染色体から伸長する微小管

分裂期染色体と微小管の結合様式については2-3節の動原体の項で解説した．ここではそれらの結合のダイナミクスについて解説する．

当初は，紡錘体極から伸長する微小管が伸び縮みを繰り返すうちに，そのプラス端が染色体を捕捉すると考えられていた（サーチ＆キャプチャーモデル）．つまり，染色体を捕捉していない微小管のプラス端は動的不安定性（dynamic instability）により急激に短縮し，そして伸長を繰り返す（第4章の図4-9参照）．そして，動原体に結合した微小管は安定化し，紡錘体構造が作られると考えられた．

一方，アフリカツメガエル卵母細胞の抽出液に精子クロマチンやDNAを結合させたビーズを添加する実験から，染色体自体が微小管重合活性をもつことが発見された．実際に，この染色体から伸長する微小管が，紡錘体極から伸びてくる微小管と相互作用することで，紡錘体構造がより効率的に形成される．

この分子機構の引き金を引くのは，RCC1である（図11-4）．このタンパク質は，核輸送に働くRanのグアニンヌクレオチド促進活性をもっており，分裂期染色体に結合する．そのため，核膜が崩壊した分裂期細胞内において，活性化型のRan（＝GTP型）の濃度勾配が染色体の近傍から周辺へと形成

📖 **Ran**
低分子量GTPアーゼの一種．第8章参照．

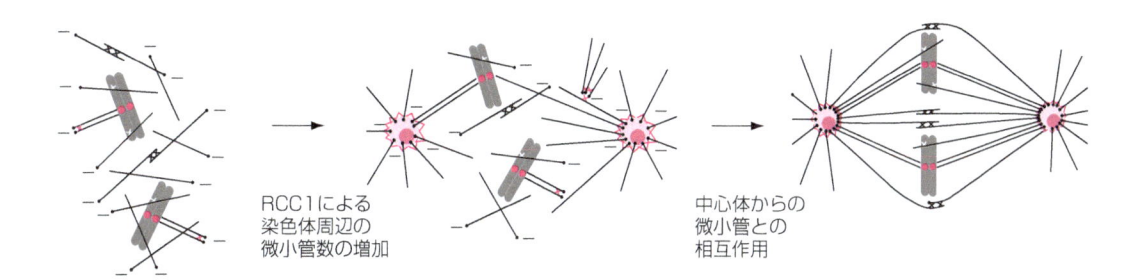

図11-4：染色体からの微小管の重合

RCC1による染色体周辺の微小管数の増加

中心体からの微小管との相互作用

NuMA
nuclear mitotic apparatus. 巨大な核内タンパク質であり分裂装置にも局在する.

CPC
後述する Aurora B キナーゼを含むタンパク質複合体で, 最初は染色体のセントロメアに結合しており, 分裂後期に紡錘体中央領域へ乗り移る.

MCAK
キネシン-13 のサブタイプの一つ. このタイプのキネシンは, モータードメインを分子中央領域にもつ M 型であり, 静電的相互作用により微小管上を移動してその端に達するとチューブリンの脱重合を促進する.

γチューブリン複合体
この複合体を基点にして, 微小管のプロトフィラメントが重合しながら側面結合することで, 微小管の重合が誘導される. チューブリン様タンパク質であるγチューブリンが, γチューブリンリング複合体構成タンパク質の働きにより, 円形に配置したもの. 第4章参照.

される. 活性化型 Ran はインポーチンと強く結合する. 両者の結合は, インポーチンにより機能を抑制されていた TPX2 や NuMA などの微小管結合タンパク質やタンパク質キナーゼ CDK11 などを解放する. その結果, 染色体からその周辺に微小管が重合し, 安定化される. NuMA は細胞質ダイニンと会合して微小管のマイナス端(つまり紡錘体極)近傍へと集積し, そこで微小管どうしを架橋し, 紡錘体極に繋留するのに働く. これらの微小管が紡錘体極から伸長する微小管と相互作用して, 紡錘体構造に組み込まれることで, 効率的に紡錘体の中央部に染色体が取り込まれる.

また, 分裂期特異的に染色体に局在する**クロマチンパッセンジャータンパク質複合体**(CPC)は, 微小管脱重合活性を示す **MCAK**(mitotic centromere-associated kinesin)や**スタスミン**(stasmin)をリン酸化することで, 染色体周辺の微小管の安定性に寄与する.

さらに紡錘体内での微小管の重合を活性化するのに, **オーグミン**(augumin)が働く. このタンパク質複合体は, 既存の微小管の側面にγチューブリンを結合させて, そこから新しい微小管の重合を誘導する. その結果, 紡錘体内の微小管の量は増幅され, より安定な紡錘体形成が保障される.

このように多様な紡錘体形成の分子プロセスが存在する生物学的意義はまだ明らかではない. 今後, 生物がいかにしてこのような冗長性の豊かな微小管重合の分子経路を育んできたのか, その進化の物語の謎解きに期待したい.

◆紡錘体極で微小管を支える中心体

動物細胞の紡錘体極において微小管重合を強力に推進するのは, **中心体**(centrosome)という細胞小器官である. 中心体は, 1対の**中心小体**(centriole)が L 字型に配置した周囲を**中心体周辺物質**(pericentriolar material; PCM)が取り巻いた構造をしている(図 11-5). それぞれの中心小体は, 繊毛やベン毛の付け根にある基底小体と相同な構造である. すなわち, 9対の三連微小管がリング状に配置した円筒状の形状をしている.

間期から分裂期にかけて中心体の微小管重合活性がさらに亢進されることで, 紡錘体微小管が生成される. これは分裂期特異的に中心体に局在するポロキナーゼ PLK 1 やオーロラ(Aurora) A キナーゼなどのタンパク質リン酸化酵素の作用で, PCM により多くのγチューブリン複合体が集積し, さらにその周辺で微小管安定化因子の質的・量的な機能向上が誘導される結果である. この現象を中心体の成熟化という. なお前述したように, 紡錘体構造の秩序だった形成には, 紡錘体極以外からの微小管の重合促進や, 複数のモータータンパク質の機能の連携が必要である.

興味深いことに, 中心体は細胞増殖に伴い複製し, 娘細胞に分配される(図 11-5). 中心体に含まれる1対の中心小体は細胞周期の G_1 期に分離し, S 期にはそれぞれの中心小体から新たに娘中心小体が形成される. あたかも古

11-1 ◆ 動物細胞の有糸分裂

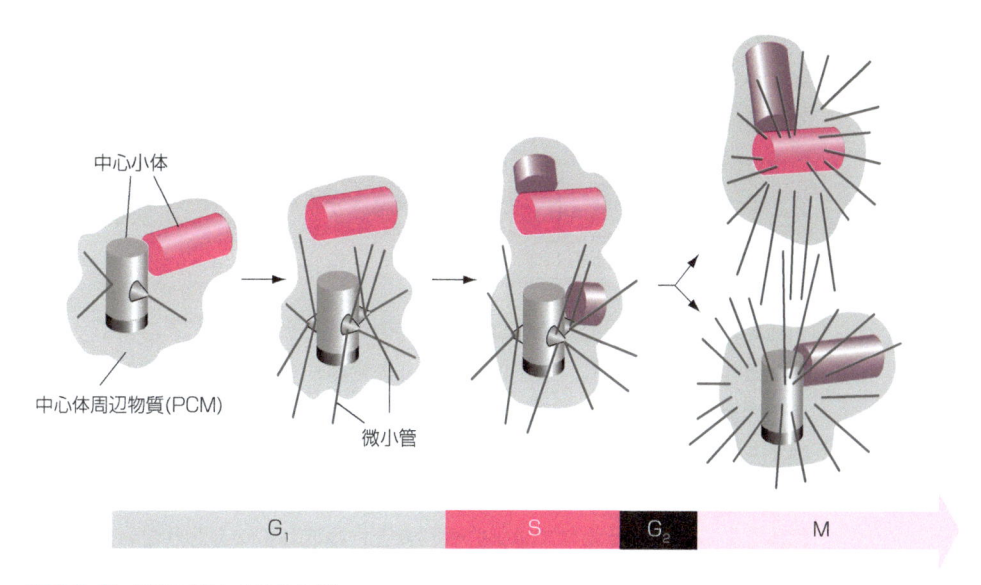

図11-5：細胞周期と中心体複製

い中心小体が鋳型となって，それとは垂直方向に新しい中心小体を作り出しているように見える．そのため，この過程は中心体の複製と呼ばれている．

複製の結果，倍加した中心体は繊維状物質により連結されている．そしてG_2期から分裂期へと細胞周期が進行すると，NIMA様キナーゼによるリン酸化により中心体と繊維状物質は切り離され，それぞれの中心体は紡錘体の両極へと移動していく．この中心体の移動は，そこから伸長する微小管とモータータンパク質の機能に依存している．解離した中心小体どうしは複製能力を賦与され，再び次の細胞周期で対になる中心小体を複製する．

このようにして中心体は細胞周期ごとに一度だけ複製されることを許される．もしも余計に中心体が複製されてしまったら，分裂期には三つ以上の極をもつ異常な紡錘体が形成されてしまうだろう．このような多極化した分裂装置をもつ細胞は，正常な染色体分配ができない．その結果生じる染色体の異数化は，細胞のがん化の原因でもあるため，是が非でも防がねばならない．最近，中心体の複製制御機構については，ポロキナーゼファミリーのPLK4が重要な役割を担うことがわかってきた．PLK4の活性を阻害すると中心小体の複製は抑制されるが，過剰に高めると中心小体の数が異常に増加してしまう．また，A型およびE型サイクリンと結合したCDKはPLK4と協調的に働き，さらにPCMの合成を制御する．さらに，Mps1キナーゼにも中心体複製の制御機能があることが報告されている．しかし現時点では，細胞あるいは中心体が，どのようにして適度な中心体複製のシグナルを発信できるかは謎である．

一方，酵母やカビなどには中心体は存在しないが，その代わりに核膜に埋め込まれたSPBという層板構造体をもつ（第4章の図4-8参照）．SPBは中

■ **中心体や基底小体のDNA**

かつては中心体や基底小体には固有のDNAが存在するという説があり，発見が報告されたこともあったが，現在では否定されている．

■ **セパレース**

分裂期後期に染色体が分離する際に働くセパレース（separase）という酵素は，中心体内の中心小体どうしの接着（すなわち中心小体接着）を切断する機能ももつ．この接着が切れることで，それぞれの中心小体は複製する能力を獲得する．なお，中心体どうしの接着には，娘染色体をつなぎとめておくコヒーシンがかかわっている．

心体のように細胞周期に伴い適切に複製される．間期には，核膜上の外側の層板から細胞表層へ向けて細胞質微小管を生やすことで，細胞内における核の空間的な配置決めに貢献している．そして，分裂期になると核の内膜側の面から微小管を重合させて，核内に紡錘体構造を形成し，染色体分配と核分裂を促す（カビや酵母においては，その核膜は分裂期に完全には崩壊しない）．

◆染色体の赤道面への配列

　紡錘体の形成過程で染色体は，紡錘体微小管上を細胞質ダイニンやキネシンなどの働きで移動し，結果的に紡錘体の両極から伸びる微小管のプラス端がその動原体と結合した状態で分裂細胞の中央面（metaphase plate）へと配列する（図11-6）．動原体に結合した微小管はフラックスや細胞質ダイニンなどの働きで紡錘体極方向へと牽引されている．ただし，単純に両極から染色体を引っ張り合うだけでは，力の釣り合いは取れるかもしれないが染色体を紡錘体の中央面へと配置させることは難しい．そのため，染色体を極から遠ざけようとする力も存在する（図11-6a）．

　染色体の中央面への移動は，動原体に局在するCENP-E（キネシン-7），および染色体腕部に結合したクロモキネシン（chromokinesin）などの微小管モータータンパク質の働きによる．特にクロモキネシンはクロマチンを微小管のプラス端に向けて移動させるのに重要である（図11-6b）．紡錘体極に近いほど微小管の密度が高いので，微小管に結合して働くキネシンの量は増え，染色体を中央面に押しやる強い力が発生する．このような作用が繰り返されるうちに，両極から動原体にかかる力が釣り合ったところ，すなわち紡錘体

■ クロモキネシン
染色体に結合する性質をもつキネシンの総称．キネシン-4や-10のファミリーがこれに含まれる．第5章参照．

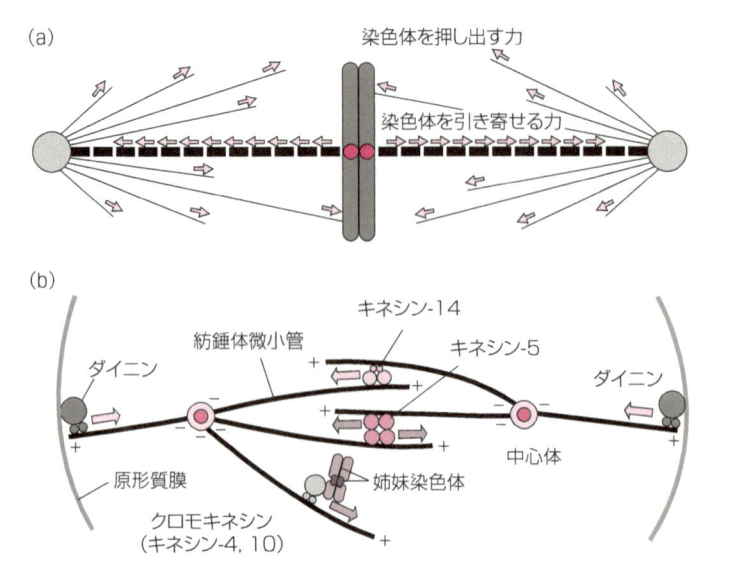

図11-6：染色体の赤道面への配列化

の中央部に染色体は整列する．

　すべての染色体が中央面に揃わない状態，あるいは片方の紡錘体極からの微小管だけが動原体に結合した状態では，染色体分配は開始されない．合目的に解釈するなら，この現象の意義は次のようなものだろう．たとえば遠足で，目的地で現地集合するよりも，学校に生徒が揃ったのを確認してから出発するほうが，全員がきちんと目的地にたどり着けるので無難である．同様に，個々の染色体が足並みの揃わないうちに，ばらばらのタイミングで染色体分配が起こると，細胞質分裂時に染色体が取り残されてしまう危険性が高まる．すべての染色体が同時に行動するほうが，均等かつ正確な染色体分配が保障できるだろう．

　細胞自身は，その中央面に染色体が配列化したことをいかにして確認できるのだろうか．これには，動原体での微小管の結合とその張力の発生を監視するチェックポイント（checkpoint）が重要である（図11-7，第12章も参照）．張力センサーの実体は，動原体の内側のクロマチン領域に局在するAurora Bキナーゼだという説が有力である．Aurora Bキナーゼは，動原体のKMNネットワーク中のNdc80複合体をリン酸化し，最初は微小管と動原体の結合を弱めておく．そして，染色体が赤道面に配列化するとAurora Bキナーゼによるリン酸化は減少し，その結果，微小管と動原体は強く結合できる．つまり，動原体と微小管の結合は，最初は付いたり離れたりを繰り返して正しい結合様式を探り，そして動原体微小管が染色体を正しく分配できる状態になると強固に結合するわけである．

　また動原体が両方向からの微小管により引っ張られている状態（つまり紡錘体の両極から伸びる微小管が動原体につながって均衡が保たれているとき＝染色体が中央面に配列）では，セントロメアに局在するAurora Bキナーゼと動原体微小管に結合している基質との物理的な距離が開くために，リン酸化される割合が減少すると考えられている．さらに動原体に局在するMCAKは，Aurora Bキナーゼによりリン酸化されて，その微小管脱重合活性を抑えられているが，分裂期中期にはその抑制から脱する．そうすることで，動原体上で微小管を脱重合することで動原体での張力の発生に寄与して

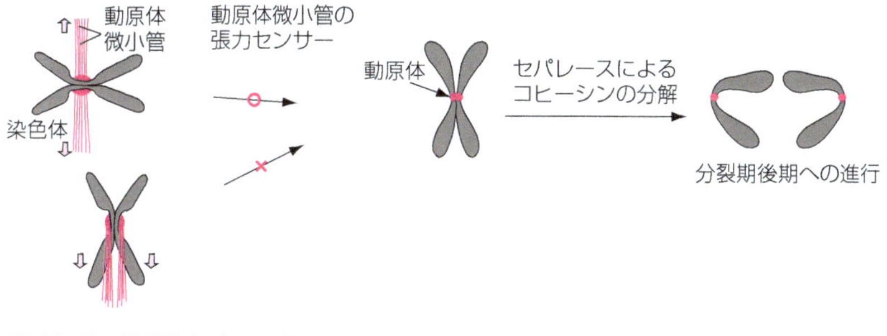

■■ **KMNネットワーク**

動原体は一般的には3層構造をとり，その最外層には微小管が付着するタンパク質の複合体であるKMNネットワーク（KNL1-Mis12複合体-Ndc80複合体の略称）が配置する．KMNネットワークは分裂期特異的に動原体に局在し，微小管と結合する．第1章参照．

図11-7：姉妹染色体の分離

いるようだ．

◆分裂期後期の染色体移動

中期から後期への移行は，サイクリン依存性キナーゼCDKの活性が激減することで始まる．これは，サイクリンB（代表的なM期サイクリン）が**後期促進複合体**(anaphase-promoting complex/cyclosome；APC/C)によりタンパク質分解されるためである（第12章参照）．

分裂後期の開始とともに，細胞の中央面に配列していたすべての染色体がいっせいに紡錘体の両極へ向けて分離される．S期に複製されたクロマチンは**コヒーシン**(cohesin)と呼ばれるタンパク質によりつなぎ止められているので姉妹染色体はくっついている．しかし，分裂期前期には，動原体部分を残して染色体腕部のコヒーシンはPLKIなどにリン酸化されることで，その接着が外れる．そして，分裂期後期にはセパレースの作用で動原体部分のコヒーシンは分解される（図11-7）．APC/Cが，それまでセパレースの活性を抑えていたセキュリン(securin)を分解することで分解の引き金が引かれるのだ．

分裂期後期の染色体の移動は，紡錘体極と染色体の距離が短縮し，さらに極微小管どうしが伸長しあうことで紡錘体極の距離が遠ざかり進行する（図11-8）．これらのプロセスを後期Aと後期Bと呼び，これらは連続的に起こる．

後期Aでの染色体移動を説明するモデルは二つある．一つは，動原体微小管のフラックスにより染色体が紡錘体極方向へと移動する**フラックスモデル**(flux model)である．つまり，動原体に結合した微小管が紡錘体極領域で脱重合されることで，染色体は極方向へ移動する．もう一つは，動原体微小管がプラス端側で脱重合されることで短縮するモデルである．動原体に付着しているプラス端で脱重合しても，微小管と動原体は離れることはない．動原体が微小管を食べながら紡錘体極方向へと進んでいくように見えることから**パックマンモデル**(packman model)という．

実際には，後期Aにおいて，微小管の脱重合がマイナス端，あるいはプラス端，もしくは両端のどこで起こるかは，生物種によって異なる．たとえば，ガガンボの精細胞ではマイナス端での脱重合が優位であるが，ほ乳類の培養細胞ではその割合は3割程度と見積もられている．一方，分裂酵母では

■ **ガガンボの精細胞**
染色体数が少なく，顕微鏡下で細胞を微小針などで手術可能なことから研究に用いられた．優れた研究には，実験に適した材料を選び，維持・管理することが大切である．

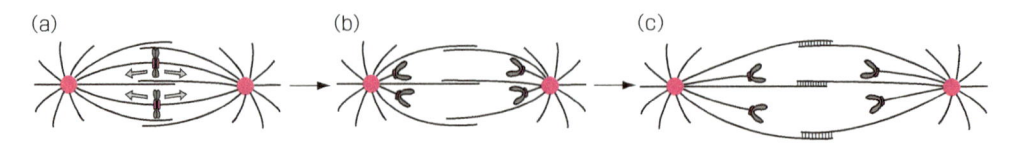

図11-8：後期における染色体分配の仕組み
(a) 元の状態，(b) 動原体微小管が短くなり，染色分体が極へ移動（後期A），(c) 極微小管が反対方向に滑りあい，紡錘体極の距離が広がる（後期B）．

ほぼ完全にプラス端で脱重合が起こる．なお，微小管の脱重合には，MCAKなどの活性が重要である．

一方，後期Bでは向かい合った二つの紡錘体極の距離が広がる（図11-8）．このとき，紡錘体極から伸長して中央領域で向かい合わせになっている微小管どうしは，そのオーバーラップしている部分にキネシン-5が作用することで，反対方向に滑り出す．さらに，それらの微小管のプラス端が重合することでオーバーラップしている領域が追加され，最初の紡錘体の長さの何倍も大きな距離を紡錘体極は移動できる．分裂酵母細胞の紡錘体は，中期には核の直径（2 μm以下）に相当する大きさしかないが，後期Bには紡錘体の長さが10 μm以上に達する．そして，染色体を含む核そのものを娘細胞に均等に分配することができる．このように後期Bにおける紡錘体構造の伸長は，娘染色体の間隔をさらに大きく引き離すことで，確実な染色体分配を保障する．

◆分裂期の核膜のダイナミクスと染色体の脱凝縮

動物細胞や高等植物細胞では，分裂期に核膜が消失し，染色体分離が起こる．核膜の消失は，核を裏打ちするラミンがPKCやCDKによりリン酸化されることで生じる（第2章参照）．

ラミンのリン酸化は裏打ち構造の崩壊を引き起こすという消極的な役割の他に，核膜の分散を誘導するという積極的な役目もあるらしい．分散した核膜は，質やサイズがヘテロな小胞の集団になるか，または小胞体に融合・吸収される．核膜の外膜は小胞体膜と物理的につながっており，分裂期特異的にそれらの間の物質の行き来が自由になるらしい．また，菌類や藻類などでは，分裂期でも核膜は存在しているが，核膜に部分的に隙間ができること，あるいは物質の透過性が変わることなどが報告されている．

一方，染色体が分配された分裂終期には核膜が再形成される．この過程については，アフリカツメガエルの卵母細胞由来の抽出液を用いた再構成実験でよく調べられている．この抽出液に，精子クロマチンとATPを添加すると，クロマチン周辺に核膜小胞が集合し，やがてそれらが融合する．融合の開始には核膜孔複合体の構成因子が働くと考えられている．そしてクロマチンを包んだ核膜が形成されると，その核膜孔を介した物質輸送により核内に核タンパク質が輸送されて核が成長する．分裂期にはリン酸化されていたラミンも脱リン酸化されて核ラミナは再構成される．クロマチンもヒストンH1の脱リン酸化を受けるなどして脱凝集する．RNA合成が再開することで，再び核小体も出現する．なお，すべての染色体がきちんと核膜に包み込まれるには，娘細胞へ分離された染色体自身がクロモキネシンと微小管の相互作用により圧縮を受けていることが大切である．

核以外の細胞小器官にも，細胞分裂時に娘細胞に均等に分配される仕組み

が備わっている．たとえば，リソソームやエンドソームなどの成分は，分裂期には紡錘体の両極に集積することで，娘細胞に受け継がれていく．また小胞体は，分裂時に断片化して紡錘体の微小管と結合した状態になり，均等分配される．さらに，ゴルジ体の層板構造は分裂期に消失し，その成分は細胞質に拡散する．そして，分裂後にそれぞれの娘細胞でゴルジ体の再形成が起こる．ゴルジ体の消失は，CDKによりゴルジ体膜表層のタンパク質がリン酸化されて，ゴルジ体への小胞融合が抑制されることが原因らしい．その結果，ゴルジ体の小胞化が進行すると考えられている．あるいは，ゴルジ体が小胞体に吸収されて消失するという説もある．一方，ミトコンドリアや色素体は，それぞれの細胞小器官に独自の増殖能力と分裂機構が備わっている．多くの細胞の場合，これらの細胞小器官は多数存在しているので，細胞分裂の際には原形質に均一に広がることで等分配されるようである．なお面白い例では，出芽様式で細胞分裂する出芽酵母の場合，ミトコンドリアは母細胞から出芽した娘細胞へと積極的に輸送される．

このように，細胞は分裂様式の違いにより，巧みに細胞構造を維持・伝搬する仕組みを備えているようだ．

11－2　細胞質分裂の仕組み

細胞分裂の最終段階では，細胞質分裂（cytokinesis）が起こる（図11-1参照）．その結果，染色体を包む核や細胞小器官などの細胞構造が分配されて，娘細胞へと継承される．

この現象の生物学的な意義は，単に細胞数を増やすためにとどまらない．すなわち，母細胞がどの部分でどの方向に二つに分離するかは，多細胞生物の体制を維持・確立するうえできわめて大事なことである．さらに発生過程に必要な物質を娘細胞へ不均等分配することで，その後の細胞の機能分化が決定される事例もよく知られている．

◆分裂溝の位置を決めるシグナル

動物細胞の場合，紡錘体の中央領域が存在していた方向に，分裂終期に細胞表層が陥入しはじめる．分裂溝の細胞膜直下には収縮環（contractile ring）と呼ばれるアクチン繊維とⅡ型ミオシンを主成分とした構造が認められる（図6-4参照）．収縮環や動物細胞の細胞質分裂の原動力については第6章で解説した．最終的に，分裂溝が細胞内部で融合して，母細胞は独立した二つの娘細胞に分割される．ここでは，細胞質分裂を時空間的に制御する仕組みについて解説する．

ウニ卵などの透明で大型の細胞を用いて，紡錘体の位置を細胞の片方にずらしたり，あるいは抜き取ったりするという実験から，分裂溝の誘導を制御する分裂シグナルという概念が提唱された．特に，ラパポートのたいへん素

■ R. Rappaport
1922～2010．アメリカの細胞生物学者．ウニ卵などを研究材料にして，顕微鏡下で細胞に物理的処理を加えて細胞機能を調べるユニークな数多くの実験を行った．晩年は自宅を実験室にし，夫人とともに研究し続けた．

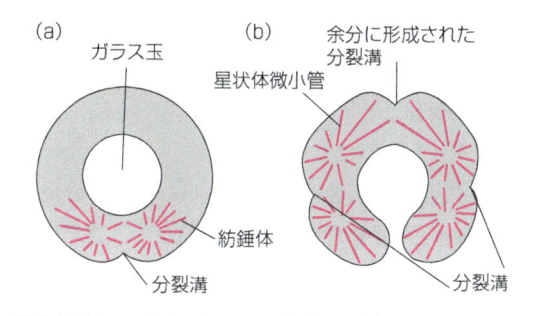

図 11-9：ラパポートによる実験の一例
(a) 受精卵の第一分裂時にガラス玉を押し当てておくと，紡錘体の位置が片寄る．(b) すると，受精卵の第二分裂時には，分裂溝が余分に形成される．

晴らしい実験より，当初，分裂シグナルは紡錘体の両極から放射状に広がる星状体微小管によって細胞表層へと運ばれると考えられた(図11-9)．星状体微小管が重なった細胞表層領域(つまり細胞の赤道面)には特に多くの分裂シグナルが蓄積し，その結果，紡錘体の中央領域を含む細胞面で分裂溝の誘導が促されると主張された．さらに平本らは，分裂中の細胞から分裂装置を抜き取ることで，分裂シグナルが発生する時期を同定した．

ところが，その後に行われたほ乳類の培養細胞を用いた実験では，分裂シグナルは紡錘体の中央領域(もしくはそこに配列した染色体)から細胞表層へと伝搬されることが示唆された．さらに驚くべきことに，モナストロール(キネシン-5の阻害剤)で処理した単極紡錘体をもつ細胞でも分裂溝の形成を誘導することができ，単極の紡錘体極から細胞表層へと伸長した微小管のうち，染色体と接したものが分裂シグナルを伝達することが示された．

以上の実験結果は矛盾しているようだが，分裂シグナルの実体の解明が進んだことで，うまく説明できるようになってきた．それを以下に説明する．

分裂シグナルとして振る舞う分子は，Aurora B キナーゼやセントラルスピンドリン(centralspindlin)などの細胞内シグナル伝達分子である．これらのタンパク質は，分裂中期や後期には紡錘体中央領域の微小管や分裂期染色体に局在し，分裂終期に分裂溝が形成される細胞表層へと集積する．培養細胞では，紡錘体中央領域から細胞表層までの距離が狭いため，これらの因子は紡錘体中央領域から細胞表層へと容易に移動できるらしい．その運搬には，微小管細胞骨格が関与する可能性がある．ところが卵細胞などの大型の細胞では，紡錘体中央領域から細胞表層までの間隔が大きく離れている．そこで，星状体微小管を通じて Aurora B キナーゼやセントラルスピンドリンが運ばれるようである．

さらに，セントラルスピンドリンの機能は分裂中期の細胞では CDK によるリン酸化で抑制されているが，分裂後期になり CDK 活性が激減することで，微小管のプラス端がオーバーラップした領域に，セントラルスピンドリ

■ **平本幸男**
紡錘体構造を抜き取ってしまった卵細胞でも細胞質分裂が生じることを示し，皮肉なことに團勝磨(第6章参照)のイガグリ説を葬ってしまった．

■ **セントラルスピンドリン**
キネシン-6と低分子量 GTP アーゼ Rho の制御因子の複合体．第5章参照．

ンがそれ自身のモーター活性を利用して集積する．この仕組みは分裂溝の誘導を空間的に制御するだけでなく，染色体分配と連動して細胞質分裂を開始させるタイミングの制御としても働く．単一の分子が二つの制御の中心にあることは合理的であり，たいへんに興味深い．

しかし，分裂シグナルの全貌にはまだ不明な点も多い．たとえば，線虫 *Caenorhabditis elegans* の受精卵を用いた実験から，分裂溝の誘導を抑制する「負の分裂シグナル」が，紡錘体極から細胞表層へ発信されていることが示されている．つまり負の分裂シグナルの影響が最も弱まる部分で細胞質分裂が起こる．線虫の受精卵でも他の動物細胞と同様に，前述した正の分裂シグナルが働いていることは確認されている．そのため，細胞の分裂パターンや条件により複数のシグナルが協同的に細胞質分裂を制御すると考えるべきだろう．

最終的に分裂シグナルは，分裂溝近傍でのRhoタンパク質の活性制御を介して，アクチン重合やミオシンの活性化を引き起こす．その結果，正常な収縮環の形成と収縮が進行する．

◆細胞質分裂の最後のステップ

収縮環の収縮が進むと，細胞間橋（midbody）でつながった状態の娘細胞が形成される．細胞質分裂は，この細胞間橋が切断されることで終了する．

細胞間橋の中央部分には，特に電子密度が高い構造が観察される．この構造は，有糸分裂の研究の祖ともいえるフレミングにちなんでフレミングボディーと呼ばれている．その両側には多数の小胞が，おそらくは微小管に付随して蓄積している．

さらにフレミングボディーの中央部分では，ESCRTなどの特定のタンパク質成分が微小管の束を取り囲むようにミッドボディーリングを形成している．これらのミッドボディーリングに局在するタンパク質は，膜の変形や融合を促進することで，フレミングボディーのどちらかの端で多数の小胞と原形質膜とを急激に融合させる．その結果，細胞間橋は閉鎖される．

◆発生過程には不均等な分裂が起こる

動物の発生過程では細胞の不均等分裂が大切であり，また組織を構成している細胞でも分裂する位置や方向には秩序が見られる．このようなケースでは，紡錘体の空間的な位置と向きが適切に制御されており，細胞質分裂が母細胞の正しい領域で誘導される．

たとえば，線虫の受精卵は楕円形であり，その第一卵割の分裂面は長軸の中心より少し後ろ側で起こる．後ろに作られるほうは極物質を保持しており，将来は生殖系列の細胞となる．この場合，後端の細胞表層では細胞質ダイニンなどが星状体微小管を引っ張ることで紡錘体の位置をずらす．さらに，2

■ 細胞間橋

細胞質分裂がほぼ完了しかけた細胞を電子顕微鏡で観察すると，娘細胞をつないでいる細胞間橋では，逆平行の微小管の束とそれを取り巻く周囲が細胞の奥深くまで陥入した分裂溝の原形質膜に囲まれている．分裂装置の残存物のように見なされていたが，最近では，娘細胞の境界領域を確実に区分し，それらが分離する際に原形質膜が破損して細胞の中身が漏れでないようにする重要な役割があると考えられている．さらに細胞間橋の微小管束は，極微小管に加えて，分裂終期に積極的に形成されたものらしい．

■ W. Flemming

1843～1905，ドイツの細胞生物学者．有糸分裂（mitosis）という名称の名付け親でもある．

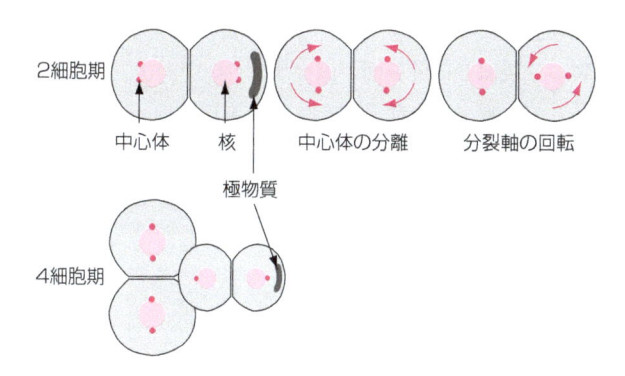

図 11-10：線虫の受精卵の第一分裂と第二分裂

コラム1　植物細胞の分裂の仕組み

　植物細胞においては，さまざまな微小管構造が細胞分裂に重要な働きをしている．

　間期の細胞では，細胞の成長方向とは直行した向きに細胞表層微小管が形成されており，細胞壁合成に関与しているらしい．分裂期の前になるとこれらの微小管構造は消失し，かわりに前期前微小管束(preprophase band；PPB)と呼ばれる微小管の束が，将来の分裂面にリング状に配置される（図）．そして分裂期に進行すると，PPBは消失し，紡錘体が形成される．植物細胞には，一部のものを除いて中心体はないが，動物細胞と同様な紡錘体を形成して染色体を分配する．分裂終期には，細胞の分裂面の中央部にフラグモプラストと呼ばれるディスク状の構造が形成される．このディスク状構造が細胞の中央から周辺部に向かって拡張するのに伴い，細胞板が形成されることで，最終的に二つの娘細胞は隔離される．フラグモプラストのディスクの両面には高密度の微小管の束が入り込んでおり，これを伝って細胞板を形成するのに必要な多数の小胞が運び込まれるようだ．

　植物細胞の細胞板の形成と動物細胞のフレミングボディーの端で起こる膜融合は，その規模こそ異なるが，類似性が認められ，実に興味深い．一方，植物細胞のアクチン繊維は，PPBとその周辺領域に集積して微小管の配置化に関与しているようだが，その役割の詳細はよくわかっていない．また，紡錘体やフラグモプラストの周辺にもアクチン細胞骨格は存在しており，これらの構造の安定性や機能に寄与するようだ．

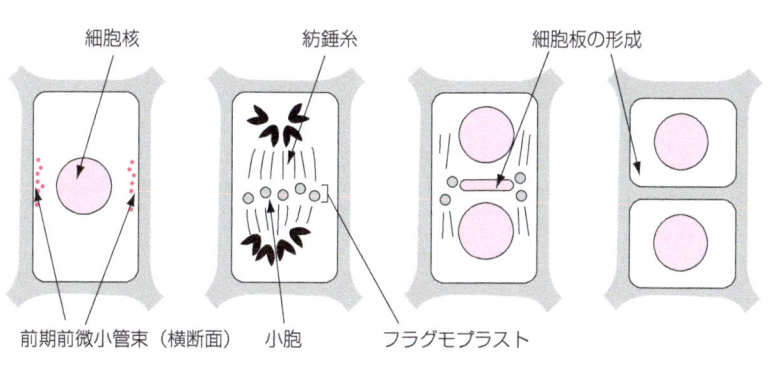

細胞期から4細胞期になるときには，うしろ側の細胞では紡錘体が90°回転して第一分裂の分裂面とは分裂面が直交する（図11-10）．

このようにして，将来の生殖系列を生み出す細胞は，非対称な極物質の伝承を受けながら維持されていく．紡錘体軸と細胞質分裂面が連動することは，染色体を正確に娘細胞に分配するためだけでなく，細胞の運命を決定するうえでも重要なのだ．

◆章末問題◆

1. 分裂中期の紡錘体の模式図を描いて，その図中にキネシン-5，キネシン-13，およびキネシン-14が多く含まれる領域とその名称をそれぞれ示せ．
2. 間期の細胞よりも分裂前期から中期の細胞のほうが，中心体から伸びる微小管は短いが，圧倒的に数が多い．さらに細胞に蛍光物質を共有結合したチュブリンを注入して微小管の重合と脱重合を測定すると，間期よりも分裂期の細胞のほうが20倍ほどダイナミックに変動するのがわかった．細胞分裂におけるこれらの現象がもつ意義を説明せよ．

◆参考文献◆

B. Alberts ほか著，『細胞の分子生物学 第5版』，ニュートンプレス（2010）．

D. Morgan 著，『The Cell Cycle』，Oxford University Press（2006）．

第12章

細胞周期

【この章の概要】

細胞が分裂する基本は，遺伝情報であるDNAを正確に複製し，これを二つの細胞へ分配することである．その過程は，DNA複製期（S期）と分裂期（M期）に分けられ，さらにこれらの準備期間，すなわちDNA複製のための準備期間（G_1期）と，分裂開始の準備期間（G_2期）に分けられる．細胞分裂はこの$G_1 \to S \to G_2 \to M$期の順に進行し，この周期を細胞周期という（図12-1）．細胞分裂の過程で観察される細胞内の現象は，生物種によって異なるように見えるが，その基本的なしくみは，どの生物にも普遍的な分子機序によって制御されている．本章では細胞周期の調節機構について解説する．

この章の Key Word

サイクリン
サイクリン依存性キナーゼ
APC/C 複合体

12-1 真核生物の細胞周期制御

◆サイクリンとサイクリン依存性キナーゼ

細胞周期の制御において中心的な役割を果たす分子は，制御サブユニットである**サイクリン**（cyclin）と触媒サブユニットである**サイクリン依存性キナーゼ**（cyclin-dependent kinase；CDK）からなる**タンパク質キナーゼ複合体**（protein kinase complex）である．

サイクリンは細胞周期において周期的に発現するタンパク質であり，発現する時期に従ってG_1期サイクリン，G_1後期サイクリン，S期サイクリン，M期サイクリンに分類される（表12-1）．CDKはサイクリンと結合してい

表12-1：CDKとサイクリンの分類

	SC	酵母	ほ乳類
G_1期 CDK	Cdc28	Cdc2	CDK4/6
G_1後期 CDK			CDK2
有糸分裂 CDK			CDK1/2
G_1期サイクリン	Cln3	Cdc13	Dタイプ
G_1後期サイクリン	Cln1/2		サイクリンE
S期サイクリン	Clb5/6		サイクリンE
S期・M期	Clb3/4		サイクリンA
M期	Clb1/2		サイクリンA, B

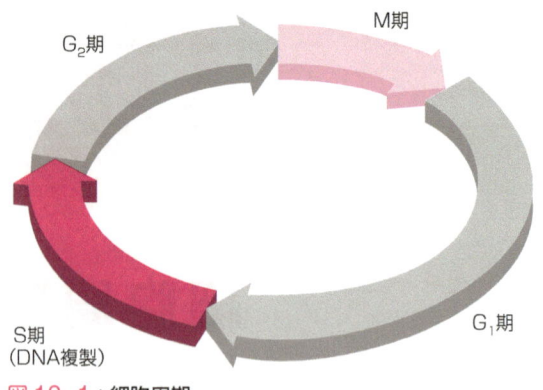

図 12-1：細胞周期

るときにのみ活性をもつタンパク質キナーゼであり，どのサイクリンと結合するかによって，その基質特異性が変わる．各周期で発現するサイクリン－CDK 複合体が，特異的なタンパク質をリン酸化することによってそのタンパク質の機能や安定性を制御し，細胞周期が進行する．

CDK 活性はサイクリンとの結合の他に，CDK 活性化キナーゼ(CDK-activating kinase；CAK)によるリン酸化，活性を抑制する 14 番目スレオニンおよび 15 番目チロシンのリン酸化〔Wee1 キナーゼによるリン酸化(＝不活性化)と Cdc25 フォスファターゼによる脱リン酸化(＝活性化)〕，CDK 抑制因子(cyclin-dependent kinase inhibitor；CKI)によって制御される．サイクリン－CDK 複合体が活性化されるには CAK によるリン酸化，Cdc25 フォスファターゼによる T14, Y15 の脱リン酸化，CKI の分解が必要である(図12-2).

◆ユビキチン依存性タンパク質分解

タンパク質のリン酸化に加えて重要なのが，タンパク質のユビキチン化で

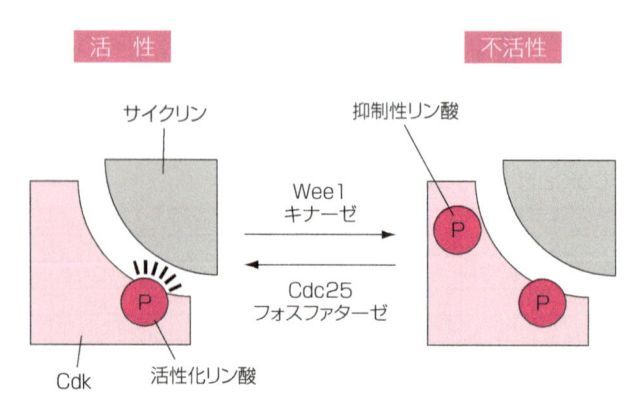

図 12-2：サイクリン - CDK 複合体の活性化

ある．タンパク質のユビキチン化はプロテアソームによる分解を誘導する（第7章参照）．このユビキチン依存性タンパク質分解は細胞周期進行の随所で重要な役割を果たしている．

細胞周期を制御する代表的なユビキチンリガーゼは APC/C（anaphase promoting complex/cyclosome）複合体と SCF（Skp1-Cullin1-F-box）複合体である（図12-3）．APC/C 複合体は複数のサブユニットからなる複合体型のユビキチンリガーゼであり，その構成因子によって機能する時期や基質が異なる．その可変サブユニットは Cdh1 と Cdc20 である．Cdh1 サブユニットを含む APC/C^{Cdh} 複合体は，分裂終期から G1 期を通じて機能しており，M 期サイクリンや Aurora キナーゼなどを基質として，これらを分解させることで M 期からの脱出を促し，細胞質分裂の開始を制御する．また G1 後期では，複製前複合体形成の抑制因子である Geminin（後述）をユビキチン化し，複製前複合体の形成を制御する．Cdc20 サブユニットを含む APC/C^{Cdc20} 複合体は分裂期に機能し，S 期サイクリンとセキュリンなどをユビキチン化することで染色体分配を制御する．

もう一つの代表的なユビキチンリガーゼは SCF 複合体である．SCF 複合体は，足場タンパク質である Cullin1 に，F-box タンパク質がアダプタータンパク質 Skp1 を介して相互作用したものである．F-box は基質を識別する働きがあり，その数は数百種類に及ぶ．細胞周期を通じてさまざまな F-box タンパク質が発現し，それぞれは特定の細胞周期因子をユビキチン化することで，細胞周期進行を制御している．その中でも最もよく解析されているのが F-box タンパク質 Skp2 である．Skp2 は S 期で発現し，サイクリン－CDK 複合体の抑制因子（CDK inhibitory protein；CKI）を分解することで，G1/S 期進行を制御する．また，この SCF 複合体は細胞周期だけでなく，シ

■ ユビキチンリガーゼ

タンパク質にユビキチンを付加する反応は，ユビキチン活性化酵素（E1），ユビキチン結合酵素（E2），ユビキチンリガーゼ（E3）が触媒する．ユビキチンリガーゼはそれぞれ特定のタンパク質を特異的に認識し，E2 に結合した活性化ユビキチンのカルボキシ基を，標的タンパク質のアミノ基（主にリジン残基の側鎖）にアミド結合させる．

■ セキュリン

セキュリンは，セパラーゼと複合体を形成し，セパラーゼの活性を抑制しているタンパク質である．セキュリンが分解されることでセパラーゼは活性化する．

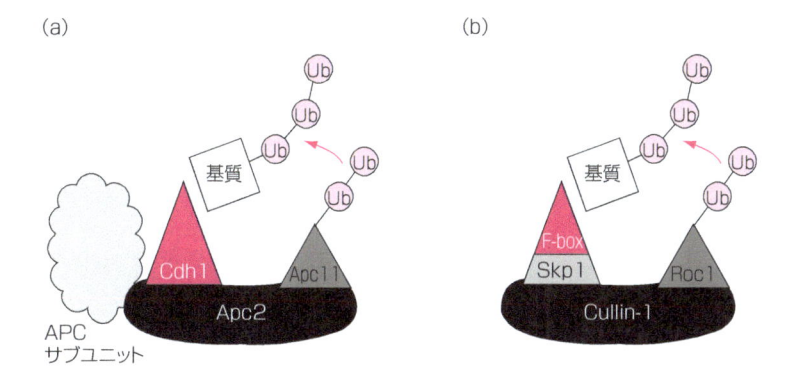

図 12-3：APC/C 複合体と SCF 複合体
(a) APC/C 複合体，(b) SCF．

グナル伝達や転写制御など広範な生命現象を制御することが知られている．

このような選択的タンパク質分解制御が細胞周期制御にとって重要なのは，大きく分けて二つの理由による．一つ目は，細胞周期の各段階では次の段階へ進むための準備が進められており，その準備が整ったときにはすみやかに反応を進行させ，次の段階へ進む必要がある点である．このような制御には選択的タンパク質分解が有利である．二つ目は，各段階で機能した分子の多くは次の段階では不要となるため，これらの分子は迅速に不活性化する必要がある点である．その方法としてタンパク質分解は最も確実な方法である．このようなタンパク質分解制御は細胞周期を制御するために随所で働いている．

それでは各細胞周期において，細胞内でどのようなことが起こっているのか順に見ていこう．

◆ G_1期の制御：S期への準備段階

ほ乳動物細胞の多くは細胞分裂を行わない休止期（G_0期）にある．しかし，増殖因子の刺激を受けると複数の遺伝子発現が誘導され，細胞は G_0 期から細胞周期の G_1 期に入る．G_1 期はS期への準備期間であり，複製装置などの発現の誘導とその構築を行う．ここでは，G_0 期から G_1 期への移行と G_1 初期で起こる細胞内の分子機構を紹介する（図12-4）．

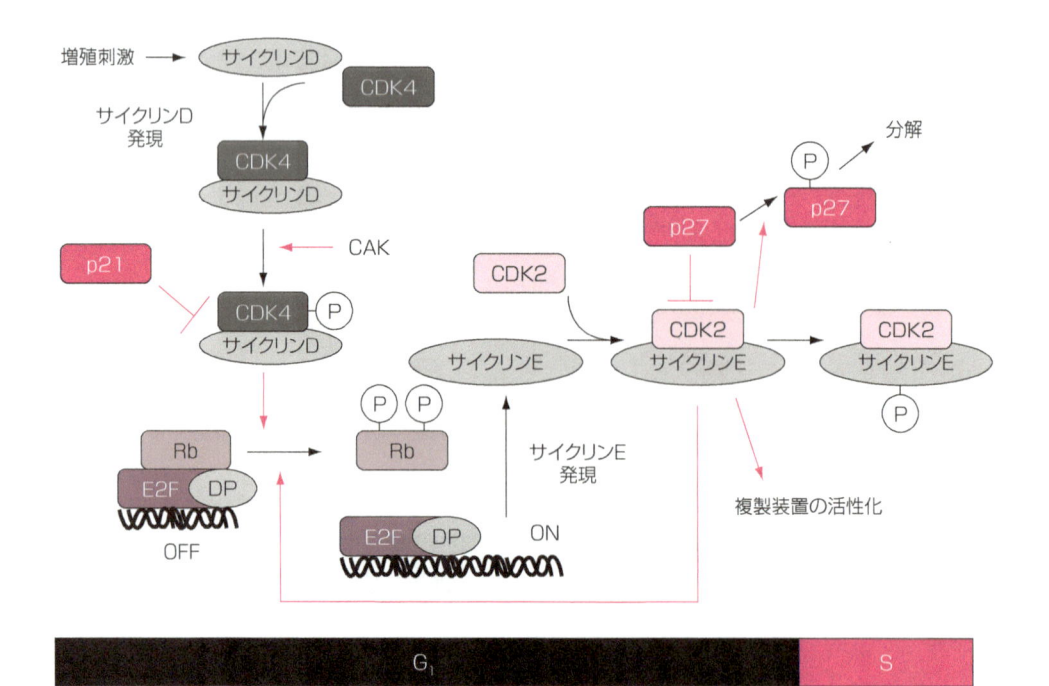

図12-4：G_1 初期で起こる細胞内の分子機構

細胞が増殖因子の刺激を受容すると，細胞内のシグナル伝達経路が活性化し，初期応答遺伝子(early response gene)の転写が活性化される．初期応答遺伝子とは数分で誘導される遺伝子で，その代表的なものに c-Fos, c-Jun などの転写因子が挙げられる．これらの転写因子を含む初期応答遺伝子が発現すると，その働きによって遅延応答遺伝子(late response gene)の転写が活性化される．こうして G_1 期サイクリンや対応する CDK が遅延応答遺伝子として発現誘導される．また，DNA 複製開始装置の遺伝子発現を転写活性化する転写因子 E2F もこのときに誘導される．ただし E2F は抑制的に働く Rb タンパク質と相互作用しており，Rb がサイクリン－CDK 活性によってリン酸化され不活性化されるまでは，機能できない状態で蓄積していく．

■ **c-Fos, c-Jun**
c-Fos, c-Jun は bZIP 構造をもつ転写因子であり，細胞増殖に関するさまざまな刺激に応答して，活性化される．

■ **Rb**
Rb は家族性の網膜芽種(retinoblastoma)の原因遺伝子として同定されたがん抑制遺伝子(tumor suppressor gene)である．Rb の欠損や異常は，E2F の適切な活性制御の欠損を引き起こし，細胞のがん化を促す．

◆ **G_1 期サイクリンと G_1 後期サイクリン**

　G_1 期サイクリンとその mRNA の半減期は短い．そのため G_1 期サイクリンが一定量に達するには，増殖因子からの継続的な刺激が必要である．G_1 期サイクリン量が一定以上に達すると，活性化された G_1 期サイクリン－CDK 複合体が Rb をリン酸化する．Rb がリン酸化されると E2F を開放し，放出された E2F は，転写因子 DP1 とヘテロ二量体を形成して，G_1 後期サイクリンの発現を転写活性化する．

　G_1 後期サイクリンは CDK と複合体を形成するが，CKI (CDK 抑制因子) とも結合するため，これらの複合体は不活性状態に保たれ，蓄積していく．この CKI は，G_1 期サイクリン－CDK 複合体によってリン酸化されると，SCF-Skp2 複合体によってユビキチン化されプロテアソーム分解される．その結果，蓄積されていた G_1 後期サイクリン－CDK 複合体が一挙に活性化され，効率よく Rb をリン酸化することで，E2F をさらに活性化する．

　活性化された E2F が G_1 後期サイクリン遺伝子の発現をさらに誘導し，G_1 後期－CDK 活性によって E2F がさらに活性化するという正のフィードバックループが形成される．このように G_1 後期サイクリン－CDK 活性が高く保たれる状況になると，増殖因子の刺激は必要なくなる．その結果，細胞は S 期に進める状況になる．これは出芽酵母で発見された開始点(START)と類似している．

■ **DP1**
DP1 は E2F とヘテロ二量体を形成する転写因子であり，ヒトでは DP1, DP2 のファミリーがある．DP1 自身に DNA 結合能はないが，E2F の DNA 結合能および転写活性化能を上昇させる．

■ **START**
START とは，出芽酵母が G_1 期において十分に養分を蓄え一定の大きさを超えたことを感知すると，S 期進入することを決定する制御点．START を超えた酵母は，急激な栄養飢餓に瀕してももはや S 期進入は止まらず，有糸分裂を完了するまで細胞周期を完遂させる．

◆ **G_1 後期に DNA 複製の準備が始まる**

　G_1 後期において E2F 活性が亢進すると，さまざまな遺伝子が転写誘導され，複製起点(origin)に複製前複合体(prereplication complex；preRC)が形成される(図 12-5)．複製起点とは DNA 複製が始まる起点であり，その DNA 配列は原核生物と出芽酵母では同定されている．原核生物では環状 DNA1 コピーにつき 1 カ所，出芽酵母では 1 染色体あたりに数十カ所が存在する．ほ乳動物細胞では複製起点は 1 万カ所ほど存在するとされている．

■ **複製起点が多い理由**
ほ乳動物に複製起点が多く存在するのは，非常に長い DNA を限られた時間内に複製するためには，複製起点を多くもたないと間に合わないからである．

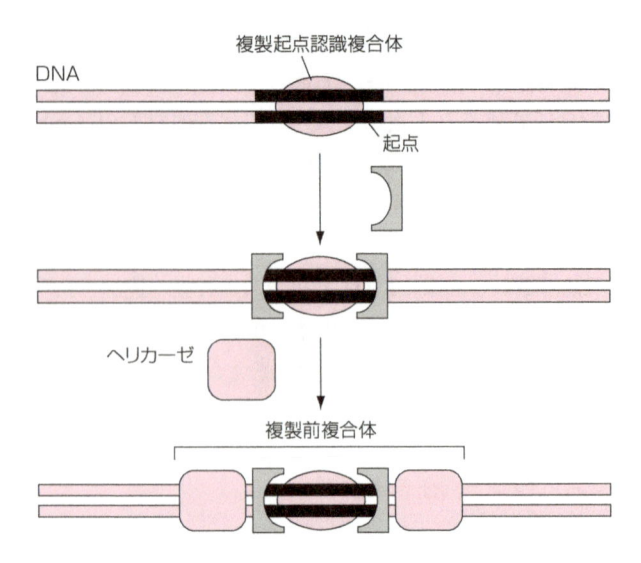

図12-5：複製前複合体の形成

　複製起点には，複製起点認識複合体（origin recognition complex；ORC）が細胞周期を通じて結合している．原核生物の場合，複製起点にDNAヘリカーゼとDNAプライマーゼを含む複製開始複合体が結合する．続いて，DNAポリメラーゼによるDNA合成が進み，両方向へと複製フォークが伸長し，ほぼ半周したところで複製装置（DNAポリメラーゼ，DNAヘリカーゼ，DNAプライマーゼなどの複合体）がぶつかり複製が完了する．真核生物では複数の複製起点からDNA複製が開始され，複製装置がぶつかったところで終了する．

　原核生物では複製起点が1カ所であるため，ゲノムの複製完了の制御は保障される．しかし，複製起点を多数もつ真核生物ではより複雑な制御が必要である．ゲノム1コピーの複製を保障するには，たくさんある複製起点が無作為にDNA複製を開始しないことと，DNA複製が完了するまでDNA複製が再開しない機構が必要である．そこで真核細胞では，多数存在する複製起点に複製開始複合体が結合する期間を限定し，その間は無作為にDNA複製を開始しないようにしている．また，一度複製した複製起点にはすぐに複製開始複合体が結合しないようになっている．

◆ DNA複製開始の制御機構

　それでは，どのような分子機構で複製の制御はなされているのだろうか．真核生物の複製起点には細胞周期を通じてORCが結合する．このORCには次にpreRCが構築されるが，それにはE2Fによって発現誘導されるCdt1とCdc6が必要である．これらは，ORCに結合し，そしてDNAヘリカーゼなど複製開始にかかわる因子を集積させる．

■ DNAヘリカーゼと
　DNAプライマーゼ
DNAヘリカーゼはDNA2本鎖をほぐす働きをもつ．DNAプライマーゼはRNAプライマーを合成する活性をもつ．

■ 複製フォーク
DNA複製の際に，DNAヘリカーゼの働きによって2本鎖DNAが1本鎖DNAに解離する．その構造がフォークに見えることから複製フォークと呼ばれる．

このように，Cdt1 と Cdc6 は preRC の構築に必須である．しかし，それと同時に Mcm 複合体の DNA ヘリカーゼ活性を抑制し，すぐに DNA 複製を開始しないよう抑制する働きももっている．DNA ヘリカーゼを活性化するには，Dbf4 依存性キナーゼによるリン酸化と，後述するように Cdc45 との相互作用が必要である．Cdc6 と Cdt1 は，この Dbf4 依存性キナーゼによるリン酸化を防いでおり，この抑制が解除されるには S 期サイクリン－CDK による Cdc6 と Cdt1 のリン酸化が必要である．このリン酸化により Cdc6 と Cdt1 は ORC から解離し，次のステップへと進む．

この Cdt1 は，細胞周期を通じて発現している Geminin によっても抑制され，巧妙に調節されている．Geminin は細胞周期を通じて転写されているが，G_1 後期ではユビキチンリガーゼ APC/C^{Cdh} 複合体によってユビキチン化され分解される．そのため，Cdt1 が機能するためには，Geminin を分解する APC/C^{Cdh} 複合体の活性が高いことも重要であり，S 期以降に APC/C^{Cdh} 複合体活性が低下すると Geminin は安定化し，もはや Cdt1 は機能できなくなる．このようにして preRC の構築は G_1 後期に限られる．このように ORC に preRC が形成されるのは，Cdc6 と Cdt1 が発現し，そしてサイクリン－CDK 活性が低く，また APC^{Cdh1} 複合体活性の高い G_1 期に限られる．

以上の DNA 複製装置の準備と並行して，G_1 後期には微小管形成中心，すなわち中心体の複製を開始する準備が行われる（第 11 章参照）．中心体形成サイクルは DNA 複製サイクルと独立であるが，サイクリン－CDK 活性とユビキチン依存性タンパク質分解機構による制御を受けており，同調して制御される．

◆ S 期の制御

真核生物の S 期は，サイクリン－CDK 活性の上昇によって開始する．出芽酵母では，S 期サイクリン－CDK 活性の抑制因子である Sic1 がリン酸化され，さらに Sic1 が SCF^{Cdc4} 複合体によってユビキチン化されることでプロテアソーム分解される．その結果，S 期サイクリン－CDK 活性が急激に上がり，S 期へ進行する．

脊椎動物ではサイクリン E－CDK2 複合体およびサイクリン A－CDK2 が S 期サイクリンとして働く．S 期サイクリン－CDK 複合体は，複製起点上に集積した preRC タンパク質中の Cdc6，Cdt1 をリン酸化し，これらを ORC から解離させる．解離した Cdc6 はユビキチン依存的にタンパク質分解される．Cdt1 は geminin に捕捉されるか，あるいはユビキチン依存的に分解される．ORC から Cdc6 と Cdt1 が解離すると，Dbf4 依存性キナーゼが DNA ヘリカーゼ活性をもつ Mcm 複合体をリン酸化し，続いて Cdc45 が結合すると DNA ヘリカーゼ活性が上がる．

Mcm 複合体の作用で DNA 鎖が 1 本鎖になると，1 本鎖 DNA に結合する

■■ **SCF^{Cdc4} 複合体**
F-box タンパク質 Cdc4 によって構成される SCF 複合体.

■ **RPAタンパク質**
Replication Protein A. DNA複製やDNA修復の過程で生じる1本鎖DNAに結合する．1本鎖DNAを保護する働きがある．

RPAタンパク質やDNAポリメラーゼが動員され，複製起点より複製が開始する．このときにORCはリン酸化Mcm複合体から解離し，一時的に複製起点から解離する．そして複製起点が複製され，Mcm複合体からなる複製フォークが両側に進んでいくと，ORCは複製起点に再結合する．ところが，S期ではpreRCは再形成されないため，このORCによる「二度複製」は阻止される．それは，S期以降ではサイクリン－CDK活性が高く，リン酸化されたCdc6およびCdt1がORCに結合できないことによる．

またG₁後期には不安定だったgeminin がS期では安定化し，Cdt1を抑制する．geminin が安定化する理由は，これをユビキチン化していたAPC/C-Cdh1複合体が高いサイクリン－CDK活性によるリン酸化のために不活性化されること，そしてリン酸化依存的にCdh1がSCF^{Skp2}複合体によって分解されるためである．さらにDbf4依存性キナーゼによってリン酸化されたMcm複合体はORCとは結合できない．このように真核生物では，1回の細胞周期につき一度だけの複製を許可する複数の制御機構を備えている．

◆ G₂/M期の制御

DNA複製が完了すると，これを分配する準備が始まる．G₂期でM期サイクリンCDK複合体が活性化されると，コヒーシン，コンデンシン，ラミンなどの100種類以上のタンパク質がリン酸化され，染色体凝集や紡錘体形成，核膜崩壊などのダイナミックな現象がきわめて短時間のうちに起こる．このように協調的に制御された染色体分配が，どのような分子機序によって制御されているかを理解するためには，どのようなタンパク質がリン酸化されているか明らかにするのが大事である．これについては，通常のタンパク質キナーゼがリン酸化に利用できないATPの誘導体（ATPアナログ）を用いた出芽酵母の研究が興味深い．それは同位体で標識したATPアナログを，野生株とこれを利用可能な変異型CDKを発現した変異株に与え，それらの抽出液中のタンパク質を質量分析により網羅的に調べることで，M期サイクリン－CDK活性が直接にリン酸化するタンパク質を同定したものである．その結果，数百におよぶCDKの基質の網羅的な同定に成功した．ただし，CDKによるタンパク質のリン酸化には，別のキナーゼが協調的に働くケースも多い．そのため，さらに生化学的解析と変異体を用いた遺伝学的解析が慎重に進められるのが，今後は重要であろう．

◆ 染色体凝集

非常に長い染色体DNAを正確に分離するには，これをコンパクトに凝縮させる必要がある．染色体凝集活性は，卵細胞抽出液と精子核DNAを混合することで測定することができる．卵細胞抽出液からコンデンシンを構成するSMC（structural maintenance of chromosome）タンパク質を抗体で除去

すると，これに精子核DNAを加えても染色体の凝縮は起こらなくなる（第2章参照）．SMCタンパク質は染色体を束ねる環状のタンパク質であり，M期サイクリン-CDKによってリン酸化されると，複製された姉妹染色体を次々と繋ぎ止めることで，染色体を凝縮させると考えられている．

SMCファミリータンパク質にはコヒーシンを構成するものもあり，姉妹染色体を繋ぎ止める役割を担う．その小サブユニットであるクライシンがセパレースで切断されると染色体分配が進行する．これについては紡錘体チェックポイントで後述する．

12-2 減数分裂

減数分裂(meiosis)は，有性生殖に伴う配偶子形成のための特殊な細胞分裂である（図12-6）．減数分裂では，2倍体の生殖細胞がゲノムを一度複製して4倍体になった後に，DNA複製を経ずに2回の染色体分配（減数第一分裂と減数第二分裂）が生じる．その結果，4個の1倍体の細胞が生じる．このような特殊な分裂をせずとも，2倍体の生殖細胞が直接二つに分裂して配偶子を形成してもよさそうだが，これには生物学的に重要な理由がある．すなわち減数分裂では，2倍体の生殖細胞内に含まれる父親由来と母親由来の相同染色体の間で相同組み換え(recombination，交差(chromosomal crossover)ともいう)が起こり，遺伝子の多様性が作られる．多くの真核生物が有性生殖を行うのは，遺伝的背景の異なる配偶子が融合し遺伝的に多様性のある子孫を残すことが，進化的には有利であると考えられている．そのため減数分裂の過程では，両親から受け継いだ染色体を積極的に遺伝子組換えさせ，遺伝情報をシャッフルした新たな染色体を次世代に伝承し，より多様な子孫を残すしくみがみられる．つまり減数分裂の最初の段階でDNAが一度複製するのは，相同組換えを起こすのにS期に機能する組換え修復機

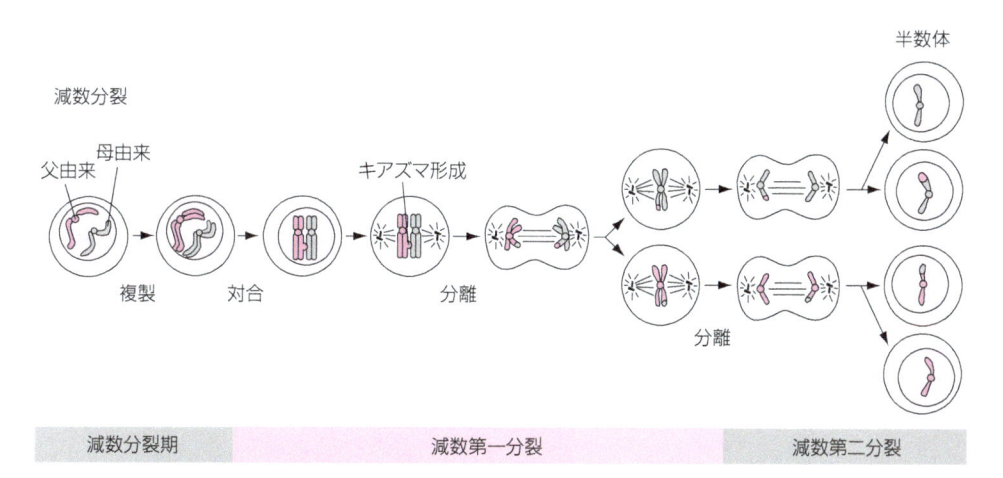

図12-6：減数分裂

構と類似した機構を利用するからであろう．そうすることで，DNAの2本鎖切断と相同組換えが父親由来と母親由来の染色体間で行われる．そして対合した相同染色体同士は交差した部分でキアズマ（chiasma）を形成する．このように，体細胞分裂では姉妹染色体間で相同組換え修復を行う仕組みが，減数分裂ではさらにゲノムの多様性を生み出すために利用されている．

◆減数第一分裂

　減数第一分裂において特徴的なのはその分配方法である．第11章で解説したように体細胞分裂では，姉妹染色体の動原体は紡錘体の両極に向かって反対方向に引っ張られ，それぞれが娘細胞に均等分配される．これに対して減数第一分裂では，対を作っている相同染色体どうしが異なる紡錘体極にむかって分離することで二つの細胞に分配される．そのため，姉妹染色体間での染色体分離は抑えられている．また姉妹染色体の動原体は，片方の紡錘体極から伸長した動原体微小管によって捕らえられる．これは，減数第一分裂時に特異的に発現するモノポリン（monopolin）が動原体の方向性を二方向性から共方向性に制御するからである．このタンパク質の機能を欠失させると第一次減数分裂においても体細胞分裂と同様に姉妹染色体が分配されてしまう．また，相同染色体の間で形成されるキアズマは，減数第一分裂中期での紡錘体における動原体微小管の張力発生に重要である．紡錘体の向かい合った極から伸びて動原体に接着する微小管どうしの間に張力が発生しないと，動原体と微小管の結合は不安定となり，分裂後期には移行しない．そのようにして，すべての動原体が微小管によって正確に捕らえられる．そして，APC/Cはセキュリンをユビキチン依存性に分解し，セパレースを活性化することで相同染色体の分配を誘導する．しかし減数第一分裂では，姉妹染色体間を繋ぎ止めているRec8（減数分裂特異的クライシンサブユニット）は切断されない．もしもRec8が切断されてしまうと減数第二分裂時に入る前に姉妹染色体がバラバラになってしまい，染色体数の異数化した配偶子ができてしまう．ただし正確に説明すると，この際に分解されないのは動原体近傍のRec8だけであり，テロメア近傍のRec8は減数第一分裂で切断される．この事実は，Rec8の一次構造自身がセパレース切断に耐性であるのではなく，Rec8を動原体近傍において特異的にセパレース分解から守る分子が働いていることを示唆する．実際，減数第一分裂特異的に発現するシュゴシン（守護神にちなんで命名された遺伝子）は，セントロメア近傍のRec8に脱リン酸化酵素PP2Aを集積させ，Rec8を脱リン酸化することでセパレースによる切断を阻害する．このようにして動原体近傍の姉妹染色体の接着は，減数第一分裂後も維持される．

◆ 減数第二分裂

減数第一分裂の完了後，細胞は DNA 複製せずに減数第二分裂を行う．その詳細な分子機序は未解明であるが，第一減数分裂においては，細胞質分裂を阻害しない程度に M 期サイクリン – CDK 活性が残存しており，この M 期サイクリン – CDK 活性が Mcm 複合体をリン酸化して ORC に結合するのを阻止していると考えられている．

減数第二分裂では姉妹染色体は紡錘体の両極からの動原体微小管によって捕らえられ，その後は体細胞分裂と同様に APC/C の活性化を経てセパラーゼを活性化する．減数第二分裂時ではシュゴシンが発現しないため，Rec8 はリン酸化依存性にセパレースによって切断され，姉妹染色体の均等分配が保障される．

12 – 3　細胞周期チェックポイント

細胞周期においては，DNA 複製や分裂装置の形成などの各段階が適切に進んでいるかを監視し，それが完了しない限りは次のステップに進まないように足止めする機構が重要である．この仕組みを細胞周期チェックポイントという．この分子機構が細胞に備わっているからこそ，十分な栄養がなければ細胞は S 期に入ることはせず，また DNA 複製が完了しなければ M 期には進入しない．また DNA 損傷があれば，これを修復するまでは細胞周期の進行は抑えられる．

◆ DNA 損傷チェックポイント

真核生物では，DNA 損傷があると ATM/ATR キナーゼが活性化され，複数の経路でサイクリン – CDK 活性が抑制される．この ATM/ATR キナー

コラム 1　原核生物のチェックポイント

大腸菌などの原核生物は，栄養が十分にあるときは分裂速度が極めて早く，細胞分裂を完了する前に次の DNA 複製を開始する．そのため真核生物のように明瞭に区画された細胞周期をもっておらず，厳密な制御がないように見える．原核生物の DNA 複製は複製起点に開始複合体が相互作用するか否かによって決定されており，複製起点はメチル化によって制御されている．新規複製された DNA 鎖の複製起点は両方の DNA 鎖がメチル化されないと開始因子複合体が相互作用しない．栄養飢餓や DNA 損傷があると複製起点のメチル化は遅延し DNA 複製は抑制される．その他，原核生物は DNA 損傷を修復する酵素や細胞分裂を阻害するタンパク質群を積極的に発現誘導し，これらの反応は SOS 応答と呼ばれる．SOS 応答による細胞分裂の停止は，単なる複製材料の不足や反応速度の遅延などではないことから，原核生物のチェックポイント機構といえる．

ゼは細胞周期のどの段階でも DNA 損傷による DNA 複製フォークの停止を感知して細胞周期を停止させることができる．その代表的な経路の一つ目はp53を介した経路である．p53 は常に Mdm2 によってユビキチン化されて不安定化しているが，ATM/ATR キナーゼによってリン酸化されると Mdm2 によるユビキチン化を逃れ安定化する．安定化した p53 は標的遺伝子の一つ p21（サイクリン依存性キナーゼの抑制因子 CKI の一員）を発現誘導する．その結果，栄養と増殖刺激があろうとも，細胞は S 期に進入できない．二つ目の経路は，Chk1/Chk2 キナーゼを介した経路である．ATM/ATR キナーゼは Chk1/Chk2 キナーゼをリン酸化して活性化することで，さらに様々なタンパク質群のリン酸化を誘導する．Chk1/Chk2 キナーゼの代表的な基質は Cdc25 フォスファターゼであり，その活性を抑制する．Cdc25 は，サイクリン－CDK 複合体にかけられた抑制性のリン酸基修飾を外すフォスダターゼである．そのため，Cdc25 の活性が抑えられると，サイクリン－CDK 複合体の活性は上昇せずに，細胞周期は進行しない．

◆紡錘体形成チェックポイント

　細胞が無事に DNA 複製を完了すると，M 期においては紡錘体形成チェックポイントが働く．紡錘体形成チェックポイントは全ての染色体が動原体微小管に正確に捕捉されたかを監視する．これには両極から伸びる紡錘体微小管の間に発生する張力が重要である．紡錘体の両極から伸びる動原体微小管により姉妹染色体が正しく捕捉されていれば，そこでは牽引される力が釣り合う．すべての染色体において十分な張力が発生するまでは分裂後期に入れないように，動原体微小管の結合していない動原体からは，分裂後期への進行を抑制するシグナルが発信される（第11章参照）．その抑制機構の重要な標的分子は分裂後期を促進する APC/C-Cdc20 である．紡錘体形成チェックポイントを仲介する Mad2 は Cdc20 と直接結合して APC/C-Cdc20 活性を抑制する．この他，動原体に存在する BUBR1 キナーゼは Cdc20 をリン酸化して抑制する．全ての動原体に微小管が結合すると，Mad2 による抑制性の信号は Mad1 や p31 を介して消失し，Cdc20 は活性化される．Cdc20 が活性化されると，セキュリンがユビキチン化され分解される．セキュリン分解によってセパレースが活性化し，クライシンが切断されることによって染色体解離が生じる（図12-7）．

◆分裂期脱出ネットワーク

　出芽酵母の分裂期脱出ネットワーク（Mitotic Exit Network；MEN）は分裂期の脱出タイミングを監視する．この機構が存在することで，染色体分配が無事に完了したことを感知し，核分裂の完了と細胞質分裂の開始が保障される．MEN は低分子量 GTP アーゼ Tem1 とその下流のタンパク質キナー

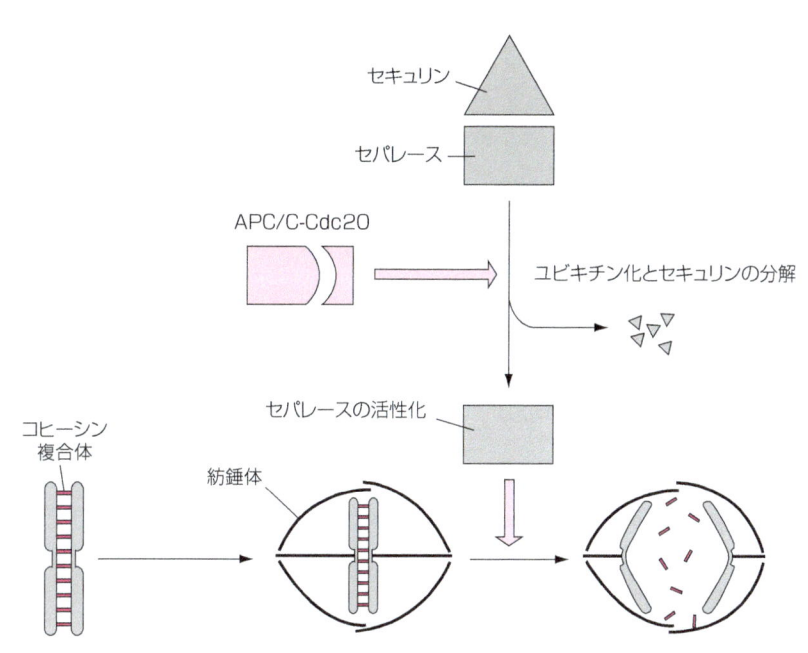

図12-7：紡錘体形成と染色対の解離

ゼカスケードから構成されており，その重要な標的はタンパク質フォスファターゼCdc14である．Tem1は紡錘体極に存在するタンパク質であり，紡錘体極が将来の娘細胞となる位置に配置されると，娘細胞特異的なGEFであるLte1によってGTP結合型に変換される．その結果，活性型Tem1はタンパク質キナーゼカスケードを介して，Cdc14を核小体に繋ぎ止めている分子NET1をリン酸化して，Cdc14を核小体から放出させる．つまり，Cdc14は分裂後期までは核小体内に不活性な状態で閉じ込められているが，十分に紡錘体極が伸長した分裂後期BではTem1依存的に核外に放出される．

Cdc14はG1期制御に重要な因子を脱リン酸化しており，その重要な基質としてはS期サイクリン–CDK活性を抑制するSic1，および複製開始複合体のMcmなどがある．SicがG1期でリン酸化されてしまうと（つまり脱リン酸化されていない），細胞は十分な準備がないままS期に進入してしまう．またMcmを脱リン酸化しないとORCにpreRCが集積しない．

なおCdc14はMEN以外にも**FEAR経路**（Cdc-fourteen early anaphase release）によって核小体から放出される．FEAR経路で放出されるCdc14はMEN経路に比べると限定的であり分裂期脱出には不十分であるが，クロマチンパッセンジャータンパク質複合体の安定化に重要であり染色体分配において重要な役割を果たす．

一方，動物細胞でもCdc14の機能は重要である．ただし，その制御と作用点は出芽酵母のものと同一であるか不明である．Cdc14は，分裂後期への

進行過程において，M期サイクリンが分解されサイクリン-CDK活性が低下するころに活性化される．M期サイクリンをユビキチン化するAPC/C^{Cdc20}複合体はM期サイクリン-CDK活性が高い状態でも活性をもち，M期サイクリンを分解できる．一方，APC/C^{Cdh1}複合体も同じくM期サイクリンをユビキチン化できるが，リン酸化状態では活性をもたないため，M期サイクリン-CDK活性が残存する状態ではCdc14によって脱リン酸化されることが重要である．

◆章末問題◆

1. サイクリン-CDK活性の周期的な活性化機構を説明せよ．
2. 細胞は細胞周期1回転で1回しかDNAを複製しない．その仕組みを説明せよ．
3. 減数分裂に特徴的な仕組みを二つ挙げよ．
4. チェックポイント機構を三つ挙げ，それぞれ説明せよ．

◆参考文献◆

B. Alberts ほか著，『細胞の分子生物学 第5版』，ニュートンプレス(2010)．

H. Lodish ほか著，『分子細胞生物学 第6版』，東京化学同人(2010)．

第13章

動物のからだと細胞

【この章の概要】

動物のからだは，上皮組織，結合組織，筋組織，および神経組織からなる（図13-1）．ヒトの成人のからだは60兆個程度の細胞から構成されており，これらの細胞は上記のいずれかの組織に属する．

本章では，細胞どうしが連携して組織化する仕組みと，それにより構築される多細胞体制について解説する．

この章の Key Word
上皮組織
結合組織
細胞接着
細胞外基質
骨格筋
神経伝達

13-1　動物のからだの構成

◆表面をガードする上皮組織

上皮組織（epithelial tissue）は体表や臓器などの表面を覆っており，器官の構造の独立性と機能発現にとって重要である．上皮組織を形成するのは，一層または数層のシート状に並んだ上皮細胞で，それらはお互いに側面で隙間なく結合している．上皮細胞には形態や性質の異なるいろいろな種類があ

上皮組織：皮膚，気管や消化管の上皮など
結合組織：細胞外基質，骨，腱，血液など
筋組織：骨格筋，心筋，平滑筋など
神経組織：脳，神経など

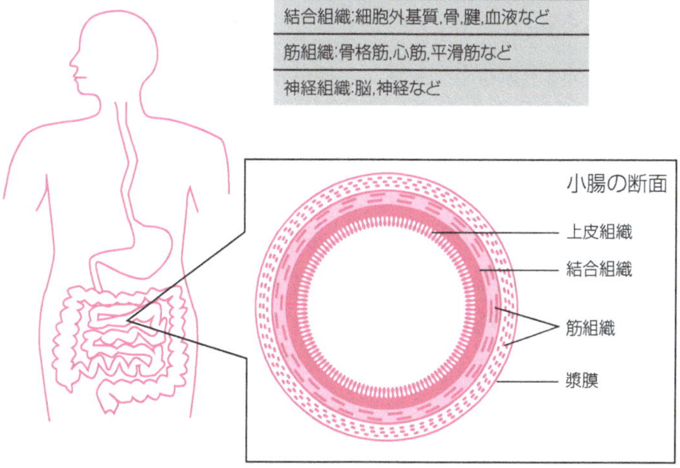

小腸の断面
- 上皮組織
- 結合組織
- 筋組織
- 漿膜

図13-1：ヒトのからだと組織

るので，以下のように器官や部位ごとに異なる機能特性を発現できる．

たとえば，皮膚は水分の蒸発を防ぎ，外部の衝撃からからだを保護する．そのため，上皮組織（表皮）は薄く広がった細胞が何層にも重なり強固につながった**重層扁平上皮**(stratified squamous epithelium)である．一方，小腸の内壁は円柱状の細胞が一層並んでできた**単層円柱上皮**(simple columnar epithelium)で覆われており，栄養分の効率的な吸収を行う．また，消化液や汗などの外分泌，ホルモンなどの内分泌を行う**分泌細胞**(secretory cell)も上皮組織に数えられる．

◆ **結合組織：基質からなる組織**

結合組織(connective tissue)は，細胞外基質とそれを分泌する細胞からなる．たとえば皮膚の上皮組織の内側には，**コラーゲン**(collagen)と，それを分泌する**繊維芽細胞**(fibroblast)があり，これらが**真皮**(dermis)と呼ばれる伸縮性に富んだ結合組織を構築している．

コラーゲンは機械的強度が高く，動物の体内で最も量が多いタンパク質である．次に述べる骨格筋を骨に結びつける**腱**(tendon)もコラーゲンから作られる．

骨(bone)も重要な結合組織の一つであり，骨芽細胞によって形成される．なお**軟骨**(cartilage)は，軟骨細胞がコンドロイチン硫酸などを分泌することで形成される弾性に富んだ組織である．さらに，全身に栄養分と酸素を供給するために欠かせない血液も結合組織に含まれる．

◆ **筋組織：動物の動きをうみだす組織**

動物の最大の特徴はすぐれた運動機能であり，それは筋細胞からなる**筋組織**(muscular tissue)によりもたらされる．筋組織は横紋筋（骨格筋や心筋）と平滑筋に大別され，それぞれを構成する筋細胞の構造と性質は大きく異なる．さらに，運動には大量のエネルギーと全身で統合された素早い判断が必要なため，血管などの循環器系や発達した神経系と筋組織とを切り離して考えることはできない．

◆ **神経組織：情報伝達ネットワーク**

体中に張り巡らされた**神経組織**(nervous tissue)の中心的な役割を担う神経細胞は，その長い軸索に沿って膜電位の興奮を伝導する．脊椎動物では，脳や脊髄などの中枢神経系が発達している．

神経細胞どうしは**シナプス**(synapse)と呼ばれる連結部分で別の神経細胞とネットワークを構築する．これが神経細胞による情報処理の複雑さを生み出すもととなる．

■ **骨芽細胞**

骨はコラーゲン，有機質，沈着したカルシウム塩などから形成されている．骨芽細胞は，自らの周囲に骨の層板構造を作り出すことで，その中に閉じ込められて骨細胞となる．なお，骨はつねに形成と分解を繰り返してリフォームしている．分解を担うのは破骨細胞である．

13-2 多細胞生物における細胞間のつながり

　約20億年前に地球に誕生した真核生物は，当初は単細胞生物として活動していたが，約6億年前には単純な多細胞体制をとるものが発生してきたようである（動物の祖先）．多細胞化により，個体のからだが大きくなり複雑な営みが可能になったことは，生存競争に有利だったのだろう．

　多細胞体制には，個体を構成する細胞間での認識，結合（組織化），連絡（分子のやりとりなど）が必要である．それらを支える分子基盤は，同じ種類のタンパク質の結合性を利用したものと，異なる種類の分子（たとえば，タンパク質とタンパク質，タンパク質と糖鎖など）の結合性を利用したものに分けて考える必要がある（図13-2）．

　たとえば，同種の細胞が集まり組織を形成する場合は，すべての細胞が同じ種類の分子を用いて結合するのが簡便な方法であろう．しかしこのやり方では，異種の細胞を識別することは難しい．したがって，異なる種類の分子の結合性を利用することになるのだが，細胞の種類や状況にいちいち対応するようにタンパク質の種類を揃えるのはゲノムの容量の制約からも不経済で，無理がある．

　そこで細胞が利用したのが糖鎖の多様性である．3種類のアミノ酸の組み合わせからできるペプチドは6種類なのに対し，3種類の糖からは，その結合部位の多さと化学的な異方性に基づく結合様式の違いなどにより，理論上は1000以上もの異なる構造をもつ糖鎖を作ることができる．糖鎖を利用した細胞間の認識は，単細胞生物の接合などでも見られる現象である．しかし，第7章や第9章で述べた混成型や複合型糖鎖の生合成経路は，多細胞生物が

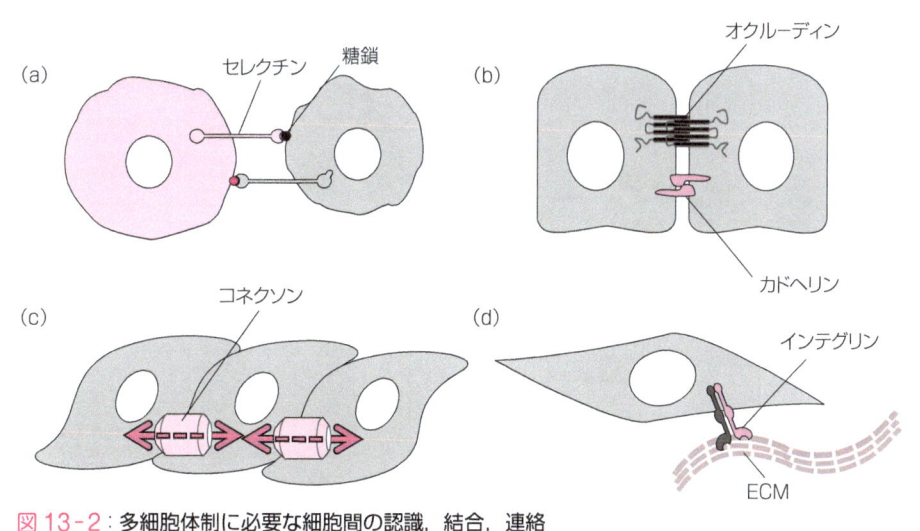

図13-2：多細胞体制に必要な細胞間の認識，結合，連絡
(a) 細胞の認識．異種分子間の結合（例：セレクチンと糖鎖），(b) 細胞の結合．同じ働きをする細胞による組織の形成，すなわち同種分子間の結合（例：オクルーディン，カドヘリン），(c) 細胞間の連絡．組織内での細胞の情報と環境の共有，すなわち細胞間連絡帯の形成（例：コネクソン），(d) 細胞外マトリックス（ECM）と細胞の接着．組織の形状変化と器官および体制の確立，すなわち異種分子間の結合（例：インテグリンとECM）．

出現した時期に獲得されたと考えられている.

さらに動物では,細胞どうしの結合だけで組織や器官が形成されているのではなく,細胞外マトリックス(extracellular matrix;ECM)の存在によるところが大きい.以下に,個々の分子の相互作用を基盤とした細胞のやりとりについて解説する.

◆糖鎖と細胞間認識

多くの動物細胞では,その原形質膜の外側に生える糖鎖(sugar chain)が細胞表層を覆っている.糖鎖には,脂質に結合したもの(糖脂質)やタンパク質に結合したもの(糖タンパク質)などがある.

脂質への糖鎖の付加はゴルジ体の内腔で生じる.一方,タンパク質への糖鎖の付加は小胞体内腔で起こり,さらにゴルジ体での糖鎖修飾を経て細胞表層に到達する(第7, 9章参照).タンパク質と糖鎖の結合様式には,スレオニンの側鎖のヒドロキシ基を介して結合したO型糖鎖と,アスパラギンの側鎖のアミノ基を介して結合したN型糖鎖がある.これらの糖鎖は高度に水和して原形質膜を保護すると同時に,その周囲のイオンの濃度分布なども整える働きがある.

さらに糖鎖は,細胞種ごとに個性的な「顔」を表現するのにも利用される.糖鎖が作り出す細胞の顔は,細胞間認識の点から重要である.たとえば炎症を起こした組織には,細菌などの感染を防ぐために,白血球が遊走する(図13-3).炎症部位から化学伝達物質がその付近の血管の内皮細胞に伝達されて,セレクチン(selectin)と呼ばれる膜貫通タンパク質を発現させる.セレ

■ **N型糖鎖とO型糖鎖**
タンパク質へのN型糖鎖の修飾については,第7, 9章を参照.糖鎖の付加が,セリンあるいはスレオニン残基の側鎖のOH基を介するO型糖鎖(ムチン型糖鎖)の修飾は,タンパク質がゴルジ体に輸送されて起こる.ムチン(消化管や気道の内膜を覆う高分子の糖タンパク質で分泌型と膜結合型がある)やプロテオグリカンの産生などに見られる反応である.

■ **ABO式血液型**
ABO式血液型は,赤血球表面に掲示される糖鎖の違いに起因する.

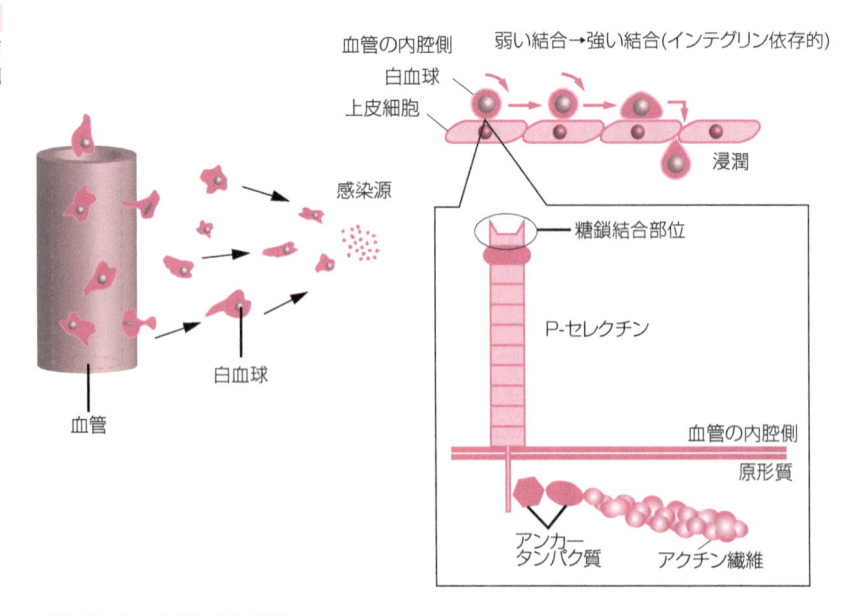

図 13-3:糖鎖と細胞認識

クチンには，白血球の細胞表層の糖鎖と弱く結合するタンパク質ドメインがある．そうすることで，白血球は血管内皮細胞上に一時的に留まる．そして炎症の程度が大きい場合，インテグリン（後述）を介した強い接着が形成される．その結果，白血球は血管内皮細胞の間をくぐり抜けて組織内に入り込み生体防御に働く．

◆細胞接着の仕組み

動物などの多細胞生物では，細胞どうしの接着，あるいは細胞と細胞外基質の接着により組織や器官が形成され，個体全体のからだの構築や営みが保障される．接着するといっても，接着剤でくっつけるというような機械的な意味合いではなく，細胞の接着には可塑性が求められ，さらに細胞間の連絡や外部の環境状態を伝達する役割も担う．そのため，細胞どうしは相手を選んで接着する．たとえば，異なる組織の細胞をバラバラに混合しても，やがてそれらは同じ組織のものどうしで集合し，接着する．このような細胞接着や細胞と細胞外基質との接着には，原形質膜およびその周辺に配置されたタンパク質の機能が重要である．

前述したように動物のからだは，体表面はもちろん，消化管の壁面，気管や肺胞の表面など，外部に接しているところはすべて上皮組織によって覆われている．たとえば小腸の上皮細胞には，その頂端部にのみ刷毛のような微絨毛が生えており，この面ではグルコースなどの栄養源を吸収する（図13-4）．そして，反対側の基底面から，吸収した栄養分を血流中に放出する．結果的に，上皮を隔てて体外と体内では大きな物質の濃度差が生じる．そのた

> **微絨毛**
> 小腸の腸管表面には多数の柔突起があり，そこには無数の微絨毛を生やした上皮細胞が並ぶ．その総表面積はテニスコート1枚分にも及ぶ．表面積を広げることで栄養分を効率よく吸収できる．

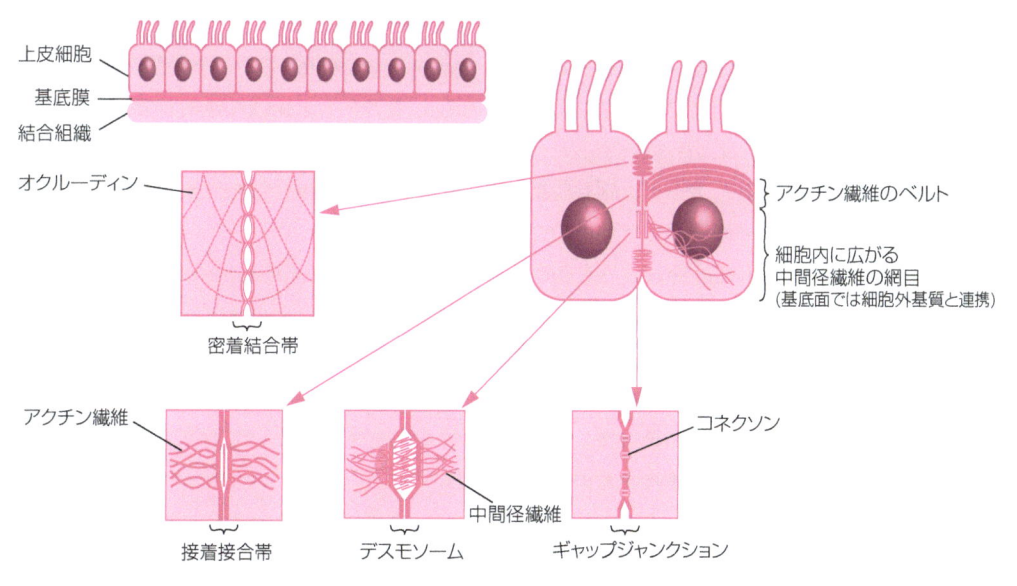

図13-4：上皮細胞と細胞接着

め，上皮組織から物質が漏れ出ないようにするためには，細胞間を隙き間なく結びつける必要がある．その役割を担うのが密着結合帯(tight junction)と接着接合帯(adherence junction)である．

◆密着結合帯：水も漏らさぬ結合の形成

上皮細胞の細胞間を隙き間なく結びつけているのは，細胞の頂端部と側面の間に位置する密着結合帯である(図13-4)．密着結合帯の形成は，オクルーディン(occludin)やクローディン(claudin)という原形質膜を複数回貫通する膜タンパク質により行われる．これらのタンパク質は，脂質二重層中で糸に通したビーズ玉のようにぎっしりと配列し，さらに細胞外に露出した部分で他方の細胞のオクルーディンまたはクローディンと結合する．結果として，細胞どうしがファスナーで結びつけられたような状態となる(ファスナーの出っ張り部分の一つ一つは膜タンパク質の細胞外部分に相当する)．

このような密着結合が上皮細胞の間に何重にも形成される．一つの密着結合でも多くの分子の通過が妨げられるのだから，それが重なると，まさに「水も漏らさない」上皮細胞間の障壁が形成される．

◆接着接合帯とデスモソーム

密着結合帯よりも基底側には，上皮組織の細胞間の結合をより強める接着接合帯がある(図13-4)．この接着接合帯を形成しているのは，カドヘリン(cadherin)という膜貫通タンパク質である(図13-2)．カドヘリンの細胞外領域には，アミノ酸残基の繰り返し配列からなるカドヘリンリピートがあり，カルシウムイオン(Ca^{2+})依存的に，向かい合った細胞から伸びるカドヘリンと結合対を作る．

カドヘリンの細胞内領域は，カテニン(catenin)やビンキュリン(vinculin)などのアダプタータンパク質を介在してアクチン繊維に連結している．上皮細胞を上から観察すると，アクチン繊維のハチマキが細胞を縁取ったように見える．アクチン細胞骨格が細胞内部から接着接合帯を支えることで，機械的な強度を与えているのだろう．

そして，それよりも基底側には，デスモソーム(desmosome)がある(図13-4)．この結合帯を形成するのもデスモグレインなどのカドヘリンに似たタンパク質であるが，その細胞内側にはデスモプラークというタンパク質複合体があり，中間径繊維が繋ぎ止められている．中間径繊維は，次項で紹介する細胞と基質の接着斑(ヘミデスモソーム)とも結びついており，上皮組織の機械的強度を維持するのに欠かせない．

なお細胞どうしが接着する際には，密着結合帯よりも先に接着接合帯が作られる．つまり，上述したカドヘリンどうしの相互作用が細胞ごとに結合しうる相手を決める．たとえば，外胚葉性の細胞が発現しているE-カドヘリ

ンと神経細胞に特異的な N-カドヘリンを，カドヘリンを発現していない細胞に別々に強制発現させた2種類の細胞株を用いた実験では，同じタイプのカドヘリンをもつ細胞どうしが集合体を作ることが知られている（図13-5）．

この性質は個体発生の際の組織分化などに重要である．つまり，ある組織を構成している一部の細胞でのみカドヘリンの分子種の発現が切り替わることで，細胞接着のパターンが変化し，新たな組織の形成が促される．カドヘリンにはいくつかの分子種があり，さらに類似タンパク質も加えた大きなカドヘリンスーパーファミリーを形成し，細胞接着を中心にさまざまな細胞現象に働いている．

> **カドヘリンスーパーファミリー**
> 細胞接着に働く一連の膜貫通型タンパク質で，細胞外のカドヘリンリピートを共通してもつ．発生段階や組織ごとに特異的な細胞間の接着を担うために，多数の分子種が存在する．さらに免疫反応などにもかかわる分子種も存在する．

◆**細胞間連絡帯：小さい分子が行き来する**

一方，細胞間には低分子の行き来が可能な**ギャップ結合**（gap junction）などの細胞間連絡帯が形成される（図13-4）．ギャップ結合は，膜貫通タンパク質であるコネキシン（connexin）の六量体から形成される**コネクソン**（connexon）が二つの細胞をつないだ構造である．

分子量1000以下のサイズの低分子（ATPやイオンなど）ならコネクソンの小孔（直径1.5 nm程度）を行き来することができ，細胞どうしは電気生理的にも代謝的にも共役した状態となる．ギャップ結合の小孔は開閉可能であり，組織が損傷を受けて細胞が破裂した場合などに隣接する細胞の内容物が漏れ出ないようにするらしい．

その他，神経細胞が形成する化学シナプスや植物細胞で見られる原形質連絡なども細胞間連絡帯とみなせる．

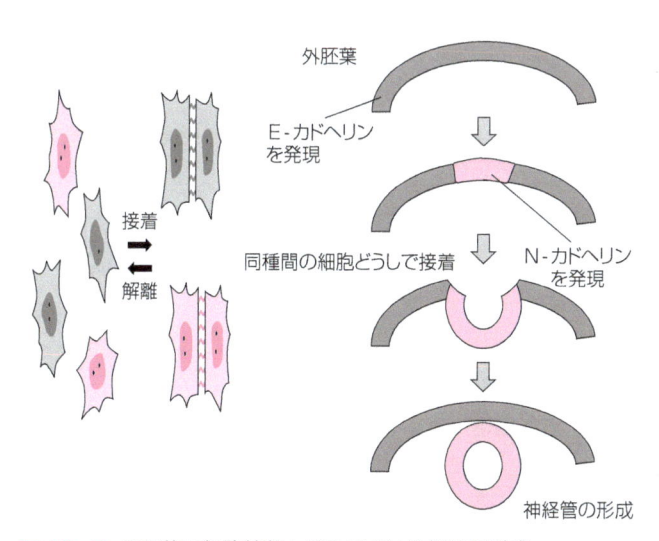

図13-5：選択的な細胞接着と発生における組織の形成

◆細胞外基質と細胞の接着

細胞外基質(extracellular matrix)は結合組織の主要な成分であり，結合組織内に点在する繊維芽細胞などにより分泌される．

人体に含まれるタンパク質で最も多いコラーゲンは，細胞内で前駆タンパク質が合成され，そのアミノ末端とカルボキシ末端が細胞外で切り離されて活性化し，長い繊維となったものである．コラーゲンの強度は，コラーゲンを多く含む動物の真皮から作った革製のベルトや靴から理解できるだろう．

コラーゲン以外にも，エラスチン(elastin)やフィブリリン(fibrilin)などの弾性に富んだ繊維状の細胞外基質がある．繊維状構造の網目を埋めるのは，グリコサミノグリカン(glycosaminoglycan)と総称される多糖類や，それらがタンパク質と結合したプロテオグリカン(proteoglycan)などの細胞外基質である．グリコサミノグリカンやプロテオグリカンには，多数のカルボキシ基や硫酸基が含まれており，Na^+などを引き寄せることで高い浸透圧を作り出す．その結果，保水能力が高く，圧縮力に耐えられるゲルとしての性質を発揮する．そうすることで，成体組織や細胞を保護する．

これらの細胞外基質が細胞から分泌されて，体内にさまざまな結合組織を作りあげる．上述した上皮組織を支える基底膜(basement membrane)もその一例である(図13-4)．また，筋組織とつながる腱や骨も代表的な結合組織である．

細胞外基質と細胞の接着は，フィブロネクチン(fibronectin)やラミニン(laminin)などの細胞外基質と細胞膜貫通タンパク質であるインテグリン(integrin)の結合によりなされる(図13-2)．フィブロネクチンやラミニンは，他の細胞外基質との結合ドメインとインテグリンとの結合に必要なRGDモチーフをもつ．

インテグリンは，α鎖とβ鎖のヘテロ二量体である膜貫通タンパク質で，細胞外部でRGD配列を認識して結合する．細胞外基質に結合すると，インテグリンの細胞質側の構造に変化が起こり，βカテニンやビンキュリンなどを介してアクチン細胞骨格と連結する(図13-6)．その結果，安定な接着斑が形成される．また，細胞と基質の接着はFAKなどのチロシンキナーゼを活性化し，細胞内シグナル伝達経路を介して，細胞の機能や分化を制御する．つまり，細胞は自らの置かれた周りの細胞外基質の種類を感じとることで，その振る舞いを律することができる．

13-3 中間径繊維

第4章でアクチン繊維や微小管については解説したが，それら以外にも代表的な細胞骨格として中間径繊維(intermediated filament)が挙げられる．「中間径」の名の由来は，その直径(約10 nm)が，直径5 nmのアクチン繊維と25 nmの微小管の中間のためである．また，筋肉に見られる太いフィラ

■ **RGDモチーフ**

アルギニン，グリシン，アスパラギン酸の三つのアミノ酸残基からなる配列で，インテグリンとの結合にかかわる．

■ **接着斑**

細胞は接着斑のインテグリンを介して基質と結合する．基質上を運動する細胞にとって，接着斑は細胞の足に相当し，運動力を支持する．また細胞は，接着斑と基質の結合を敏感に感知しており，足場が悪い場所では，細胞の形状を広げて接着を試みようとする．うまく接着できない場合には，細胞増殖は停止する．この現象は，細胞が組織からはみ出で，むやみに増えないようにする生理的意義がある．接着斑には，細胞接着の状態を感知するセンサーの働きをするタンパク質が存在する．

■ **Ccrp**

*Caulobacter*という三日月型のバクテリアは，CreSという中間径繊維のサブユニットのようにαヘリカルドメインからなるタンパク質をその形態形成に利用している．このCreSが重合した繊維は，細胞表層直下にラセン構造を形成する．CreSの変異株では，三日月型を保つことができない．同様なタンパク質が他の細菌からも発見されており，Ccrp (coiled coil rich protein)と総称されている．

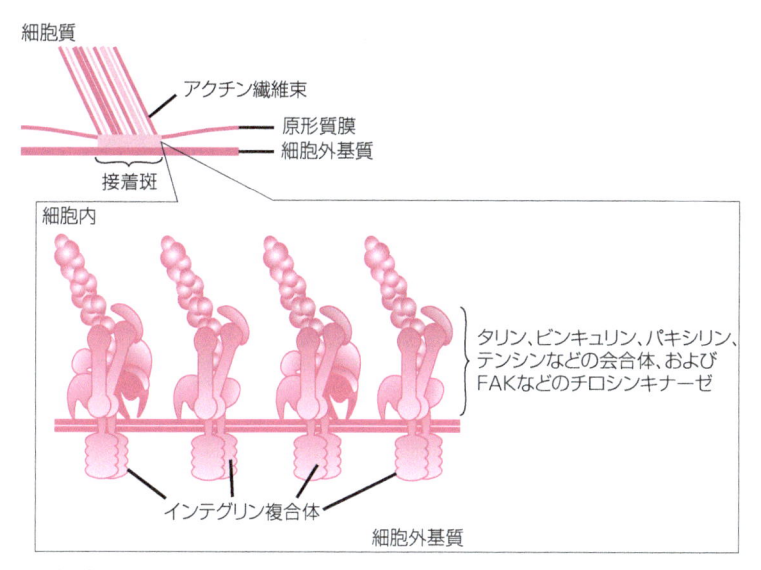

図13-6：細胞と細胞外基質の接着

メント（後述）と細いものの中間の太さだからという説明もある．

中間径繊維は動物細胞に特有の細胞骨格であり，多細胞体制を支えるのに重要な役割をもつ．なお最近は，中間径繊維に類似したタンパク質が細菌や植物からも見つかっているが，その遺伝子の起源が動物のものと同じかどうかは不明である．

◆ 中間径繊維を構成するサブユニット

中間径繊維を構成するサブユニットは，アクチン繊維や微小管のものとは構造がまったく異なり，分子中央に α ヘリカルドメインをもつロープ状である（図13-7）．中間径繊維の形成では，まず二つのサブユニットの α ヘリカルドメインどうしが絡まるようにしてコイルドコイル二量体を形成する．そして，この二量体が別のものと逆平行に合わさることで四量体を形成する．さらに，この四量体が会合したオリゴマーが連結することで，最終的に長い頑丈なロープが作られる．

中間径繊維のサブユニットをコードする遺伝子は，ヒトでは70個ほどあり，組織や細胞種ごとに発現様式が異なる．また発生段階においても，その発現様式は変化する．

代表的な中間径繊維には，上皮や毛などに見られる ケラチン（keratin），筋肉に見られる デスミン（desmin），間絨織に見られる ビメンチン（vimentin），グリア細胞の GFAP，神経細胞にある ニューロフィラメント（neurofilament），多くの細胞に発現して核構造の維持に重要な ラミン（lamin）などが挙げられる（図13-7）．

■ 間絨織
器官全体の構造を保ち，器官内に血管や神経を導く．コラーゲンなどの繊維成分とプロテオグリカンなどの無定形の基質などからなり，その中には繊維芽細胞などが散在する．

■ グリア細胞
脳内で，神経細胞（ニューロン）はゼラチン様の物質に包まれているが，その中に詰まっている細胞の総称．星状グリア細胞（アストロサイト），希突起グリア細胞（オリゴデンドロサイト），ミクログリアに分類される．その総数はニューロンの10倍にも及び，脳の体積の半分を占める．ニューロンへの栄養供給や物質代謝のサポート，神経成長因子の物質など重要な働きをしている．

■ ラミン
核機能におけるラミンの働きについては，第2章を参照．

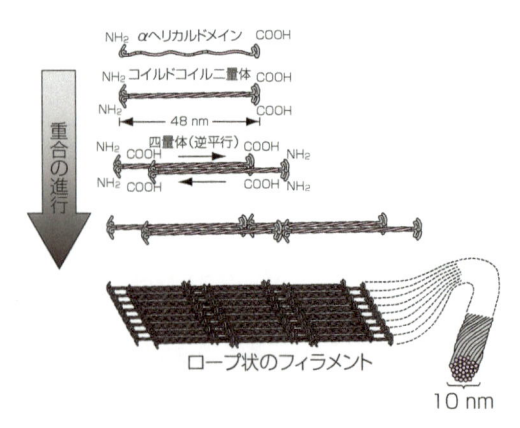

図13-7：中間径繊維と細胞接着

◆細胞に強度を与える中間径繊維

中間径繊維はしなやかでありながら，サブユニットの分子表面の大部分が結合に用いられているために，その強度はアクチン繊維や微小管よりも高い．ほ乳類の培養細胞を，界面活性剤を含む高塩濃度の溶液で処理すると，アクチン繊維や微小管は洗い流されてしまうが，中間径繊維はその形状を保ったまま残る．さらに中間径繊維は高い伸展性をもち，張力が加えられた場合には，もとの長さの3倍程度まで繊維が伸びる．

ラミン以外の中間径フィラメントは細胞内で網目状に分布しており，細胞膜と核，およびその他の細胞小器官をつなぎ止めている．さらに上皮細胞では，細胞どうしの接着部位（desmosome）や基質との接着部位（hemidesmosome）にケラチンなどの中間径繊維が付着しており，上皮組織に機械的強度をもたらしている（図13-7）．もし中間径繊維がなければ，外からの機械的刺激に対して細胞膜は簡単に破れてしまうだろう．実際に，ケラチンに突然変異をもつ先天性表皮水疱症という遺伝病が知られており，この患者ではわずかな

■ フケに注意
余談ではあるが，タンパク質の実験を行う際には，皮膚や頭皮などから剥がれ落ちた細胞の死骸（俗にフケともいう）や羊毛のセーターなどからのコンタミネーションには気をつけなくてはならない．分子量60 kDa程度の新規タンパク質を同定したらケラチンだった，というような失敗談もある．

コラム1　細胞分裂と中間径繊維

動物細胞の強度の賦与に重要な役割を担う中間径繊維であるが，細胞分裂時には障害物とならないように脱会合される必要がある．そのために分裂期の細胞内では，中間径繊維はリン酸化制御を受ける．このリン酸化は，中間径繊維のサブユニットのアミノ末端側（ヘッドドメイン）の複数のセリンやスレオニン残基に対して，サイクリン依存性キナーゼCDK1，ポロキナーゼ，Auroraキナーゼ，およびRhoキナーゼなどのリン酸化酵素の働きで生じる．

なお，これらのタンパク質キナーゼは，中間径繊維の制御以外にも，いずれも分裂期の進行や細胞骨格の制御に重要な役割を果たしている．

刺激でも肌の上皮組織が崩壊してしまう．

　細胞内における中間径繊維の細胞骨格の形成には，中間径繊維に結合するタンパク質や他種の細胞骨格の働きがかかわっている．中間径繊維を構成するサブユニットが会合したオリゴマーは，微小管に沿った物質運搬によりその重合部位に集められる．また，プレクチン(plectin)と総称されるタンパク質の一群は，N末端にアクチン結合部位を，C末端に中間径繊維結合部位をもつ．プレクチンはアクチン細胞骨格の密集した領域（細胞どうしや基質との接着部位など）から中間径繊維を形成するのに大切な働きをしている．興味深いことに，試験管内の測定では，中間径繊維やアクチン繊維の単独の場合よりも，両者を混合するほうが強度が増すことが示されている．

　一般的には，細胞内に配向した中間径繊維は比較的安定であると考えられている．しかし，蛍光標識タンパク質を用いてそのダイナミクスを調べた最近の研究では，中間径繊維の末端どうしが結合したり，あるいはフィラメント内のオリゴマーが細胞質のものと入れ替わったりする様子が頻繁に観察される．そのため，細胞内では中間径繊維は，アクチン繊維や微小管ほど劇的ではないが，積極的に再編成を受けていると考えられる．しかし，その動態を制御する仕組みや生理的意義については，今後の研究を待たねばならない．

13−4　筋肉の構造とすべり運動

　筋肉は，その構造や運動の特性により，骨格筋(skeletal muscle)，心筋(cardiac muscle)，平滑筋(smooth muscle)に大別される．骨格筋と心筋は，

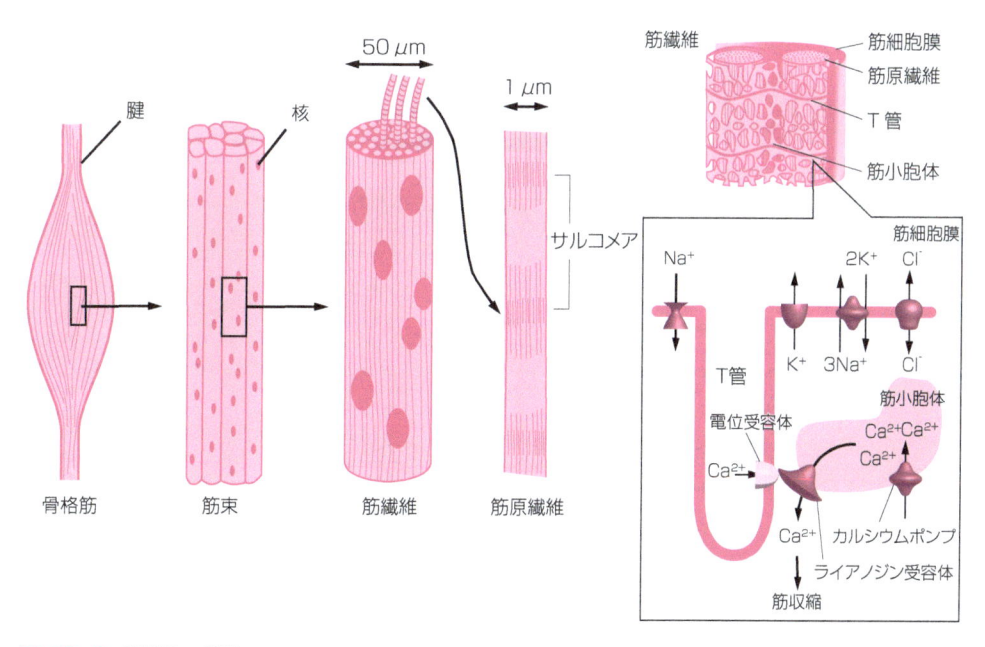

図 13-8：横紋筋の構造

顕微鏡で観察すると明暗の横縞が見えるために横紋筋と呼ばれる．横紋筋は，幅50 μm，長さ数cmほどの筋繊維（muscle fiber）が束になった筋束が多数集まったものである（図13-8）．筋繊維は，多数の筋原細胞が融合して形成された巨大細胞であり，その細胞膜の下には多数の核が存在する．この細胞の中には，長軸方向に筋原繊維がぎっしりと詰まっており，それは横紋に対応するサルコメア（sarcomere；筋節）という構造が連なってできたものである．

◆サルコメアの構造

各サルコメアは，Z線というαアクチニンや キャップZなどのアクチン結合タンパク質が密集した仕切りで区切られており，2～3 μmほどの大きさである（図13-9）．Z線からは複数のアクチン繊維がサルコメアの中央に向かって伸びており，反対側のZ線から生えているアクチン繊維と向き合った配置をとる．

これらのアクチン繊維の方向性は揃っており，Z線側にあるのがプラス端である．一方，アクチン繊維のマイナス端側はトロポモジュリン（tropomodulin）というアクチンキャッピングタンパク質が結合している．サルコメアのアクチン繊維の長さを一定にしているのは，ネブリン（nebulin）というタンパク質である．これがアクチン繊維に沿って配置し，ものさしの

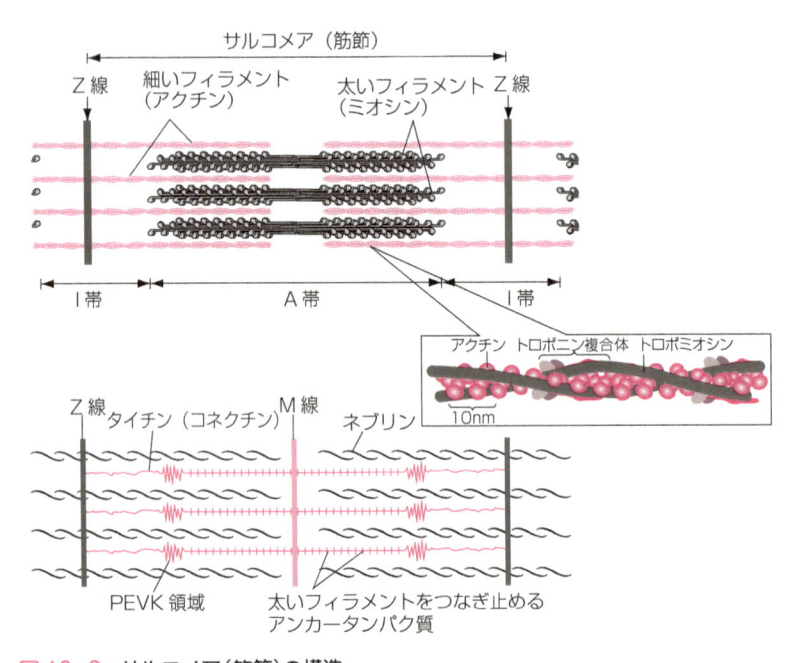

図13-9：サルコメア（筋節）の構造
主成分のミオシンとアクチンが異なる太さのフィラメントを形成する．各フィラメントはZ膜を基準に規則正しく配置し（上側の図），それには他のタンパク質が働く（下側の図）．拡大図には，細いフィラメントを構成するタンパク質を示した．

役目をしている．

アクチン繊維どうしが向き合った隙間には，ミオシンフィラメントが入り込んでいる．サルコメア内にはタイチン(titin)という巨大タンパク質があり，ミオシンフィラメントを中央領域に配置するなどの大切な働きをしている．

ミオシンフィラメントを太いフィラメント，アクチン繊維を細いフィラメントという．太いフィラメントと細いフィラメントは，15 nm ほどの隙き間を隔てて平行に走っている．この間隙には，クロスブリッジというミオシンの頭部がアクチン繊維に接した架橋構造が多数見られる．

上述した横紋筋の横縞で暗く見える部分(A 帯)は，ミオシンフィラメントの存在領域である．A 帯の中央以外の領域はミオシンフィラメントとアクチン繊維が重なっているのに対し，中央部分はミオシンフィラメントのみからなる．この A 帯の中央領域をとくに H 帯という．一方，Z 線とその周辺のアクチン繊維のみの部分は，ミオシンフィラメントを含まないために明るく見える I 帯に相当する．筋収縮が起こると，A 帯の長さは変化せずに，I 帯の領域が狭くなる．つまり，ミオシンフィラメントの各ミオシンの頭部がアクチンと相互作用することで，アクチン繊維をサルコメア中央にたぐり寄せて骨格筋は収縮する．以上が筋細胞の動作原理のエッセンスであるが，その制御にはアクチンやミオシン以外の構造も大切な役割を果たしている．

◆筋収縮とカルシウムイオン

運動神経の末梢にある神経終盤からアセチルコリンが放出されると，筋繊維の細胞膜上にあるアセチルコリン受容体が活性化され，受容体自身の作っているイオンチャネルが開き，細胞外から細胞内に Na^+ が流入して膜電位が活性化される．

筋細胞の細胞膜は細くて平たい管を内側に向かって伸ばしている．この管は各サルコメアに届いており，横行小管(または T 管)と呼ばれている(図 13-8)．T 管の両側には筋小胞体という Ca^{2+} を蓄えた袋があり，両者は電圧受容体とライアノジン受容体で接している．筋細胞の膜電位が上がると，T 管の電圧受容体がライアノジン受容体を活性化し，ライアノジン受容体が作るカルシウムチャネルが開いて，筋小胞体の中身の Ca^{2+} がサルコメアに放出されることで，筋収縮の引き金が引かれる．

弛緩時にサルコメアのミオシンがアクチン繊維と接触しないようにしているのは，アクチン繊維に結合しているトロポミオシン(tropomyosin)とトロポニン(troponin)である(図 13-9)．Ca^{2+} はトロポニンに結合してトロポミオシンの位置をずらす．その結果，アクチン繊維とミオシンが相互作用できるようになり，筋収縮が起こる．サルコメア内に放出された Ca^{2+} は ATP のエネルギーを利用したカルシウムポンプにより再び筋小胞体に吸収される．その結果，サルコメアの収縮は止まる．

■ **ミオシンフィラメント**
Ⅱ型ミオシンが尾部で複合体を形成したもので，長さ 1.5 μm 程度の双極性の構造．

■ **タイチン**
常識を覆すほど巨大なタンパク質という意．また Z 膜間をつなぐことから，別名をコネクチン(connectin)という．丸山工作およびクワン・ワンにより，ほぼ同時期に発見された．その分子内にバネのような働きをするアミノ酸配列の繰り返し構造(PEVK 領域)をもつ．

◆ジストロフィンと筋ジストロフィー症

　デュシュンヌ型筋ジストロフィー症は深刻な遺伝病の一つである．男子3千人に1人程度の割合で発症し，X染色体劣性遺伝子形式をとる．体重が増加する幼少期に歩行障害を起こし，次第に全身の筋組織が崩壊して死に至る．
　その原因遺伝子産物はジストロフィン(dystrophin)という細長い巨大タンパク質(分子量 427 kDa)で，細胞外基質に結合したジストログリカン複合体などと結合し，もう一方の端でアクチン繊維と結合することで，筋繊維と細胞外基質を連結している．このようにすることで，ジストロフィンは筋細胞の強度保持に大切な働きをしている．

◆平滑筋の運動の仕組み

　動物の消化管や血管などに見られる平滑筋は，単核の細長い紡錘体の細胞から構成される．この細胞内にはデスミンなどの中間径フィラメントが張り巡らされており，ところどころで細胞膜と接してデンスボディーを形成している．このデンスボディーからアクチン繊維も伸長しており，それがミオシンと相互作用することで収縮力が発揮される．
　平滑筋においては，細胞内で Ca^{2+} の濃度が上昇すると Ca^{2+} がカルモジュリン(calmodulin)と結合し，ミオシン調節軽鎖キナーゼ(MLCK)を活性化する．その結果，ミオシンの調節軽鎖がリン酸化されて，ミオシンのモーター活性が上昇する．また，アクチン繊維には，トロポミオシン結合能を有するカルデスモン(caldesmon)，あるいはカルポニン(calponin)が結合しており，アクチン繊維とミオシンの相互作用を阻害している．筋収縮時には，これらはリン酸化されてアクチン繊維から外れ，ミオシンが働けるようになる．また Ca^{2+} と結合したカルモジュリンはカルデスモンに作用して，ミオシンの阻害効果を抑えることも指摘されている．

13−5　神経伝達

◆神経を電気信号が伝わる仕組み

　神経細胞(neuron)は，核を含む細胞体から多数の樹状突起(dendrite)と1本の長い軸索突起(axon)が伸びた形をしている(図13-10)．ヒトの脊椎から出て足先にまで伸びている神経細胞の長さは1mにも及ぶ．
　軸索突起の末端は枝分かれしており，標的となる細胞(別の神経細胞や筋細胞など)にシナプス結合を形成し，興奮(あるいは抑制)の指令を出す．伝達を受けた刺激の総和に応じて神経細胞が興奮すると，活動電位が発生する(図13-10)．発生した活動電位は，軸索上に配置された電位依存性 Na^+ チャネルを活性化する．
　このチャネルは膜電位が増加すると活性化され，その小孔が開くと細胞内に Na^+ が急激に流入する．その結果，細胞の膜電位は約 +50 mV まで一気

■ **デンスボディー**
骨格筋のZ膜に相当する構造で，アクチン繊維のマイナス端を固定する．そこから伸展するアクチン繊維がミオシンと相互作用することで，細長い平滑筋細胞が収縮し，太く短い形状になる．

■ **活動電位**
刺激を受けた神経細胞が脱分極して閾値を超えると，活動電位が発生する．その電気的興奮を伝える波は，神経軸索の連続した活動電位により末梢に送られる．活動電位の発生頻度が密で多いほど強い興奮となる．膜電位の発生の仕組みについては，第1章を参照．

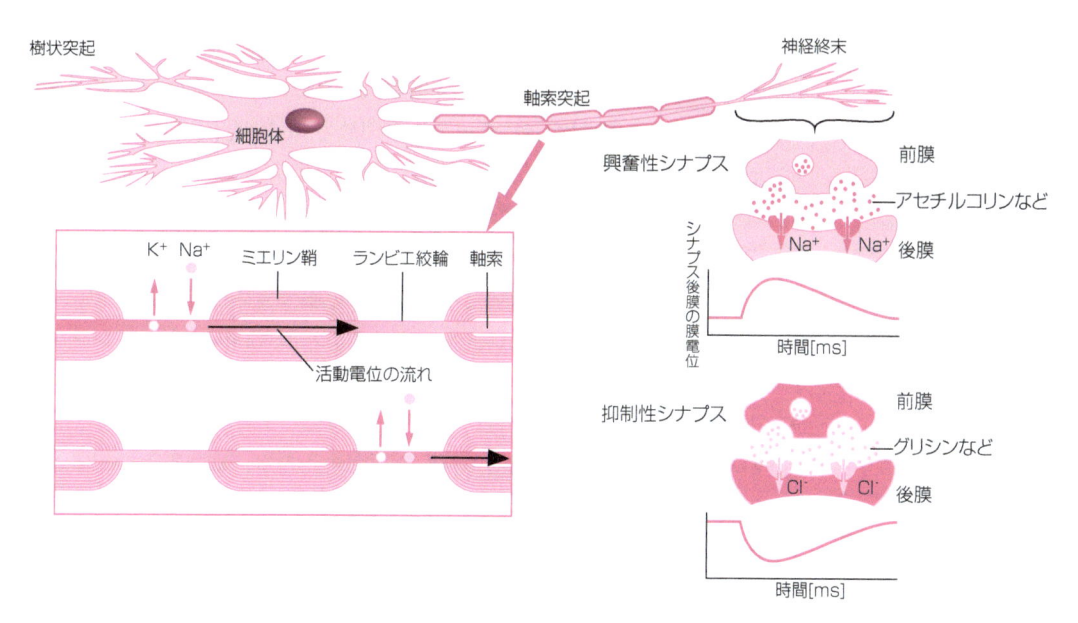

図13-10:ニューロンと神経伝達

に上昇する.これを脱分極(depolarization)という.いったん開いた電位依存性ナトリウムチャネルは,その後の数ミリ秒間はイオンを通過させることはできない.膜電位は軸索の脱分極された部分から両方向へと広がっていくが,このチャネルの不活性化状態があるために,結果的に活動電位は軸索上を逆戻りしないでその末端に向かって伝わっていく.

単に細胞膜上を電気が流れるだけであれば,長い神経軸索を伝わる過程でそのシグナルはしだいに低下してしまうだろう.この仕組みの素晴らしいことは,軸索に沿って電気信号を発信する装置(つまり電位依存性Na^+チャネル)が配置されていることで,情報をその終末までしっかりと伝えられる点にある.なお,軸索はミエリン鞘という絶縁体で覆われており,ところどころにあるランビエ絞輪の部分に電位依存性ナトリウムチャネルは密集化している(図13-10).このような仕組みにより,むき出しの軸索に比べると500倍も速く活動電位が伝わる.これを跳躍伝導(saltatory conduction)という.

一方,興奮した神経細胞は,脱分極状態からすみやかに回復し,次の活動電位に備える必要がある.これは,上述した電位依存性Na^+チャネルの挙動と少しずれて進行する.活動電位を受けた細胞膜では,電位依存性K^+チャネルが開いて細胞内のK^+は細胞外へと流出しはじめ,電位依存性Na^+チャネルが不活性化してNa^+の流入が止まり,そして膜電位が十分に下がる.これを再分極(repolarization)という.

このときの膜電位(K^+の平衡電位に相当)は,静止膜電位よりも少し低い状態(過分極)になる.最終的に,Na^+-K^+ ATPアーゼの働きにより,Na^+が細胞外に放出され,代わりにK^+が取り入れられ,その他のイオンの濃度分

■ **ミエリン鞘**

脳ではニューロンはグリア細胞(オリゴデンドロサイト)に被われているが,末梢神経の軸索にはシュワン細胞が巻き付く.その結果,軸索は何重もの脂質膜(=シュワン細胞の細胞膜)で包まれる.一つ一つのシュワン細胞が個々のミエリン鞘をつくり,細胞同士のすき間がランビエ絞輪となる.

布も回復することで，膜電位は静止膜電位へと落ち着く（第1章参照）．

軸索の興奮が神経終末部（シナプス前膜）まで伝わると，その領域での膜電位が上がり，電位依存性 Ca^{2+} チャネルが開放されて細胞内に Ca^{2+} が流入する．その結果，神経伝達物質を排出するエキソサイトーシスが引き起こされ，次の神経細胞あるいは筋細胞などが信号を受ける．興奮性のシナプスの場合は，アセチルコリン，グルタミン酸，セロトニンなどの神経伝達物質が放出され，シナプスを接する神経細胞の活性電位を脱分極させる（図13-10）．一方，抑制性のシナプスの場合は，γアミノブチル酸（GABA）やグリシンなどが放出され，シナプスと接する神経細胞では Cl^- チャネルが開放されて膜電位を下げる方向に働き，活動電位の発生を妨げる．

きわめて巧妙かつ複雑な動物の行動を制御するのが，細胞膜上に配置されたタンパク質分子が引き起こす膜電位の変化だとはにわかには信じがたいような気がするが，紛れもない事実である．多くの向精神薬の標的が神経伝達物質依存性チャネルであることも，それを裏付ける証拠である．

◆章末問題◆

1. 動物から取り出した組織の細胞を培養する際に，一つ一つの細胞をバラバラにするために，トリプシン（タンパク質分解酵素の一種）で処理する．その理由を考えよ．
2. 中間径フィラメントが動物細胞で発達しているのはなぜだろうか．生物学的意義を踏まえて，考えをまとめよ．
3. ザリガニの鋏にある骨格筋は幅が 6 μm もある長いサルコメアからなる．他の骨格筋と比べて，長いサルコメアにはどのような利点があるか考えよ．

◆参考文献◆

B. Alberts ほか著，『細胞の分子生物学 第5版』，ニュートンプレス（2010）．
B. Alberts ほか著，『Essential 細胞生物学 原書第3版』，南江堂（2011）．
D. Bray 著，『Cell Movements: From Molecule to Motility 2nd ed.』，Garland Science（2001）．
丸山工作著，『筋肉はなぜ動く』，岩波ジュニア新書（2001）．
藤田恒夫，牛木辰男著，『細胞紳士録』，岩波新書（2004）．
山科正平著，『新・細胞を読む』，講談社ブルーバックス（2006）．

◆索 引◆

A〜Z

ADF（アクチン脱重合促進因子）　47, 78
APC/C（後期促進複合体）　164, 173, 182
ARF　117, 127
Arp2/3 複合体　77, 79
CAK（CDK 活性化キナーゼ）　172
cAMP　147
CAP　77
Cdc14　183
Cdc25 フォスファターゼ　172, 182
Cdc42　77, 78
CDK（サイクリン依存性キナーゼ）　171, 177, 178
CDK 活性化キナーゼ　172
CDK 抑制因子　172, 175, 182
cGMP　140
CKI（CDK 抑制因子）　172, 175, 182
COP I　115, 116, 117, 126, 127
COP II　115, 117, 124, 126
DNA　15
DNA 複製　176, 182
ECM（細胞外マトリックス）　188
ER（小胞体）　123
G_0 期　174
G_1 期　174
G_2 期　178
GPI（グリコシルホスファチジルイノシトール）　7
IFT（物質運搬機構）　84, 85, 86
LDL（低分子量リポタンパク質）　131
MAPK（MAP キナーゼ）　151
mRNA　93
MTOC（微小管重合中心）　158
M 期　178
Na^+-K^+ ATP アーゼ　11
N 型糖鎖　104
ORC（複製起点認識複合体）　176
PI（ホスファチジルイノシトール）　3
PKA　147
PKC（プロテインキナーゼ C）　148
Rab　120
Rac　77
Ran　109, 159
Ras　151
Rho　62, 69
RNA　17
rRNA　91
SCF 複合体　173, 175
SNARE 複合体　119
SPB　54, 69, 161
SPR（シグナル識別粒子）　112
S 期　177
TCA 回路　36
tRNA　89

あ

アクチン　45, 46, 62, 63, 75, 166, 196
　——重合阻害剤　80
　——阻害剤　50
　——脱重合促進因子　78
　——調節タンパク質　50
アセチルコリン　140, 197
アポトーシス　134
アミノアシル tRNA 合成酵素　90
アメーバ運動　76
α ヘリックス　95
アンチコドン　90
暗反応　40
イオンチャネル　12, 145
イオンポンプ　11
一次構造　95
一次繊毛　85
遺伝子の転写　17
インテグリン　192
インポーチン　109
エキソサイトーシス　123
液胞　12, 123
エクスポーチン　109
エピジェネティクス　28
エンドサイトーシス　130
エンドソーム　123, 132
オートファジー　136

か

開始コドン　93
解糖系　35
外腕ダイニン　84
核　18
核移行シグナル　108
核外移行シグナル　108
核小体　19
核膜孔　20, 108
核様体　18
核ラミナ　18
カタストロフ　55
活動電位　198
滑面小胞体　149
カルシウムイオン　13, 61, 83, 148, 190, 197
カルビン回路　36, 40
カルモジュリン　61, 198
環状 AMP　147
環状 GMP　140
基底小体　82, 84
キナーゼカスケード　151
キネシン　66, 158
ギャップ結合　191
休止期　174
9+2 構造　83, 84
筋組織　186
クラスリン　115
　——被覆小胞　115
グラナ　34
グリコシルホスファチジルイノシトール　7
クリステ　32
クロマチン繊維　23
クロロフィル　34
結合組織　186
ゲノム　15, 42, 43
原核生物　1, 15
原形質　2
　——膜　3
　——流動　81

減数分裂　179
光化学系　36, 39
後期促進複合体　164, 173, 182
交差　179
構成性分泌　129
呼吸酵素複合体　37
骨格筋　32, 145, 195
コートタンパク質　114
コヒーシン　179
ゴルジ体　117, 123, 125, 127
コレステロール　3, 131
コンデンシン　23, 179

さ

サイクリン　171
　——依存性キナーゼ　164, 171
再分極　199
細胞外基質　192
細胞外マトリックス　188
細胞核　15
細胞間橋　168
細胞骨格　45, 53, 76
細胞質分裂　69, 79, 155, 166
細胞周期　171, 181
細胞接着　189
細胞内輸送　64
細胞の共生説　43
細胞板　169
細胞分裂　69
細胞膜　2
サルコメア　196
三次構造　95
三量体Gタンパク質　144
色素体　34
軸索　87, 198
軸糸　83
シグナル識別粒子　112
シグナル伝達　139, 144
シグナル配列　107, 110
脂質二重層　2
シナプス小胞　129
シャペロン　97, 101, 102
終結因子　94
終止コドン　94
収縮環　80, 166

周辺微小管　83
樹状突起　87, 198
受動輸送　10
上皮　128, 185, 189
小胞　114
小胞体　123
小胞体関連分解　102
小胞体ストレス　102
小胞輸送　111
食胞形成　133
真核生物　1, 15
心筋　195
神経　186
　——終末　87, 119, 130
　——伝達　198
　——伝達物質　119, 129, 140, 200
浸透圧　11
スクランブラーゼ　6
ストロマ　34, 39
スフィンゴ糖脂質　3
スプライシング　17
スペクトリン　9
制止膜電位　13
セキュリン　180, 182
赤血球　8
接着結合帯　190
接着斑　79
セパレース　180, 182
セプチン　57
染色糸　23
染色体凝集　179
セントラルスピンドリン　69, 70
セントラルドグマ　16, 42
セントロメア　23
繊毛　81, 83
増殖因子　175
相同組み換え　179
粗面小胞体　107, 111, 1224

た

ダイナクチン複合体　72
ダイナミン　115
ダイニン　66, 71, 83
脱分極　199
多胞体　99

タンパク質合成　94
タンパク質のフォールディング　96
タンパク質の輸送　107
チェックポイント　181
中間径繊維　87, 192
中心小体　85, 160
中心体　54, 72, 85, 160
中心対微小管　83
チューブリン　51
調節性分泌　129
跳躍伝導　199
チラコイド　34, 39
チロシンキナーゼ　151
低分子量GTPアーゼ　144
低分子量リボタンパク質　131
デオキシリボ核酸　15
デスモソーム　190
テロメア　25
　——配列　15
テロメラーゼ　26
電位依存性 Na^+ チャネル　198, 199
電子伝達系　32, 37, 40
動原体　23, 157, 163, 180
糖鎖　124, 187, 188
　——修飾　105
動的不安定性　55
トポイソメラーゼⅡ　23
トランスコロン　112
トランスサイトーシス　136
トランスファーRNA　89
トリプレットコドン　89
トレッドミル　49, 50, 55

な

内腕ダイニン　84
ナトリウム駆動型シンポーター　11
二次構造　95
ヌクレオソーム　22
能動輸送　10

は

発酵　35
微小管　51, 157
　——結合タンパク質　56
　——重合中心　54, 158

ヒストン　20, 22, 27
ヒートショックタンパク質　97
ピノサイトーシス　131
ファゴサイトーシス　131, 133, 134
ファゴソーム　133
フォルミン　77
不均等分裂　168
複製起点　175
　　——認識複合体　176
複製前複合体　175
物質運搬機構　84, 85, 86
プラスチド　34
フリップ・フロップ　6
プロテアソーム　98
プロフィリン　77
分裂装置　156
平滑筋　196, 198
平衡電位　13
βシート　95
ヘテロクロマチン　27
ペプチジル基転移酵素　92
ペプチド結合　91, 95
ペプチド伸張因子　93

ペルオキシソーム　114
ベン毛　81, 83
紡錘体　156, 162, 182
ホスファチジルイノシトール　3
ホモログ　24
ポーリン　7
翻訳開始因子　93

ま

膜貫通タンパク質　112
膜骨格　9
膜タンパク質　6
膜電位　12
マトリクス　32
ミオシン　45, 59, 62, 63, 64, 75, 166, 197
ミセル　4
密着結合帯　190
ミトコンドリア　31, 42, 110
　　——ゲノム　42
　　——輸送シグナル　33
明反応　39
メラノソーム　88

メンブレントラフィック　120, 124
モータータンパク質　59

や・ら

有糸分裂　155
ユークロマチン　26
ユビキチン　99, 132
　　——化　173
　　——リガーゼ　100
葉緑体　31, 43, 81, 111
　　——ゲノム　43
四次構造　96
ラジアルスポーク　83
ラフト　5
ラミン　19, 165
リサイクリングエンドソーム　137
リソソーム　98, 123, 127, 135
リボザイム　92
リボソーム　89, 91, 112
流動モザイクモデル　5
リン脂質　3, 148

● 編著者略歴

沼田　治（ぬまた　おさむ）
筑波大学生命環境系教授
1952年　東京都生まれ
1980年　筑波大学大学院博士課程単位取得退学
上越教育大学学校教育学部助手，筑波大学大学院生命環境科学研究科助教授などを経て，2001年より現職．
理学博士

千葉　智樹（ちば　ともき）
筑波大学生命環境系教授
1966年　フランス生まれ
1994年　筑波大学大学院博士課程早期修了
国立精神神経センター・神経研究所，東京都医学研究機構・臨床医学総合研究所を経て，2005年より現職．
博士（医学）

中野賢太郎（なかの　けんたろう）
筑波大学生命環境系准教授
1970年　神奈川県生まれ
1998年　東京大学大学院博士課程修了
岡崎国立共同研究機構基礎生物学研究所非常研究員，東京大学大学院総合文化研究科助手を経て，2013年より現職．
博士（理学）

中田　和人（なかだ　かずと）
筑波大学生命環境系教授
1969年　栃木県生まれ
1999年　筑波大学大学院博士課程修了
日本学術振興会特別研究員，筑波大学大学院生命環境科学研究科准教授などを経て，2010年より現職．
博士（理学）

細胞生物学

2012年4月20日　第1版　第1刷　発行
2024年9月10日　　　　　　第8刷　発行

検印廃止

JCOPY　〈出版者著作権管理機構委託出版物〉
本書の無断複写は著作権法上での例外を除き禁じられています．複写される場合は，そのつど事前に，出版者著作権管理機構（電話 03-5244-5088，FAX 03-5244-5089，e-mail: info@jcopy.or.jp）の許諾を得てください．

本書のコピー，スキャン，デジタル化などの無断複製は著作権法上での例外を除き禁じられています．本書を代行業者などの第三者に依頼してスキャンやデジタル化することは，たとえ個人や家庭内の利用でも著作権法違反です．

編著者　沼田　治
発行者　曽根　良介
発行所　㈱化学同人

〒600-8074　京都市下京区仏光寺通柳馬場西入ル
編集部　TEL 075-352-3711　FAX 075-352-0371
企画販売　TEL 075-352-3373　FAX 075-351-8301
振替　01010-7-5702
e-mail　eigyou@kagakudojin.co.jp
URL　https://www.kagakudojin.co.jp
印刷・製本　㈱ウイル・コーポレーション

Printed in Japan　© O. Numata, et al　2012　　無断転載・複製を禁ず　　ISBN978-4-7598-1491-0
乱丁・落丁本は送料当社負担にてお取りかえいたします．